教育部人文社会科学研究一般项目（22YJC630218）
中央高校基本科研业务费人文社科基金项目（SKZZ2021001）
中国资源环境与发展研究院研究课题（WZK2022010）

乡村振兴背景下
农村生态文明建设研究

郑华伟　张　锐　季国军　胡　锋　李绿阳◎著

U0250504

南京大学出版社

图书在版编目(CIP)数据

乡村振兴背景下农村生态文明建设研究 / 郑华伟等
著. — 南京：南京大学出版社，2024.8
ISBN 978-7-305-27566-1

Ⅰ. ①乡… Ⅱ. ①郑… Ⅲ. ①农村生态环境-生态环
境建设-研究-中国 Ⅳ. ①X321.2

中国国家版本馆 CIP 数据核字(2023)第 245772 号

出版发行　南京大学出版社
社　　址　南京市汉口路 22 号　　邮　　编　210093
书　　名　乡村振兴背景下农村生态文明建设研究
　　　　　XIANGCUN ZHENXING BEIJINGXIA NONGCUN SHENGTAI WENMING JIANSHE YANJIU
著　　者　郑华伟　张　锐　季国军　胡　锋　李绿阳
责任编辑　陈　松

照　　排　南京开卷文化传媒有限公司
印　　刷　苏州市古得堡数码印刷有限公司
开　　本　787 mm×960 mm　1/16　印张 16.75　字数 265 千
版　　次　2024 年 8 月第 1 版　2024 年 8 月第 1 次印刷
ISBN 978-7-305-27566-1
定　　价　88.00 元

网　　址：http://www.njupco.com
官方微博：http://weibo.com/njupco
官方微信号：njupress
销售咨询热线：(025)83594756

前　言

　　推进生态文明建设,关系人民福祉,关乎民族未来。党的十七大首次提出建设生态文明,明确了生态文明的原则和理念;党的十八大将生态文明建设提升为国家战略与国家意志,阐述了生态文明建设的战略目标;党的十九大指出生态文明建设是中华民族永续发展的千年大计,全面布局了生态文明建设。2018年通过的《中华人民共和国宪法修正案》,把"生态文明建设"正式写入我国宪法,有效推动了新时代的生态文明建设;党的十九届四中全会指出"坚持和完善生态文明制度体系,促进人与自然和谐共生",持续推进美丽中国建设;党的十九届五中全会提出大力实施可持续发展战略,优化生态文明领域统筹协调机制,建立健全生态文明体系,持续推进绿色发展;党的十九届六中全会强调坚持人与自然和谐共生,协同推进人民富裕、国家强盛、中国美丽。党的二十大报告提出以中国式现代化全面推进中华民族伟大复兴,大力推进生态文明建设,将生态文明建设提升到重要战略地位,站在人与自然和谐共生的高度谋划生态文明建设。农村生态文明建设作为我国生态文明建设的重要组成部分,不仅关系到美丽中国梦的实现,更关系到全面建成社会主义现代化强国目标的实现。加强农村生态文明建设,优化农村生态文明建设的推进路径,提升农村生态文明建设水平具有非常重要的理论意义与现实意义。

　　本书以习近平生态文明思想为指导,运用马克思主义的立场、观点和方法,阐述了农村生态文明建设的时代价值,分析了农村生态文明建设发展历程,剖析了农村生态文明建设演进逻辑,探讨了农村生态文明建设演进启示;阐述了国家竞争优势理论,分析了国家竞争力的基本要素,剖析了农村生态文明建设的动力机制;阐述了农村生态文明建设水平测度指标构建框架,构建了基于PSR模型的农村生态文明建设水平测度指标,采用物元分析法、改进的熵值法建立农村生态文明建设水平测度模型,诊断了江苏农村生态文明建设水平;分析了农村生态文明建设农户参与行为影响因素,运用回归分析方法剖析社会信任、社会规范、社会网络对农村生态文明建设农户参与行为的影响;从农业生产环境、农村生态环境和农民生活环境三个方面剖析了农村生态文明建设面临的现实挑战,阐述了农村生态文明建设典型案例,从绿色农业发展、农村生态环境和农民生活环境三个方面提出了农村生态文明建设的推进路径,构建了多元主体合作治理的农村生态文明建设格局。

感谢曲福田教授、冯淑怡教授、付坚强教授、徐志刚教授、林震教授、姚兆余教授、刘友兆教授、朱战国教授、于水教授、欧名豪教授、郭贯成教授、邹伟教授、李辉信教授、刘满强教授、焦加国教授、周力教授、刘红光教授、杜焱强副教授的指导和帮助,感谢江苏省生态文明研究与促进会胡和林理事长、费志良副理事长、丁兴奎副理事长、孟聪副秘书长的指导和帮助。感谢在实地调研过程中,提供帮助的各位领导和专家。感谢昆山市农业农村局、常州市溧阳生态环境局、南京市溧水区晶桥镇、南京市江宁区生态文明促进会、昆山市张浦镇金华村、溧阳市天目湖镇桂林村、溧水区晶桥镇水晶村、南京市江宁区禄口街道彭福社区在案例资料收集中给予的大力帮助。

感谢南京农业大学硕士研究生田海笑、杨媛媛、娄坤宇、曾文静、周方玲、李晶晶、马静、张辉、张荣华、李恺、吕强等同学的辛勤付出。

本书在编辑出版过程中,南京大学出版社陈松老师做了大量工作,付出了辛勤劳作,在此表示深深的谢意。

本书充分借鉴了专家学者的研究成果,我们力求在参考文献中全部注明,若万一有遗漏之处,敬请谅解。由于作者研究水平有限,书中难免有错误疏漏之处,恳请专家学者、各位同行批评指正,不胜感激。

目　录

第一章 绪 论

党的二十大报告提出大力推进生态文明建设,将生态文明建设提升到重要战略地位,站在人与自然和谐共生的高度谋划生态文明建设。农村生态文明建设在我国生态文明建设中占有十分重要的地位,生态文明建设的重点、难点在农村地区,基础支撑也在农村地区。本章阐述了农村生态文明建设的时代价值,分析了农村生态文明建设的现实挑战,进行了文献综述,描述了研究思路和研究内容,介绍了研究方法和技术路线,剖析了本书创新点。

第一节 研究背景及意义

一、研究背景

1. 农村生态文明建设的时代价值

(1) 农村生态文明建设是推进中国式现代化的根本要求

党的二十大报告分析了中国式现代化的深刻内涵,剖析了中国式现代化的基本特征与本质要求,强调以中国式现代化全面推进中华民族伟大复兴(成丹,2023)。中国式现代化是人与自然和谐共生的现代化,是经济发展与环境保护协调发展的新型现代化发展模式,既要创造更多物质财富与精神财富以满足人民群众不断增长的美好生活需要,也要提供更多优质的生态产品以满足人民群众不断增长的优美生态环境需要(高波、吕有金,2022)。进一步加快推进人与自然和谐共生的现代化,必须贯彻"绿水青山就是金山银山"的理念,有效协调经济发展与生态环境保护,加快发展方式绿色低碳转型,深入推进美丽中国建设,有效提升生态系统多样性、稳定性和持续性,积极稳妥推进碳达峰碳中和(孙金龙、黄润秋,2023)。"十四五"时期,我国开启全面建设社会主义现代化国家的新征程,为建设人与自然和谐共生的现代化带来了难得的机遇。实现人与自然和谐共生的现代化,是全面建设社会主义现代化国家的重大任务,本质要求是在生态环境建设中呈现促进人与自然和谐共生的生态文明(杨开忠、黄承梁,2022;何苗,2023)。生态文明建设是以中国式现代化全面推进中华民族伟大复兴的基本特征,是全面建设社会主义现代化国家的内在要求。农村生态文明建设是生态文明建设的重要组成部分,是推进中国式现代化的根本要求。

(2) 农村生态文明建设是提升农民福祉水平的重要保障

良好生态环境是最公平的公共产品,是最普惠的民生福祉。随着我国社会主要矛盾转化为人民群众不断增长的美好生活需要和不平衡不充分的发展之间的矛盾,人民群众对优美生态环境的需要已经成为这一矛盾的重要方面,人民群众对优质生态产品的需求不断增长,热切盼望进一步提高生态环境质量(于法稳、郑玉雨,2022)。党的二十大报告分析了中国式现代化的深刻内涵,中国式现代化是具有中国特色的社会主义的现代化,坚持把实现广大人民群众对美好生活的向往作为现代化建设的出发点和落脚点,着力促进全体人民共同富裕(韩正,2022;严安林、洪志军,2023)。环境就是民生,青山就是美丽,蓝天也是幸福。坚持以人民为中心的发展思想,坚持生态惠民、生态利民、生态为民,加快改善农村生态环境,提供更多优质生态产品,让人民切实感受到经济发展带来的实实在在的环境效益,是全体人民共同富裕的重要内容。良好的农村生态环境是农民福祉的重要保障,补齐农村生态环境质量这块短板,提升农民的生态环境获得感和幸福感,是促进全体人民共同富裕的必然要求。加强农村生态文明建设,以经济社会发展全面绿色转型为引领,转变农民生产生活方式,改善农村生态环境,建设宜居宜业和美乡村,提升生态产品质量,提高生态产品的市场竞争力,是提升农民福祉水平的重要保障。

　　(3) 农村生态文明建设是全面推进乡村振兴的重要内容

　　党的十九大报告第一次提出实施乡村振兴战略,指出要坚持农业农村优先发展,按照"产业兴旺、生态宜居、乡风文明、治理有效、生活富裕"的要求,进一步推进农业农村现代化。在全面建设社会主义现代化国家的新征程上,我国最困难的任务仍然在农村地区,尤其是在偏远的农村地区;全面推进乡村振兴是关系全面建成社会主义现代化强国的重点任务,是我国新时代推进农业农村现代化的重要抓手。2021 年 6 月正式施行的《中华人民共和国乡村振兴促进法》提出全面实施乡村振兴战略,应当走中国特色社会主义乡村振兴道路,为全面推进乡村振兴提供了法制保障。党的二十大报告明确把"全面推进乡村振兴"作为新时代新征程推进农业农村现代化的主题,提出要"扎实推动乡村产业、人才、文化、生态、组织振兴",进一步指明了新时代新征程推进农业农村现代化的前进方向。生态宜居是乡村振兴的内在要求,体现了农村居民对建设美丽家园的追求;乡村生态振兴是乡村振兴的重要组成部分,是乡村产业振兴、人才振兴、文化振兴和组织振兴的重要支撑(杜栋,2022;张远新,2022)。只有坚持乡村生态振兴,才能为乡村全面振兴奠定生态基础。全面推进乡村生态振兴,要尊重自然、顺应自然和保护自然,推动农业农村绿色发展,保护和修复农村生态系统,打造生态宜居乡村环境。加强农村生态文明建设,加快转变农业生产方式和农民生活方式,集中治理农业生产中的生态问题,持续改善农村人居环境,加强乡村生态保护和修复,是全面推进乡村振兴的重要内容。

　　2. 农村生态文明建设的现实挑战

　　(1) 农业生产环境改善任务艰巨

　　改革开放以来,我国农业发展取得了很大的成就,现代农业发展水平不断提高,但基于化学品投入的生产方式对农业生产环境造成了较为严重的污染(符明秋、朱巧怡,2021)。化肥施用强度依然较高,利用率有待进一步提高。我国农用化肥使用量(折纯量)从 2001 年的 4 253.76 万吨增长到 2015 年的6 022.60 万吨,达到峰值,增加了 1 768.84 万吨,增长 41.58%。虽然化肥施用量(折纯量)从 2016 年的 5 984.40 万吨下降到 2021 年的 5 191.30 万吨,但化肥施用强度依然较大。化肥利用率有所提高,但仍属于偏低水平,2020 年全国水稻、玉米、小麦三大粮食作物化肥利用率达到了 40.2%，提升空间或潜力较大（中国农业绿色发展研究会、中国农业科学院农业资源与农业区划研究所，2022）。

农药使用强度依然较大，使用的科学性明显不足。我国农药施用量从 2001 年的 127.48 万吨增长到 2013 年的 180.77 万吨，达到峰值，增加了 53.29 万吨，增长 41.80%。从 2014 年开始，农药施用量持续下降到 2021 年的 123.92 万吨，但农药使用强度依然较大。调查结果显示，农药使用方式不太规范、不太精准、不太科学的现象普遍存在，农药使用率相对较低，2020 年全国三大粮食作物农药利用率达到 40.6%。

农用塑料薄膜使用量达峰后实现递减，但"白色污染"亟待解决。我国农用薄膜使用量从 2001 年的 144.93 万吨增长到 2015 年的 260.36 万吨，达到峰值，增加了 115.43 万吨，增长 79.65%。从 2016 年开始，农用塑料薄膜使用量持续下降到 2021 年的 235.79 万吨，但农用薄膜使用强度依然较大。废弃农膜回收在技术上、经济上面临较大困境，开发可降解生物农膜也面临技术上的难题与经济上的困难（于法稳，2021）。

畜禽养殖废弃物资源化利用途径较为单一，畜禽养殖废弃物资源化利用率不高。目前我国畜禽养殖废弃物的利用方式主要是两种，分别为生产有机肥和沼气发电，但农民施用有机肥的动力不足，企业将畜禽养殖废弃物生产成有机肥的成本较高，沼气发电也需要进行投资才能产生收益，农民往往出于个人利益缺乏建设意愿，导致这两种利用途径的生产动力缺乏后劲，从而使畜禽养殖废弃物资源化利用技术难以有效推广。分析结果显示，我国畜禽养殖废弃物资源化利用率达到了 60%，尚未得到资源化利用的畜禽养殖废弃物可能会对周边环境产生一定的污染（于法稳，2021）。

（2）农村生态环境保护任重道远

我国不断加强耕地资源保育，推进耕地质量保护与提升行动，开展第三次全国土壤普查，强化东北黑土地保护利用，推广保护性耕作制度，耕地资源质量稳步向好。但耕地资源较为紧缺，耕地质量有待进一步提高。伴随着城镇扩张、道路建设等，耕地资源被占用的趋势短期内难以扭转，耕地资源面积总体呈现递减趋势（于法稳、林珊，2022）。根据《2022 年中国自然资源统计公报》，全国共有耕地资源 12 760.1 万公顷，全国农用地转用批准总面积 45.5 万公顷，占用耕地资源 16.3 万公顷。根据《2021 中国生态环境状况公报》,我国耕地资源质量平均等级达到了 4.76 等,1 到 3 等、4 到 6 等、7 到 10 等的耕地资源面积占耕地资源总面积的比例分别达到了 31.24%、46.81% 和 21.95%。我国耕地资源质量有待进一步提升,土壤污染治理难度依然较大。

我国不断加强节水型社会建设,促进水资源节约集约利用,夯实农田水利工程基础,创新工程建设和管护机制。我国高效节水灌溉面积持续扩大,农业用水效率持续提升,2021 年全国农田灌溉水有效利用系数达到了 0.568。我国农业水价综合改革持续推进,全国总体水质持续向好。但我国水资源较为短缺,水环境有待进一步改善。分析结果表明,我国人均水资源量仅仅达到世界人均水资源量的四分之一,我国属于典型的水资源短缺国家(于法稳,2021)。进一步分析发现,我国水资源的时空分布不太均衡,水土资源空间不太匹配。伴随着工业用水和生活用水需求的不断增加,水资源被配置到工业领域和城镇生活领域,部分地区农业灌溉用水数量不足。根据《中国统计年鉴 2022》,我国废水中化学需氧量达到 2 530.98 万吨,氨氮达到 86.75 万吨,总氮达到 316.66 万吨,总磷达到 33.81 万吨。从《2021 中国生态环境状况公报》来看,全国地表水监测的 3 632 个水质断面(点位)中,Ⅰ～Ⅲ类水质断面(点位)占比达到了 84.9%,劣Ⅴ类占比达到了 1.2%(于法稳、代明慧,2023)。

(3) 农民生活环境改善任务繁重

我国积极推进农村生活污水治理,生活污水治理水平有新提高,建制镇污水处理率从 2015 年的 50.95% 提高到 2021 年的 61.95%,建制镇污水处理厂集中处理率从 2015 年的 41.57% 提高到 2021 年的 52.68%。2018 年以来,我国累计建成农村生活污水治理设施达到 50 余万套,2016～2020 年先后完成 15 万余个建制村环境整治,农村生活污水治理率达到了 25.5%(王登山,2021)。但与城市生活污水处理相比,农村生活污水治理难度较大、效果不佳,农村生活污水处理中的"两难一低"问题较为突出,环保基础设施投入依然不足,农村生活污水处理技术适应性较差,农村生活污水治理长效机制较为缺乏(于法稳等,2023)。

我国农村生活垃圾治理效果明显,生活垃圾处理率呈现逐年提高趋势,建制镇的生活垃圾处理率从 2015 年的 83.85% 提高到 2021 年的 91.12%,建制镇的生活垃圾无害化处理率从 2015 年的 44.99% 提高到 2021 年的 75.84%。

2018 年以来，我国农村地区先后建成生活垃圾收集、转运、处理设施达到 450 多万个（辆）；2020 年，我国农村生活垃圾收运处置体系已覆盖全国 90％以上的行政村（王登山，2021；范叶超、薛珂凝，2023）。但农村居民对农村生活垃圾分类的参与程度不高，农村生活垃圾分类处置运行成本较高，农村生活垃圾无害化处理率依然不高，农村生活垃圾治理资金投入不足（于法稳等，2023）。

我国大力推进农村厕所革命，强化政策保障，加大资金投入，开展摸排整改，农村卫生厕所普及率逐步提升。2018 年以来累计改造农村户厕 4 000 多万户，2020 年全国农村卫生厕所普及率达 68％以上。我国东部地区、中西部城市近郊等有基础、有条件的地区，实现无害化治理的农村卫生厕所普及率超过 90％（王登山，2021），但与城市相比还有较大的差距，改厕整体进程较为缓慢，技术支撑有待进一步加强，长效机制有待进一步完善。

我国大力开展村容村貌整治提升，推进乡村绿化美化，加强乡村风貌引导。积极推进村庄清洁行动，全国 95％以上的行政村踊跃参与，先后动员 4 亿多人次参加，村庄环境基本实现干净整洁（王登山，2023）。村庄公路环境逐步改善，2016 到 2021 年我国新增农村道路长度 102.3 万千米，到 2021 年农村公路中的等级公路比例达到 95.6％，铺装率达到 89.8％。但村容村貌整治提升中部分地区仍存在一些问题，部分地区村庄风貌缺乏原始特征，示范村引领效应弱化，农村居民参与程度较低。

二、研究意义

1. 理论意义。本书分析了农村生态文明建设发展历程和演进逻辑，剖析了农村生态文明建设的动力机制，诊断了农村生态文明建设的综合水平，探讨了农村生态文明建设的推进策略，能够回答如何有效开展农村生态文明建设，进一步深化生态文明建设的理论研究，有效促进"马克思主义中国化研究"学科的发展，从而为推进美丽中国建设提供理论支持。

2. 现实意义。本书测度了江苏省农村生态文明建设水平，诊断了江苏农村生态文明建设水平提升的制约因素，分析了生态文明建设农户参与行为及其影响因素，从农业生产环境、农村生态环境和农民生活环境三个方面剖析了农村生态文明建设面临的现实挑战，阐述了江苏农村生态文明建设的典型案例,探讨了农村生态文明建设的推进路径,构建了多元主体合作治理的农村生态文明建设格局,为深入推进江苏农村生态文明建设,提升农村生态文明建设水平,促进江苏乡村全面振兴提供决策依据,并且对于其他地区农村生态文明建设的相关实践及政策完善也具有借鉴作用。

第二节 文献综述

一、农村生态文明建设的理论基础

马克思恩格斯的生态文明思想主要包括了人与自然关系思想、生态经济思想、生态政治思想、生态权益思想等,构建了人与自然关系的理论、人与自然统一的理论、人化自然的理论、生态危机的理论。张敏(2008)分析了马克思恩格斯的生态文明思想、生态学马克思主义的生态文明思想、中国传统文化中的生态文明思想、西方后现代文化中的生态文明思想,探讨了加快我国生态文明建设的理论构想。刘静(2011)阐述了马克思恩格斯生态文明思想、西方文化中的生态文明思想、中华文化中的生态文明思想,剖析了中国特色社会主义生态文明建设理论。范颖(2011)分析了中国特色生态文明建设的理论渊源:马克思的生态文明思想、中国古代的自然观、西方国家生态文明的思想,剖析了中国共产党生态文明建设的思想。王旭(2015)分析了中国特色社会主义生态文明制度的理论渊源,阐述了中国特色社会主义生态文明制度的马克思主义思想基础,剖析了中国特色社会主义生态文明制度对西方生态理论的借鉴,探讨了中国特色社会主义生态文明制度对我国古代生态法制思想的借鉴。潘文岚(2015)阐述了中国特色社会主义生态文明的理论溯源,分析了马克思恩格斯经典理论对社会主义生态文明的引领,剖析了生态马克思主义理论对构建社会主义生态文明的启发,探讨了生态政治理论对构建社会主义生态文明的影响。张子玉(2016)探讨了生态文明建设的理论基础,分析了马克思主义经典作家的生态文明思想,剖析了中国化马克思主义的生态文明思想,探讨了中国传统文化中的生态文明思想,分析了生态学马克思主义的生态文明思想。

张建光(2018)分析了中国特色社会主义生态文明建设的理论资源,阐述了马克思恩格斯的生态文明思想,分析了生态学马克思主义的生态文明思想,剖析了中国传统文化中的生态环境保护思想。郭小靓(2019)分析了新时代加强中国特色社会主义生态文明制度建设的理论渊源,阐述了马克思主义经典作家有关生态文明和制度建设的思想,分析了中国共产党人关于生态文明和制度建设的思想,剖析了中国传统文化中有关生态文明和制度建设的智慧,描述了西方学者有关生态文明和制度建设的理论。张成利(2019)分析了中国特色社会主义生态文明观的理论基础,分析了马克思主义的生态思想,剖析了中国传统文化中的生态观念,探讨了西方社会的几种生态理论。邓丽君(2021)在界定生态文明内涵的基础上,分析了新时代中国共产党生态文明建设的理论渊源,包括中国古代生态智慧、马克思主义经典作家生态思想和当代西方生态理论。李宏(2021)分析了中国特色社会主义生态文明制度建设的理论基础,阐述了马克思主义经典作家关于生态文明制度建设的思想,介绍了中国化马克思主义关于生态文明制度建设的思想,剖析了中华优秀传统文化中关于生态文明制度建设的思想,探讨了西方生态文明制度建设思想。王尉(2023)分析了当代中国生态文明制度体系建设的思想渊源,阐述了马克思恩格斯的生态文明思想,描述了中国共产党生态文明思想理论,剖析了中华优秀传统文化中的生态文明思想,分析了西方生态制度批判理论。

与此同时,专家学者开展了习近平生态文明思想研究。段蕾和康沛竹(2016)阐述了习近平生态文明思想的产生背景,探讨了习近平生态文明思想的理论内涵,分析了习近平生态文明思想的理论价值和实践意义。刘经纬和吕莉媛(2018)分析了习近平生态文明思想演进,剖析了习近平生态文明思想演进的基本规律。郝永平和吴江华(2018)阐述了习近平生态文明思想的坚实基础:发展生态生产力;分析了习近平生态文明思想的政治导向:追求生态政治;剖析了习近平生态文明思想的文化底蕴:厚植生态文化;探讨了习近平生态文明思想的主体力量:培育生态公民。吕锦芳(2018)阐述了习近平生态文明思想的形成逻辑,分析了习近平生态文明思想的逻辑结构,剖析了习近平生态文明思想的逻辑特征,探讨了习近平生态文明思想的逻辑要求。陈艳(2019)分析了习近平生态文明思想的理论逻辑:对马克思恩格斯生态文明观的继承和发展;阐述了习近平生态文明思想的文化逻辑:对中华优秀传统文化生态智慧的超越和升华;剖析了习近平生态文明思想的历史逻辑:对历代中国共产党人生态文明思想的承接和开拓;探讨了习近平生态文明思想的实践逻辑:习近平成长发展历程中对生态文明建设的不懈探索,分析了习近平生态文明思想的社会逻辑:当代中国和全球生态治理经验的深刻总结。康迪(2021)、陆军等(2021)、周瑶(2021)分析了习近平生态文明思想的形成,剖析了习近平生态文明思想的内容体系,探讨了习近平生态文明思想的国际意义。郭晓霞(2021)阐述了习近平生态文明思想的形成背景,剖析了习近平生态文明思想的科学内涵,分析了习近平生态文明思想的当代价值。叶琪和黄茂兴(2021)分析了习近平生态文明思想的坚实根基,剖析了习近平生态文明思想的内容体系,分析了习近平生态文明思想的时代价值,探讨了习近平生态文明思想的深远影响,分析了习近平生态文明思想的全球贡献。张洪玮(2022)阐述了习近平生态文明思想的理论溯源,分析了习近平生态文明思想的内涵逻辑,描述了习近平生态文明思想的实践路径,剖析了习近平生态文明思想的时代价值。佟玲(2022)分析了习近平生态文明思想的形成,剖析了习近平生态文明思想的主要内容、习近平生态文明思想的基本特征与时代价值,探讨了习近平生态文明思想践行的基本现状,提出了习近平生态文明思想的践行路径。黄以胜(2023)阐述了社会主义的探索实践与生态文明理论的出场,剖析了习近平生态文明思想的形成、发展和核心要义,分析了社会主义制度优越性与习近平生态文明思想的科学实践、社会主义制度优越性与习近平生态文明思想的时代价值。钱正元(2023)阐述了习近平生态文明思想的理论渊源,分析了习近平生态文明思想的实践基础,剖析了习近平生态文明思想内容体系的整体性、习近平生态文明思想实践方略的整体性、习近平生态文明思想的价值意蕴。林智钦(2023)开展习近平生态文明思想的科学体系研究,构建了习近平生态文明思想一三八科学体系(一线三论八观),三论分为习近平生态文明思想和谐共生论、习近平生态文明思想"两山"论和习近平生态文明思想系统治理论。

在此基础上,李红梅(2011)阐述了我国传统生态思想对新农村生态文明建设的启示,分析了西方生态伦理思想对我国新农村生态文明建设的借鉴意义,剖析了新农村生态文明建设的理论基础。梁枫(2019)分析了新时代中国农村生态文明建设的理论基础:马克思恩格斯的生态文明思想是它的理论渊源,中华优秀传统文化中蕴含的生态文明思想是它的本土资源,中国共产党历代领导集体的生态文明思想是它的实践发展。周广维(2020)阐述了新时代乡村生态文明建设的理论基础,剖析了马克思恩格斯的生态文明思想,描述了中华人民共和国成立以来我国的生态文明思想,深入分析了习近平总书记关于新时代生态文明建设的重要论述。郑琳琳(2020)阐述了我国农村生态文明建设的理论基础,深入分析了马克思主义经典作家的生态思想,剖析了中华优秀传统文化中的生态思想和西方生态伦理思想。陈士勋(2021)分析了新农村生态文明建设理论基础:马克思主义生态思想,介绍了马克思主义生态思想的产生与发展,阐述了马克思主义生态思想的基本内容,探讨了马克思主义生态思想的丰富与升华,剖析了马克思主义生态思想与新农村生态文明建设的关系。吕文林(2021)研究了农村生态文明建设的理论基础,阐述了马克思主义创始人的生态农业思想,分析了中国共产党的生态文明建设思想,剖析了中华优秀传统文化蕴含的生态智慧,探讨了发达资本主义国家农业生态环境保护的思想。周黎鸿(2021)研究了农村生态文明建设的理论基础,阐述了可持续发展理论,分析了地理环境决定论,剖析了生态社会主义,分析了生态现代化理论。温小玉(2023)研究了生态文明建设的理论基础,阐述了马克思主义的生态文明思想,剖析了马克思主义中国化相关理论,介绍了中华优秀传统文化中的生态文明思想。张珊珊(2023)阐述了新时代我国农村生态文明建设的理论基础,介绍了马克思恩格斯的生态思想,分析了中华优秀传统文化中的生态智慧,剖析了中国共产党人的生态文明思想。

二、农村生态文明建设水平测度

杜宇(2009)在分析生态文明内涵和基本特征的基础上,从政治、社会、经济、文化、资源环境五个方面构建了生态文明建设综合评价指标体系,开展了我国生态文明建设的综合评价。张静和夏海勇(2009)基于人口发展的支持系统、资源节约的支持系统、环境保护的支持系统和经济社会的支持系统,建立了生态文明建设评价指标体系,测度了生态文明建设水平,分析了生态文明建设特征。高珊和黄贤金(2010)构建了生态文明建设评价指标体系,采用综合评价法测度了生态文明建设绩效水平,分析了生态文明建设绩效特征。严耕等(2013)基于生态活力、环境质量、社会发展和协调程度,建立了生态文明建设评价指标体系,测度了中国省域生态文明指数,诊断了我国生态文明建设的六大类型。魏晓双(2013)从经济和谐、生态质量、社会发展出发构建了生态文明建设评价指标体系,开展了中国省域生态文明建设综合评价与分析。汪秀琼等(2015)从生态经济文明、生态社会文明、生态环境文明、生态文化文明、生态制度文明出发,构建了生态文明建设综合评价指标体系,采用因子分析法诊断了我国省域生态文明建设水平,分析了生态文明建设特征。Liu et al.(2016)从生态系统服务、生态足迹和人均国内生产总值三个方面出发,构建了生态文明建设评价指标体系,测度了生态文明建设水平,诊断了生态文明建设特征。彭一然(2016)从生态经济、生态环境、生态社会出发构建了中国省域生态文明建设评价指标体系,开展了中国省域生态文明建设总体水平综合评价。顾勇炜和施生旭(2017)、陈巍等(2018)构建了基于 PSR 模型的生态文明建设水平评价指标体系,测度了江苏省生态文明建设水平。任传堂等(2019)、熊曦(2020)建立了基于 DPSIR 模型的生态文明建设评价指标体系,分析了生态文明建设水平,提出了对策建议。Wang and Chen(2019)从生态环境、经济社会出发构建了生态文明发展水平评价指标体系,采用综合评价法诊断了中国生态文明发展水平。Dong et al.(2020)基于经济、环境、自然和人文,构建了省域生态文明建设评价指标体系,测度了江苏省生态文明建设水平,分析了生态文明建设水平特征。Gai et al.(2020)从社会发展、绿色发展、经济增长、文化遗产、制度体系出发构建了生态文明建设评价指标体系,分析了生态文明建设水平及时空演化。Yan et al.(2021)构建了基于能值的生态文明建设评价指标,分析了 2003 到 2020 年我国生态文明建设水平,诊断了障碍因素。郑玉雯(2021)从生态自然、环境治理、生态社会、生态经济出发建立丝绸之路经济带生态文明水平测评指标体系,运用 Vague 集 TOPSIS 优选法、变异系数、Kernel 密度估计分析了丝绸之路经济带沿线国家生态文明水平。付洪良等(2022)从民生福祉视角出发,建立了生态文明建设增进民生福祉的两阶段指标体系,采用两阶段 Super-NEBM 模型分析了省域生态文明建设绩效。Xu et al.(2022)基于 2010 到 2014 年的面板数据,运用 GIS 和 AHP 方法对江西省生态文明建设水平进行了动态评价。Mi et al.(2022)从区域政策整体有效性的角度,构建了生态文明政策文本的定量评价模型和生态文明评价指标体系,评估了江苏省 53 项生态文明政策在资源利用、环境保护、经济发展和社会生活四个领域促进生态文明建设的有效性。Xiao et al.(2023)构建了一个基于经济-社会-自然复合系统的生态文明评价指数,评估了2004至2020年中国生态文明的发展水平,并讨论了子系统之间的耦合和协调关系。彭文英等(2023)构建了县域生态文明建设评价指标体系,测度了县域生态文明建设水平,分析了县域生态文明建设特征。

在此基础上,刘子飞和张体伟(2013)基于环境支撑、经济支撑、社会支撑和智力支撑,建立了农村生态文明建设水平测度指标体系,采用层次分析法与距离函数模型诊断了农村生态文明建设水平,分析了农村生态文明建设水平特征。赵明霞(2015)从理论研究角度分析了农村生态文明建设评价指标体系建设,探讨了农村生态文明建设评价指标体系建设的实践基础,剖析了农村生态文明建设评价指标体系构建的基本问题,探讨了农村生态文明建设评价指标体系的基本框架,根据基本框架构建了农村生态文明建设评价指标体系。赵明霞和包景岭(2015)剖析了农村生态文明建设的内涵,阐述了农村生态文明建设的目标,从自然生态的子系统、生态经济的子系统、生态政治的子系统、生态社会的子系统、生态文化的子系统构建了农村生态文明建设水平测度指标体系。陈巍等(2016)在建立农村生态文明建设水平评价指标体系的基础上,运用改进的灰靶模型构建农村生态文明建设水平评价模型,剖析了我国农村生态文明建设水平空间差异特征。张董敏(2016)分析了农村生态文明特征、建设内容和建设目标,阐述了农村生态文明水平评价指标体系构建原则,构建了农村生态文明水平评价指标体系。李昌新等(2017)构建了农村生态文明建设水平测度指标体系,采用灰色关联模型、障碍度模型诊断了江苏省13个设区市农村生态文明建设水平及其制约因素,提出了政策建议。王丹华等(2017)从环境的系统、智力的系统、经济的系统、社会的系统出发,构建了农村生态文明建设水平测度指标体系,运用层次分析法和因子分析法诊断了农村生态文明建设水平,剖析了农村生态文明建设水平特征。李锟(2019)基于农药使用量、农用柴油使用量、化肥使用量、地膜使用量、森林覆盖率、农林水的投资、湿地面积、农用耕地面积构建了农村生态文明建设水平测度指标体系,采用主成分分析法诊断了我国31个省市农村生态文明建设水平。张董敏和齐振宏(2020)构建了农村生态文明建设水平测度指标体系,采用加法集成赋权法与综合评价法测度了农村生态文明建设水平,剖析了农村生态文明建设水平特征。王珊珊等(2022)从经济、社会、生态出发建立了乡村生态文明水平评价指标体系,采用层次分析法、相对发展率指数诊断了东北地区边境城市乡村生态文明水平。周琪和何彬豪(2023)从大数据技术出发,构建了农村生态文明建设绩效评价指标体系,主要包括生态环境指标、生态经济指标、生态文化指标和生态管理指标,采用模糊综合评价法、灰色关联度分析法开展实证分析。侯立春等(2023)建立了农村生态文明建设水平评价体系,采用综合评价法和熵值法测度了农村生态文明建设水平,分析了农村生态文明建设特征,运用空间计量模型分析了农村生态文明建设水平空间相关性以及敛散性。

在此基础上,部分学者从农民角度测度了农村生态文明建设水平。张董敏(2016)构建了以农户为评价主体的农村生态文明水平评价指标体系,基于湖北省与重庆市的微观农户数据,测度了农村生态文明水平,运用独立样本 t 检验剖析了农村生态文明水平差异。郑华伟等(2017)从农民视角出发,建立了农村生态文明建设水平测度指标体系,采用因子分析法诊断了江苏省农村生态文明建设水平,提出了对策建议。梁伟军和胡世文(2018)从农民理性视角出发开展了农村生态文明建设分析,从生态保护成本、生态保护作为、生产生活评价、农村规划布局四个方面诊断了农村生态文明建设成效。韩林娟等(2021)基于农村生态制度建设、农村生态经济建设、农村生态环境建设和农村生态社会建设,构建了农村生态文明建设农民满意度评价指标体系,采用因子分析法计算了农村生态文明建设农民满意度,诊断了农村生态文明建设水平等级,剖析了农村生态文明建设水平特征。

三、农村生态文明建设的影响因素

杨帆和夏海勇(2010)指出人口的文化素质和道德素质影响生态文明的传导机制,人口的文化素质和道德素质均衡发展才能在生态保护的过程中释放出智慧和道德应有的力量。吴远征和张智光(2012)从我国社会主义文明体系出发,分析了生态文明建设绩效影响因素,指出生态物质建设、生态政治建设、生态精神文化建设和生态社会建设是重要的影响因素。杨志华和严耕(2012)指出协调发展是生态文明建设之关键,社会发展为生态文明建设奠定社会基础,生态建设为生态文明建设夯实自然基底,环境治理是生态文明建设的当务之急。韩永辉等(2012)采用主成分分析法测度了生态文明发展水平,分析了生态文明发展水平特征,采用广义动态空间面板计量模型剖析产业结构升级对生态文明发展水平的影响,提出了对策建议。吴小节等(2016、2017)采用因子分析法测度了生态文明综合水平,剖析了生态文明时空演变特征,运用面板数据回归分析方法诊断了生态文明影响因素。李瑞等(2018)运用动态面板回归模型分析了城镇化对生态文明建设的影响,结果表明:人口城镇化、产业城镇化和空间城镇化对生态文明建设产生了促进作用。谷缙等(2018)运用投影寻踪模型、障碍度模型分析了山东省生态文明建设水平,结果表明:生态文明建设水平影响因素主要包括经济发展质量、产业结构协调程度、创新驱动力、资源环境承载力等。程珊珊(2018)、胡彪和苑凯(2019)测度了生态文明建设效率,运用 Tobit 分析法诊断了生态文明建设效率的影响因素。冯银(2018)开展了湖北省生态文明建设水平评价测度,剖析了湖北省生态文明空间效应,运用空间计量模型诊断了湖北省生态文明建设影响因素。樊琴(2019)测度了西北五省生态文明发展水平,运用面板模型、空间杜宾(SDM)模型分析产业结构、对外开放、城市发展、居民消费、财政分权对生态文明发展水平的影响。黄智润等(2020)采用 BP 神经网络模型、VAR 模型、GWR 模型诊断了长江经济带生态文明水平影响因素,结果表明:经济系统的发展是生态文明建设的关键动力、生态化的经济发展影响生态文明建设的持续性和稳定性。郭本初(2020)测度了省域生态文明建设水平,分析了生态文明发展水平特征,诊断了生态文明建设水平的空间集聚性,运用空间计量模型分析了省域生态文明建设水平的影响因素,分析结果显示:产业结构、人口规模、对外开放水平和环境治理是主要的影响因素。Gai et al.(2020)采用面板回归模型、阈值回归模型分析了生态文明建设水平,结果表明:影响生态文明发展的最重要因素是科学研究,其次是空气质量和政府信息披露。Du et al.(2020)采用综合评价体系和空间自相关方法,对 329 个城市(地级市、自治州、盟)的生态文明建设水平进行了测量和评价,从人文经济地理学的角度出发,运用地理加权回归模型对 10 个影响因素进行了分析。岳梦婷等(2021)在测度生态文明发展水平的基础上,从绿色技术创新视角出发,利用空间计量模型分析了生态文明发展水平的影响因素。张桢钰等(2021)运用空间杜宾模型分析了环境规制、产业结构升级对生态文明的影响,结果表明:产业结构升级促进了生态文明建设,环境规制与产业结构升级协同有利于生态文明建设。Kan et al.(2022)采用主成分分析法从时间和空间两个维度测度水生态文明水平,基于江西省 2011 到 2020年地级市面板数据,运用面板数据模型实证分析水生态文明的影响因素。杜欢和卢泓宇(2022)采用空间计量模型分析了生产性服务业集聚对生态文明建设的影响,结果表明:生产性服务业集聚促进了本地区生态文明建设水平的提高。Yang et al.(2023)通过构建 PVAR 模型,将旅游业、技术进步和生态经济发展纳入分析框架,利用 GMM 检验、脉冲响应分析、蒙特卡罗模拟和方差分解等方法,实证研究了变量相互作用的动态影响机制。Zia et al.(2023)基于趋势和人际行为模型进行问卷调查,使用 SEM-PLS 和 SMART - PLS 软件进行数据分析,考察影响大学生生态文明行为的变量。Kan et al.(2023)构建了新型城镇化和水生态文明的指标体系,分析了新型城镇化与水生态文明在长江经济带中的现状,利用状态协调函数研究了 2011 年到 2020 年新型城镇化与水生态文明在长江经济区中的协调状态,采用双向固定效应模型进一步检验了推动新型城镇化和水生态文明协调的因素。吕世豪等(2023)建立了生态文明建设成效综合评价指标体系,测度了生态文明建设成效,分析了生态文明建设成效特征,采用灰色关联度模型诊断了了湖南省生态文明建设的主要影响因素,分析结果表明:人均国内生产总值、单位建设用地 GDP、单位种植面积农药使用强度、农村无害化厕所普及率等是主要影响因素。张茹倩(2023)剖析了生态文明建设绩效的时空演变特征,运用时空地理加权回归分析生态文明建设绩效的驱动因素。张康洁(2023)运用平均最邻近指数、地理集中指数、不均衡指数、核密度分析、空间相关性分析、地理探测器、地理加权回归开展了国家生态文明建设示范区时空特征及其影响因素分析,结果表明:对外开放程度、人均人力资本、人均居民可支配收入、人口密度和第二产业产值占比是主要影响因素。贾海发和马旻宇(2023)测度了省域生态文明建设水平,采用面板数据回归诊断了省域生态文明建设水平的影响因素,结果表明人均国内生产总值、居住消费、教育文化娱乐消费和第三产业增加值等是主要影响因素。

与此同时,专家学者分析了农村生态文明建设影响因素。张好收(2008)分析了农民素质对农村生态文明建设的影响,指出要进一步提升农民的自身素质和整体素质,积极促进农村生态文明建设。王丹华等(2017)测度了农村生态文明建设水平,分析了城镇化对农村生态文明建设水平的影响,结果表明城镇化对农村生态文明建设产生促进作用。姚石(2019)构建了生态文明建设关键因素的识别模型,以云南少数民族贫困地区为例,开展实证研究,结果表明:生态文明建设的关键因素主要包括生活垃圾无害化处理率、环境信息公开率、环保投资额占 GDP 比重、旅游收入占 GDP 比重。罗民杰(2019)分析了人口老龄化对农村生态文明建设的影响,指出要进一步提升农民的生态文明意识,发挥基层干部的带头作用。于赟等(2022)通过研究发现,碳汇造林项目提升了农村生态文明建设的农户满意度水平,农户年龄、家庭收入水平促进了农户满意度的提高,在此基础上,提出了对策建议。张东晴等(2023)构建了农村生态文明建设评价指标体系,测度了农村生态文明建设水平,分析了农村生态文明建设水平特征,运用面板数据向量自回归模型剖析了财政投入、信息化水平对农村生态文明建设水平的影响,在此基础上提出了对策建议。朱雅锡和张建平(2023)采用多元评价指标体系测算了绿色金融发展指数和乡村生态文明指数,运用空间杜宾模型分析绿色金融对乡村生态文明建设的影响,结果表明:绿色金融对乡村生态文明建设具有促进作用。张东晴(2023)采用固定效应模型、中介效应检验模型、空间模型分析了数字经济对农村生态文明建设的影响,结果表明:长江经济带数字经济对本省市及相邻省市的农村生态文明建设具有显著的促进作用。

四、农村生态文明建设存在的问题

张勇(2008)诊断了主要污染源并分析了农村生态文明建设存在的问题:生存环境不容乐观,人居环境质量不高。杜受祜、丁一(2009)分析了生态文明与生态安全问题,剖析了农村生态工程建设与环境补偿机制问题。刘迎霞(2014)从系统论视角出发,诊断了农村生态文明建设存在的问题:自然资源紧张,能源利用效率低,生态环境破坏严重,农民生态文明意识的缺失,农民生态文明实践的缺失。刘海涛(2014)分析了农村生态文明建设存在的问题:农业生产中不合理使用农药、化肥,乡镇企业排污造成的污染,农村能源利用不充分,农村环保资金来源渠道窄,农村环境保护法制不健全,农业的粗放经营模式,农民的环保意识淡薄,农业科技推广不到位。石绍鹏(2016)诊断了农村生态文明建设存在的问题:农村经济发展与生态环境建设不同步,化肥、农药对环境和资源污染日益严重,农村自然生态环境堪忧,企业排污、生活排污不容忽视。于帅(2019)剖析了农村生态文明建设存在的问题:主体力量缺失,资金投入不足,政策保障乏力,农村生态教育未成体系。刘纯明、余成龙(2019)从政府生态责任角度分析了农村生态文明建设存在的问题:立法缺失,损害农村生态文明建设的现实要求;服务匮乏,遏制农村生态文明建设的全面发展;宣传落后,窒塞农村生态文明意识的普遍形成;执法不严,阻碍农村生态文明建设的整体进程。李叶子(2020)从生态现代化理论视角出发,分析了当前农村生态文明建设面临的困境:生态治理理念的滞后性,生态治理主体的单一性,生态治理技术的局限性。李益求(2020)探讨了农村生态文明建设面临的现实挑战:农村生态文明建设相关政策法规不完善,农村生态文明建设观念意识薄弱,农村生态环保基础设施建设不足,农村生态文明建设中文化建设相对落后。陈宇婧(2020)剖析了农村生态文明体系建设存在的问题,主要包括:农村生态环境资源承压过大,农村生态环境污染严重和农村生产生活基础设施不健全。王相丁(2020)诊断了新时代中国农村生态文明建设面临的现实挑战:农村生态文明制度不完善,农民生态文明意识薄弱,农村基础设施建设滞后,乡镇企业污染问题严重,农村生产方式落后,农村人才、科技匮乏等。陈小捷(2020)剖析了乡村振兴背景下农村生态文明建设中的问题:农村宜居环境的构筑面临挑战,农村生态产业难以获得蓬勃发展,农村生态文化建设滞后,农村生态治理方面存在弊病,农民的主力军作用未充分发挥。赵蔓芝(2021)分析了农村生态文明建设面临的现实挑战:农村生活垃圾处理随意,过度消费浪费蔓延;农业化肥农药滥用,农村生产污染严重;乡镇工业蓬勃发展,农村环境污染加剧;农村生态设施建设落后,农村生态建设推行不畅。陈士勋(2021)诊断了新农村生态文明建设困境:思想认识不清、观念欠缺理性化,生产简陋粗放、经济缺乏生态化,社会组织形式单一、缺少协商民主,整体素质不高,社会主体要素发育不全、有待进一步开发,整治环节薄弱、环境还未优美化,法规政策体制不全、机制未能常态化。朱巧怡(2021)诊断了乡村振兴战略下农村生态文明建设存在的问题,主要包括生态农业发展较薄弱,农村自然环境污染较严重,农民生态意识较淡薄和农村环保法律制度不健全。杨菊鑫(2021)剖析了农民作为农村生态文明建设主体的现实困境:农民缺位于农村生态文明建设,现代化进程冲击农民主体地位,其他角色过度参与弱化农民主体地位。司林波(2022)诊断了农村生态文明建设面临的突出问题:农村生态环境污染依然较为严重,农村生态文明建设资金投入不足,农村生态文明法律制度建设需要进一步完善,农民的生态文化意识仍需加强。孙海鑫(2022)剖析了农村生态文明建设面临的现实挑战,主要包括:农民生态文明意识薄弱,农业污染问题突出,农村生态环保设施落后和农村生态文明建设地区不均衡。胡洋洋(2022)分析了乡村振兴战略背景下农村生态文明建设的主要问题:农村生态环境破坏问题凸显,农村基础设施建设较为滞后,农村生态文化建设滞后,农村生态治理存在弊病,农村绿色发展方式滞后。张珊珊(2023)诊断了新时代我国农村生态文明建设存在的主要问题:农业面源污染防治形势严峻,工业及城市污染向农村转移风险加剧,农村生态系统退化趋势仍未扭转,农村生态文化建设任重道远。张小雁、周伟(2023)剖析了乡村振兴视角下农村生态文明建设存在的问题:村民缺乏生态文明意识,农村生态文明建设缺乏组织力量,人才不足、创新能力不足,工业化质量低、发展过度商业化,生态补偿转移支付有待完善。

五、农村生态文明建设的对策和建议

Zhang et al.(2016)指出心理问题和人与环境的冲突是中国生态文明进步的主要障碍,应进一步重视收入分配制度改革和经济发展方式转变。Wang(2018)基于区域生态文明的特点,提出了利用 GIS 技术建立生态文明信息管理系统,作为实现生态文明规划与管理的有效途径。Wang et al.(2020)揭示了我国媒体宣传在影响公民行为方面对生态文明的作用,并为其他国家通过大众媒体宣传环境政策和促进公共环境保护提供了启示。Cui and Zhou(2021)从公共治理视角出发分析了生态文明建设研究,提出进一步提高城乡环境建设水平,优化生态经济体系,完善生态保护体系。Li and Yue(2022)通过分析不同利益相关者的权利、责任和利益,界定环境信息公开的供求关系,构建了生态文明建设中环境信息披露的逻辑框架。Chen(2022)基于生态学视角开展了生态文明建设创新研究,认真区分价值理性和工具理性,有效协调生产生态和消费生态,进一步加强生态文明建设的执行力度,针对当前存在的问题制定切实可行的措施。Qiu et al.(2023)将建设性后现代主义和生态学马克思主义理论与生态文明相结合,运用文献整合的方法,对实现中国生态文明社会的高等教育体系进行重构。Chen(2023)从生态文明的角度,分析了建立农村水环境管理体系的必要性,探讨了以水资源效益最大化为目标的农村水环境治理体系改革措施。Zhao et al.(2023)指出深化生态文明与可持续发展研究,需要构建全球命运共同体,应对不同国家或地区的重大战略需求,创新发展跨学科的理论、方法和技术,加强国际合作,为生态文明和可持续发展研究提供学科支撑。

周雪(2009)探讨了加强农村生态文明建设的途径:进一步强化污染防治工作,持续发展高效生态的集约型农业;不断提高生态意识,加强生态宣传教育,充分发挥农民的积极性;有效发挥政府的综合决策作用,进一步加强生态法制建设,进一步发展绿色科技。戴圣鹏(2010)分析了农村生态文明建设的推进路径:进一步加强生态农业建设,深入开展生态村庄建设,大力推进农村生态文化建设。杨斯玲等(2011)分析了农村生态文明及其发展要求,认为发展循环经济是推进农村生态文明建设的必然选择。赵美玲、马明冲(2013)提出了促进农村生态文明建设的对策建议:积极强化农村生态文明制度建设,有效提高农民的生态文明意识,进一步发挥农村基层组织的积极作用。翟艳玲(2014)探讨了农村生态文明建设对策建议:进一步统筹城乡发展,优化农村环境宣传教育体系,健全农村环保机制体制,加强农村生态环境的规划建设,进一步发展生态农业。于法稳、杨果(2017)探讨了促进农村生态文明建设的对策建议:进一步加强农村生态资源要素保护,持续推进农业绿色发展,积极开展农村生态治理。杜强(2019)剖析了新时代我国农村生态文明建设路径选择:进一步加强农村生态文明建设法律制度顶层设计,有效提高生态文明意识,积极践行生态文明行动自觉,持续推动农业生产方式、农民生活方式的根本性转变,加大农业农村面源污染防治力度,扎实推进综合整治,持续优化农村人居环境,严格落实农村生态文明建设主体责任,进一步健全农村环保督察和环境执法监督制度。于帅(2019)探讨了农村生态文明建设的推进路径:进一步健全农村生态文明建设的体制机制,强化农村生态文明建设的人才保障;进一步加大农村生态文明建设的经济投入,夯实农村生态文明建设的经济基础;进一步优化农村生态文明建设的法律政策,加强农村生态文明建设的环境支持;进一步发展绿色产业,强化农村生态文明建设的产业基础;进一步优化生态教育体系,加强农村生态文明建设的精神支撑。马永强(2020)、朱伟红(2020)、赵蔓芝(2021)从多主体视角出发,探讨了农村生态文明建设的路径选择。李益求(2020)提出了农村生态文明建设的推进路径:进一步优化农村生态环境保护法律法规体系,进一步提升农村相关主体生态文明的主人公意识,进一步加强农村地区生态环保设施建设,进一步强化农村地区生态文化建设。陈士勋(2021)探讨了新农村生态文明建设的路径选择:厘清思想认识,观念完成理性化;改进生产方式,经济发展生态化;完善组织模式,形成协商民主;提高整体素质,文化育成习俗化;注重要素培育,社会完成城镇化;加强环境整治,环境实现优美化;完善法规政策,机制实行常态化。符明秋、朱巧怡(2021)探讨了乡村振兴战略下农村生态文明建设的对策建议:进一步加强生态环境治理,积极推进农业绿色发展,有效加强生态文化建设,持续完善生态法律制度。杨菊鑫(2021)探讨了农村生态文明建设的农民主体回归:提升农民自身素质,稳步回归主体地位;正视现代化趋势,保障农民主体地位;统筹多方角色力量,助力农民生态实践。朱川东(2022)分析了乡村振兴视角下农村生态文明建设的对策建议:加强乡村生态文化,优化农村生态环境,发展乡村绿色产业,优化保护农村生态环境的制度体系。朱敏(2022)探讨了乡村振兴战略背景下农村生态文明建设的对策措施:加强宣传教育,加大资金投入,强化专门人才队伍建设,发展绿色产业,优化相关制度体系。温小玉(2023)提出了推进农村生态文明建设的对策:加强农村生态环境治理,培养农民生态环保意识,强化农村生态文化建设,积极发展绿色生态农业,推进农村生态法制建设。薛荣娟(2023)分析了乡村振兴背景下完善农村生态文明法治化建设的具体路径:进一步加强法治宣传教育,提升农民生态环境保护意识;进一步加大资金技术投入,完善农村生态环境保护措施;进一步完善环境保护立法工作,健全农村环境保护法律体系;进一步强化参与监督机制,保障农村生态保护执法环境。于法稳(2023)探讨了中国式现代化视域下农村生态文明建设的推进路径:进一步优化农村生态文明建设的目标体系,进一步健全农村生态文明建设的措施体系,进一步完善农村生态文明建设的支撑体系,进一步优化农村生态文明建设的保障体系。

六、文献述评

综上所述,专家学者对生态文明建设的研究相对较多,关于农村生态文明建设的理论分析属于比较新颖的研究领域,对农村生态文明建设的水平测度、推进路径等方面仍处于初步探索阶段,缺乏系统深入的科学研究。在已有的研究中,有关农村生态文明建设水平测度体系、农村生态文明建设农户参与等研究尚不多见,不太重视资源环境承载压力等对生态系统的作用和影响,有关农村生态文明建设的推进机制鲜见报道。

总体来看,农村生态文明建设水平诊断处于起步阶段,质性研究相对较多、定量研究相对较少。已有的农村生态文明建设水平研究中测度指标多聚焦在资源与环境方面,很少综合考虑人类活动和社会经济等对农村生态文明建设水平测度的影响。农村生态文明建设水平测度方法比较单一,通常采用综合评价法测度农村生态文明建设水平,具有一定的不足:现有的农村生态文明建设水平测度方法无法识别测度指标与水平等级之间的隶属测度,无法有效体现单个测度指标的水平等级信息;现有农村生态文明建设水平测度方法能够诊断测度对象的农村生态文明建设水平等级,但测度结果不会体现测度对象向某个水平等级转化的中间状态。物元分析方法通过计算农村生态文明建设水平单个测度指标与农村生态文明建设水平各标准等级的关联系数,进而得到农村生态文明建设水平的综合测度结果,可以揭示更加丰富的农村生态文明建设水平测度信息,深入诊断农村生态文明建设水平特征,但尚未被应用到农村生态文明建设水平测度研究中。

第三节 研究思路与内容

一、研究思路

本书按照研究设计逻辑思路的要求,以发展演进—动力机制—水平测度—农户参与—现实挑战—推进策略为逻辑主线,构建了农村生态文明建设研究的理论分析框架,阐述了农村生态文明建设发展历程,剖析了农村生态文明建设演进逻辑;运用迈克尔·波特的国家竞争优势理论和钻石模型剖析农村生态文明建设的发生机理,揭示促进农村生态文明建设的五大动力因子;构建农村生态文明建设水平测度体系,采用物元分析法、改进的熵值法测度江苏农村生态文明建设水平;分析了农村生态文明建设农户参与行为影响因素,运用回归分析方法剖析社会信任、社会规范、社会网络对农村生态文明建设农户参与行为的影响;诊断了农村生态文明建设的现实挑战,阐述了农村生态文明建设典型案例,在此基础上探讨了农村生态文明建设的推进路径,构建了多元主体合作治理的农村生态文明建设格局。

二、研究内容

第一章绪论,阐述了农村生态文明建设的时代价值,分析了农村生态文明建设的现实挑战,描述了研究的理论意义和现实意义。从五个方面阐述了国内外研究进展,分析了研究思路,描述了研究内容,介绍了研究方法和技术路线,阐述了本书创新点。

第二章农村生态文明建设的发展演进,以习近平生态文明思想为指导,分析了中国共产党成立以来农村生态文明建设发展历程,阐述了农村生态文明建设初步认识阶段,描述了农村生态文明建设法治完善阶段,剖析了农村生态文明建设全面发展阶段;分析了农村生态文明建设的演进逻辑:农村生态文明建设从重点整治到系统治理的转变,农村生态文明建设从被动应对到主动作为的转变,农村生态文明建设从全球环境治理参与者到引领者的转变,农村生态文明建设从实践探索到科学理论指导的转变。在此基础上,探讨了农村生态文明建设演进启示。

第三章农村生态文明建设的动力机制,阐述了国家竞争优势理论,主要包括六个因素,分别为生产要素,需求条件,关联产业与支持产业的表现,企业的战略、结构和同业竞争,政府作用和机遇;分析了国家竞争力的基本要素,主要包括人口素质、物质资本、科技创新、市场需求、国际联系和公共制度;揭示促进农村生态文明建设的动力因子,具体包括公民素质、物质资本、科技创新、市场需求、国际因素和制度建设,探讨了农村生态文明建设路径选择。

第四章农村生态文明建设的水平测度,阐述了农村生态文明建设水平测度指标构建框架,分析了农村生态文明建设水平测度指标构建原则,构建了基于压力—状态—响应(Pressure—State—Response,简称 PSR)模型的农村生态文明建设水平测度指标;采用物元分析法、改进的熵值法构建农村生态文明建设水平测度模型,建立农村生态文明建设水平的经典域、农村生态文明建设水平的节域,分析了江苏农村生态文明建设水平。

第五章农村生态文明建设的农户参与,以社会资本理论为基础,探讨了社会信任与农户参与行为、社会规范与农户参与行为、社会网络与农户参与行为,基于江苏省南京市农户的调查数据,测算了农户社会资本水平,运用回归分析方法剖析社会信任、社会规范、社会网络对农村生态文明建设农户参与行为的影响,提出了研究启示。

第六章农村生态文明建设的现实挑战,基于统计数据和江苏省实地调查数据,从农业生产环境、农村生态环境和农民生活环境三个方面剖析农村生态文明建设面临的现实挑战:农业生产环境改善任务艰巨,农村生态环境保护任重道远,农民生活环境改善任务艰巨。

第七章农村生态文明建设的典型案例,分析了溧水区 S 村协同治理助力生态文明建设;剖析了昆山市 J 村党建引领推动生态文明建设;阐述了溧阳市 G 村三元统合助力生态文明建设;探讨了江宁区 P 社区五治融和推动生态文明建设。

第八章农村生态文明建设的推进策略,根据农村生态文明建设的现实挑战,参考借鉴了农村生态文明建设典型案例的成功经验,从绿色农业发展、农村生态环境和农民生活环境三个方面提出了农村生态文明建设的推进路径,从有为政府、有效市场和有机社会三个方面探讨了农村生态文明建设的保障体系。

第四节　研究方法与技术路线

一、研究方法

本研究采用定性分析与定量分析相结合,理论分析与实证研究相结合的研究方法,主要包含以下几种方法:

1. 物元分析法

物元分析方法是在可拓数学的基础上,依据事物特征把现实问题划分为两类问题,分别为相容性问题和不相容性问题和通过计算农村生态文明建设水平单个测度指标与农村生态文明建设水平各标准等级的关联系数,合理揭示事物质量的信息,通过定量的结果有效诊断事物质量水平,本研究构建了基于物元分析方法的农村生态文明建设水平测度模型。

2. 改进的熵值法

不同的测度指标对农村生态文明建设水平的作用程度具有一定的差异,为了有效反映农村生态文明建设水平测度指标不同的影响程度,需要将一定的权重指数赋予农村生态文明建设水平测度指标,本研究采用改进的熵值法计算农村生态文明建设水平测度指标的权重。

3. Logistic 模型

本研究的因变量是农村生态文明建设农户参与,农户参与是二分类变量,所以使用 Logistic 模型分析农村生态文明建设农户参与的影响因素。模型设定如下:

$$\ln\left(\frac{p_i}{1-p_i}\right)=\alpha_0+\sum\beta_i x_i+\varepsilon$$

式中,$\dfrac{p_i}{1-p_i}$ 表示农村生态文明建设农户参与和不参与的概率之比,$i=1$,$2,\cdots,n$;p_i 为第 i 个农户参与农村生态文明建设的概率,$1-p_i$ 为第 i 个农户不参与农村生态文明建设的概率；α_0 表示常数项，x_i 表示自变量（包括核心自变量和控制变量），β_i 表示偏回归系数，ε 表示随机扰动项。

4. 因子分析法

因子分析是探讨如何以最少的信息损失从原始变量中选取少数几个公共因子，并使选取的公共因子拥有一定含义的多元统计分析方法，它的主要作用是用少数相互独立的公共因子体现原始变量的绝大部分信息，反映原始变量之间的内在联系。本研究从社会网络、社会信任、社会规范三个方面建立了农户社会资本测度指标体系，运用因子分析法测算了农户社会资本，进而得到社会网络指数、社会信任指数和社会规范指数。

5. 系统分析方法

由于乡村振兴背景下农村生态文明建设研究的目的在于提高农村生态文明建设水平，不可避免地涉及自然环境、居住环境、生态环境等方面的内容，而这些方面又与社会经济等外部因素有着紧密的联系，因而必须将乡村振兴背景下农村生态文明建设作为一个复杂系统开展深入研究，综合采用多学科的分析方法，综合考虑农村生态文明建设发展演进、农村生态文明建设动力机制、农村生态文明建设水平诊断、农村生态文明建设农户参与和农村生态文明建设的推进路径等。

6. 实地调查法

实地调查法是获取农村生态文明建设第一手数据的有效办法。在了解、掌握农村生态文明建设相关理论的基础上，开展农村生态文明建设研究区域野外踏勘，对江苏省典型区域农业生产环境、农村生态环境、农民生活环境等进行实地考察，同时广泛收集相关图像数据、统计数据和调查数据等。进行数据库建立与分析，为实证研究提供数据支持。

二、技术路线

本研究的技术路线如图 1-1 所示：

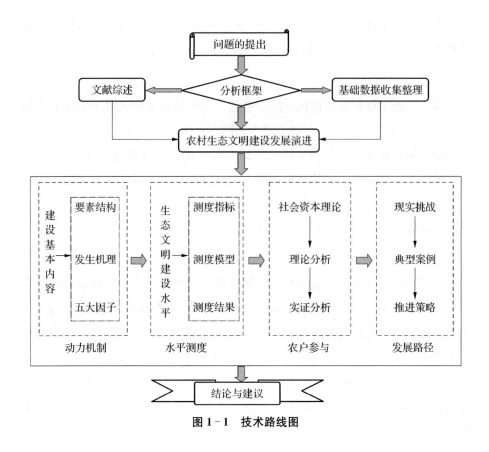

图 1-1　技术路线图

第五节　本书创新点

本书的创新之处：

一是研究思路较为新颖，本书以发展演进—动力机制—水平测度—现实挑战—推进策略为逻辑主线，构建了乡村振兴背景下农村生态文明建设研究的理论分析框架；以习近平生态文明思想为指导，分三个阶段阐述了农村生态文明建设的发展历程，从四个转变分析了农村生态文明建设的演进逻辑，剖析了农村生态文明建设的演进启示，分析了农村生态文明建设的典型案例、成功经验，探讨了农村生态文明建设的推进路径。

二是研究方法较为新颖，本书将马克思主义理论，管理学、社会学等学科的理论,将质性和定量的方法运用到乡村振兴背景下农村生态文明建设研究的主题中,采用国家竞争优势理论和钻石模型剖析农村生态文明建设的动力机制,构建了基于 PSR 模型的农村生态文明建设水平测度指标,采取物元分析法、改进的熵值法建立了农村生态文明建设水平测度模型,诊断了江苏农村生态文明建设水平。

三是研究视角较为新颖,本书从社会资本视角出发,运用 Logistic 模型、因子分析法剖析了农村生态文明建设农户参与行为及其影响因素;探讨如何进一步提高农户社会信任、完善社会规范、丰富社会网络,提升社会资本水平,提高农户认知水平和责任意识,引导农户积极参与农村生态文明建设。

四是研究观点较为新颖,本书构建了多元主体合作治理的农村生态文明建设格局:建设有为政府,持续优化顶层设计,强化制度政策创新,切实转变政府职能;打造有效市场,激发市场主体活力,优化资源要素配置;营造有机社会,强化社会组织参与,提升社会资本,发挥农民主体作用。

第二章　农村生态文明建设的发展演进

党的十八大以来,我国不断重视生态文明建设,逐步深化对生态文明建设重要性的认识:从生态文明建设是关乎中华民族发展的长远大计,到生态文明建设是关系中华民族永续发展的千年大计,再到生态文明建设是关乎中华民族永续发展的根本大计。在这一过程中,我国进行了一系列具有开创性的工作,使农村生态文明建设经历了历史性、转折性和全局性的变化,推动了美丽中国建设取得了重要进展。党的二十大进一步强调了优质的生态环境是人类和社会可持续发展的根本基础,强调坚守绿色发展,持续打造美丽中国,坚决走中国式现代化道路,深刻地阐释了我国农村生态文明建设的丰富内涵,为中国式农村生态文明现代化建设明确了方向。

习近平总书记指出:"我国经济社会发展已进入加快绿色化、低碳化的高质量发展阶段,生态文明建设仍然处于压力叠加、负重前行的关键期。"农村生态文明建设作为我国社会主义现代化建设的薄弱环节和重点,不仅关系到美丽中国梦的实现,更关系到全面建成社会主义现代化强国目标的实现。通过回顾和总结我国农村生态文明建设的发展历程、分析农村生态文明建设演进逻辑,我们可以深入贯彻党的二十大精神以及习近平生态文明思想,为实现宜居宜业和美乡村建设的目标,推动人与自然实现更加和谐的共生,为中国式现代化建设做出新的贡献。

第一节　农村生态文明建设发展历程

从中华人民共和国成立到召开第一次全国环境保护会议,从可持续发展观到绿色发展观,从治山治水到绿水青山就是金山银山,从科学发展观到习近平生态文明思想,随着我国社会主义建设的不断完善,以及我们党对马克思主义理论的实践与发展,我国农村生态文明建设呈现出明显的阶段性特征。

一、农村生态文明建设初步认识阶段

1. 资源紧缺背景下的"无为而治"

自从中国共产党成立以来,马克思主义一直在指导中国的革命和建设,其中也包括了生态文明建设。尽管马克思与恩格斯没有直接论及"生态文明建设"这一术语,但他们敏锐地觉察到了资本主义生产方式带来的贪婪的资本积累和无限扩大再生产所引发的人与自然之间日益紧张的矛盾关系。他们对人类与自然、自然与社会的关系进行了广泛探讨,其中包含了丰富的生态文明思想。

马克思强调,人类最初的活动是为了满足自身的生存需求而进行的生产活动。这些活动在很大程度上取决于自然条件和社会历史背景。因此,我们可以理解人类既是社会存在的一部分,也是自然存在的一部分。人类不仅具有社会属性,还具有自然属性,与自然界相互关联。人与自然的相互作用是密切的,人类社会和人类历史与自然界紧密相连,因为自然界提供了人类生产和生活所需的物质基础。人类的各种生产和生活活动都不可避免地依赖于自然界。因此,存在着人与自然之间的相互制约和相互协调的关系。一方面,人类是自然界的一部分,需要依赖自然界来满足其生存和发展的需求。自然界为人类提供了空气、水和其他基本的生存资源,同时也为人类提供了食物、住房等生活必需品的原材料。这表明自然界对人类有一定的制约作用。另一方面,人类需要有效地利用自然资源,实现高效的资源利用,以维护可持续的社会发展。这是为了在有限的资源条件下,依然能够实现人类社会的繁荣。为此,人类必须遵循自然的规律,维护自然界内部的平衡与循环,以实现人类与自然的和谐统一。此外,中国拥有悠久的历史文化传统,其中儒、释、道、法等思想流派强调人与自然的一体关系和生态共同体的性质。这些思想强调控制个人欲望,避免对自然界干预过度,提倡环境保护以及善待所有生物和事物。这些思想鼓励人们根据情势和趋势来行动,以实现人与自然的和谐共存,最大限度地优化整体存在。总之,人与自然之间的关系复杂而紧密,需要考虑如何平衡自然资源的有限性和人类社会的需求,以实现可持续发展和和谐共存。中国的传统文化中蕴含的生态文明思想可以对我国农村生产生活有重要的指导作用。

对于当时的中国来说,作为生产要素之一的土地资源尤为珍贵,它不仅是一切生活必需品的重要生产基础,更是关乎着国家民族发展的关键要素,因此,中国共产党成立后,便在全国大力开展土地革命,更是提出了"农村包围城市、武装夺取政权"的革命思想。在建立农村革命根据地后,为保护农村土地资源,保障物资供给,毛泽东曾指出,树木不仅为人们提供所需的物质资料,还可以绿化环境。他积极倡导在革命根据地进行植树造林。此外,中国共产党于1932年至1946年间还先后提出要"兴修水利""保护森林",并出台了相关政策、文件(邵光学,2022)。与中国历史上的其他阶段不同,在革命战争阶段,中国人民不仅面临着西方列强的入侵,更经历着国内政权的变迁,战争不断。与大力发展经济相比,中国人民更需要的是能有安稳的生活环境和一块能够稳定生产口粮的土地。因此,中国共产党充分利用自然资源,在领导中国人民积极开展革命根据地和解放区建设过程中,在战乱与自然灾害中进行经济生产和人才培育等实际操作。这一系列行为具有朴素的生态文明意义。正是通过这些经验,中国共产党成为生态环境保护政策的引导者和早期的启发者(黄承梁,2022)。在抗战过程中,为确保粮草的有效供给,广大的中国共产党党员也需在战争间隙主动耕种土地,开发、保护耕地资源。

在这一时期,我国工业发展滞后,主要精力集中在革命战争中,农村生态环境问题并未凸显,因此,这一时期的农村生态环境保护可概括为"无为而治",即主要依靠农村生态环境的自我修复、更迭以及农民基于传统种植经验的耕种保护,外力作用极少。但围绕着资源供给,中国共产党仍萌生了以保护农村土地资源为主的绿色生态理念。

2. 从建国到改革开放前的简单治理

中华人民共和国成立时"一穷二白",尽管当时我国的生态问题并不是最为要紧的问题,但中国共产党已经开始关注我国的生态环境问题。那个时候,我国的经济发展水平有限,资源较为缺乏,人民群众的物质生活水平较低。因此,中国共产党人提出了"勤俭节约"的原则,以此来指导社会主义事业。这一原则不仅强调了对资源的节约利用,同时也隐含了对环境的保护,只有通过有效管理资源,提高资源的有效利用,方能在困苦的时刻维护人民的生计,促进社会的可持续发展。尽管当时的关注点主要集中在经济和社会领域,但这也表明中国共产党人对生态环境的高度重视,为后来中国生态文明建设奠定了基础。这种"勤俭节约"的理念,后来逐渐演化为更加系统和全面的生态文明建设思想。

为促进农业生产,毛泽东提出了"植树造林,绿化祖国"的号召,以保护和建设全国生态环境为主要目标,这一举措基本上消除了荒山荒地的问题。同时,他强调了全面开展各项水利工程建设的必要性,指出只有在保持水土的合理管理和避免洪涝灾害的前提下,才能够进行有效的土地开荒工作(刘海涛等,2023)。我国于 1949 年颁布的《中国人民政治协商会议共同纲领》中便提出要保护农业资源,之后 1956 年发布的《1956 年到 1967 年全国农业发展纲要(修正草案)》中提到要改良土壤,防止土壤盐碱化,兴修水利,植树造林,保持水土,减少水土流失,修复因垦荒而被破坏的树林和草原,绿化一切可能绿化的荒地荒山,开展全国性的环境卫生运动,消灭疾病。1957 年,我国制定了《中华人民共和国水土保持暂行纲要》,要求成立全国水土保持委员会,各地必须在保证山区生产的基础上,有计划的保山、育林、还草,坡度超过一定限度的山区应严禁开荒,保护好当地生态环境。1963 年和 1965 年,我国又分别制定了《森林保护条例》和《矿产资源保护试行条例》。1972 年第一次国际环境保护会议召开后,我国于 1973 年 8 月召开了第一次全国环境保护会议,出台了《关于保护和改善环境的若干规定》,并于次年成立了国务院环境保护领导小组(邬晓燕,2019;邵光学,2022)。1978 年,我国首次将生态环境保护理念列入宪法。

由此可见,对农村生态环境的治理早在新中国成立之初便已受到重视,只是与经济发展相比,对农村生态环境的关注更多集中于农业生产领域,强调水土保持,植树造林,开垦荒地,消灭疾病,治理方法多为简单的行政治理,即通过法律文件、行政命令等要求广大人民群众严格遵守国家法律,响应国家号召。

二、农村生态文明建设法治完善阶段

1. 环境问题倒逼下的被动治理

1978 年 12 月,党的十一届三中全会确定了改革开放的基调,邓小平首次提出了生态环境制度的法制化思想,要求从法律层面制定草原法、环境保护法。为贯彻落实邓小平的讲话精神,1979 年《中华人民共和国环境保护法(试行)》正式颁布,指出要保护自然环境,防治环境污染与生态破坏,加大植树造林力度,这是我国首部综合性的环境保护基本法(邬晓燕,2019)。1981 年,我国出台了《关于在国民经济调整时期加强环境保护工作的决定》,要求各级部门严格落实《中华人民共和国环境保护法(试行)》的规定,禁止破坏自然环境,尤其是对水土资源和森林资源的破坏。随着改革开放的不断深化和社会经济的快速发展,生态环境问题的严重性逐渐显现。1982 年 9 月,中国共产党第十二次全国代表大会提出了一系列重要的生态文明观点,包括强化能源的合理开发,促进能源消耗的节约以及控制人口增长。同时,党也明确反对过度砍伐森林,禁止乱开发土地,强调改善农田水利工程,提高灌溉效率,倡导生态农业的发展。不久之后,国家开始倡导全国进行义务植树运动,该运动至今仍在城乡广泛展开,深受社会各界的广泛认可。这一时期的倡导和行动标志着党和政府和社会对生态问题的认识日益深化,并朝着可持续发展和生态文明建设迈进。1983 年 12 月,在第二次全国环境保护会议上,我国确立将环境保护作为一项基本国策,提出了三项核心环境保护政策,即:预防为主、防治结合、强化环境管理,同时强调了"谁污染谁治理"的理念(邵光学,2022)。1984 年,出台了《关于环境保护工作的决定》,对我国的环保机构进行了进一步调整,并明确了各级环保机构的具体职责。1989 年,环境保护法正式出台,与此前制定的海洋环境保护法、森林资源保护法、水土保持法、草原法、渔业法、矿产资源法、大气污染防治法等构成了初步的环保法律体系。

虽然改革开放以来,农村居民的收入不断提升。但农村地区的生态环境问题也在逐渐显现,主要表现为化肥、农药的过度使用带来的土壤盐碱化和水污染,以及乡镇企业发展带来的工业"三废"污染。

与改革开放前的农村生态环境保护相比,改革开放后至 1992 年,我国对生态环境的关注度明显提高,主要体现在法制建设从无到有,对农村生态环境的关注也不仅限于农业环境,开始关注因乡镇企业发展带来的工业污染防治和人居环境的建设,如 1984 年《关于加强乡镇、街道企业环境管理的规定》便是为应对农村工业污染而专门制定的,1986 年第七个五年计划首次明确提出在保护城市环境的同时,保护农村环境,改善生态环境。只是此一时期的农村生态环境保护制度并未得到严格落实,农村生态环境还处在持续恶化中。

2. 可持续发展战略下的主动修复

1992 年,联合国环境与发展大会在里约热内卢召开,首次提出了可持续发展战略理念,这一理念受到了世界各国的广泛认可。1992 年 10 月,党的十四大明确提出不断加强环境保护、严格控制人口增长、改善人民生活。1993 年我国通过了《中国环境与发展十大对策》,其中第一条对策便是实施可持续发展战略,发展生态农业,加强对生物多样性的保护。1994 年,在《中国 21 世纪议程》中,我国明确指出了可持续发展战略的主要目标、重点内容与重大行动,并单独就农业和农村的可持续发展提出了具体的要求(吕忠梅,2021)。为进一步加强生态环境立法,治理农村地区的农业污染和工业污染,1996 年至 1999 年,我国先后制定并颁布了《中华人民共和国乡镇企业法》《关于加强乡镇企业环境保护工作的规定》《中华人民共和国农药管理条例》《国家环境保护总局关于加强农村生态环境保护工作的若干意见》。进入 21 世纪后,为奠定好环境保护的基础,协调好经济发展与生态环境之间的关系,2001 年我国审议通过了《国家环境保护"十五"计划》,这是我国首次就环境保护制定专门的工作计划,其中对农村环境问题的关注也开始由注重外源性污染治理转为内源性污染治理和外源性污染治理并重。

从这一时期国家关于生态环境的政策文件和法律法规内容来看,围绕的主旋律一直都是可持续发展,且不再片面强调经济的快速增长,对农村地区的生态环境问题也越来越关注,主要体现在以下几点:一是将农村生态环境问题纳入每年的政府工作报告和国民经济与社会发展报告中;二是出台了专门针对农村生态环境保护的政策文件和法律法规;三是注重农村地区的产业结构调整,提倡发展生态农业,重点治理农村地区的面源性污染;四是国家开始向农村地区倾斜资源,发展农业、农村,而不再仅仅将农村地区作为城市化建设的原料"储备库"。同时,随着社会主义市场经济制度的日益完善,农村环境的治理方式也出现了变革,主要体现为引入市场化手段,弥补行政手段的不足,同时加大宣传教育,提高农村居民的环保意识。

由此可见,随着改革开放进程的不断深入,农村生态环境保护逐渐由边缘化地位进入到国家战略的核心地位,并在可持续发展战略的指导下进入了一个新的发展阶段,经济增长不再是农村发展的唯一指标。为切实提升农村生态环境质量,我国还一直坚持走群众路线,号召广大人民群众行动起来,共同监督,并提出了保护生态环境就是保护生产力的治理理念。

3. 科学发展观战略指导下的主动出击

经过了改革开放初期的治理,我国的生态环境问题在一定程度上有所缓解,如城市工业废弃物污染明显减少,农村地区外源性污染得到有效遏制,但另一方面,全国的生态环境质量改善仍面临着巨大挑战,主要体现在中西部农村地区的生态环境恶化。2002 年 11 月,在党的十六大报告中,第一次提出了科学发展观,以更好的助力全面建成小康社会;科学发展观的核心是以人为本,十分重视人与自然的和谐发展。2005 年 12 月,我国出台了《国务院关于落实科学发展观加强环境保护的决定》,正式提出要建设资源节约型、环境友好型社会。2007 年 10 月,在党的十七大报告中指出建设"两型社会"不仅关系到每一个人的切身利益,也关系到国家发展和民族兴盛;也是在此次报告中,我国正式提出生态文明建设,明确了生态文明建设的原则、理念和目标,这意味着中国共产党人对马克思恩格斯的生态文明思想有了更深入的理解,对人与自然的和谐关系以及生态文明的构建有了更科学的认识。2008 年,我国成立了中华人民共和国环境保护部。2010 年《中共中央关于制定国民经济和社会发展第十二个五年规划的建议》将生态文明作为"两型社会"建设的目标,并从可操作化层面对生态文明建设提出了具体要求。为完善生态文明建设的法律体系，自 2002 年以来，我国先后制定了《环境影响评价法》《环境行政处罚办法》《循环经济促进法》等。为加强国家对环境保护的监督指导，我国在 2011 年制定了《国务院关于环境保护重点工作的意见》。

在科学发展观的指导下，我国农村也全面进入了社会主义新农村的建设阶段，农村生态环境治理也随之进入新阶段。2005 年 10 月，党的十六届五中全会明确了社会主义新农村建设的目标要求，包括实现生产发展、提高居民生活水平、培养乡村文明风貌、改善村庄整洁度以及促进农村治理的民主化。为确保农村环境治理的资金充足，2006 年《国家农村环保小康行动计划》特地设定了农村环境治理专项资金，计划"十一五"期间投资 50.8 亿元。此后的《关于加强农村环境保护工作的意见》《关于开展生态补偿试点工作的指导意见》以及《关于实行"以奖促治"加快解决突出的农村环境问题的实施方案》也都就农村环境治理资金问题提出了解决方案。2008 年 1 月，我国将生态文明建设加入到现代化建设之中，提出要促进各现代化建设领域的协调发展，这标志着生态文明建设首次被平等对待并列入现代化建设，进一步凸显了中国共产党对生态文明建设理念的深刻认识，也表明了党的生态文明建设思想的日益成熟和完善。在治理方式上，市场和社会主体的治理作用逐渐显现，对农村居民的环保教育方式也不再仅限于传统的会议宣教，开始结合学校的教育方式，开展环保主题的亲子活动，如每年的植树节和全球水日。为了加快农村生态农业的建设，各地积极打造农村旅游示范点，发展生态旅游，转变农村居民的环保意识。

三、农村生态文明建设全面发展阶段

党的十八以来，我国把生态文明建设置于中国特色社会主义"五位一体"总体布局的高度，加快生态文明制度建设，形成了习近平生态文明思想，开启了生态文明建设的新篇章（张云飞、周鑫，2020；宋林飞，2020）。2012 年 11 月，在党的十八大报告中，首次将大力推进生态文明建设进行了专章论述，这在世界各国执政党中尚属首次；明确提出了"社会主义生态文明"的科学理念，阐述了建设美丽中国的战略目标。2013 年 11 月，党的十八届三中全会指出坚持用制度创新推进生态文明建设，这是我国生态文明建设进入制度建设阶段的标志性会议。2014年10月,党的十八届四中全会提出加快建设社会主义法治国家,用严格的法律制度保护生态环境,将生态文明建设纳入法治化轨道。2015年4月,我国发布了《关于加快推进生态文明建设的意见》,明确了生态文明建设的现实任务和具体路径。2015年9月,我国印发了《生态文明体制改革总体方案》,确定了我国生态文明体制改革的目标与任务。2015年10月,党的十八届五中全会提出了以人民为中心的发展思想,指出绿色发展是生态文明建设的现实途径(邵光学,2022)。

2017年10月,党的十九大报告指出生态文明建设是中华民族永续发展的千年大计,全面布局了生态文明建设。2018年3月通过的《中华人民共和国宪法修正案》,把"生态文明建设"正式写入我国宪法,有效推动了新时代的生态文明建设。2018年5月,我国召开了第八次全国生态环境保护大会,分析了生态文明建设面临的形势,强化了对生态环境保护的重视,确立了习近平生态文明思想在我国生态文明建设中的指导地位(徐慧等,2022)。2019年10月,党的十九届四中全会指出"坚持和完善生态文明制度体系,促进人与自然和谐共生",持续推进美丽中国建设(姚林香和杨蕾,2020;郭路等,2023)。2020年3月,我国印发了《关于构建现代环境治理体系的指导意见》,为生态文明建设提供制度保障。2020年10月,党的十九届五中全会提出坚持新发展理念,大力实施可持续发展战略,建立健全生态文明体系,加快推动绿色低碳发展,持续改善环境质量,促进生产生活方式绿色转型,建设人与自然和谐共生的现代化。2021年4月,我国制定了《中华人民共和国乡村振兴促进法》,加强生态保护,促进乡村生态振兴。2021年11月,出台了《中共中央国务院关于深入打好污染防治攻坚战的意见》,进一步加强生态环境保护,提升生态环境治理现代化水平。2021年11月,党的十九届六中全会指出,党中央以前所未有的力度抓生态文明建设,美丽中国建设迈出重大步伐(郭路等,2023)。2021年12月,出台了《农村人居环境整治提升五年行动方案(2021—2025年)》,全面扎实推进农村人居环境整治。2022年10月,党的二十大报告指出,中国式现代化是人与自然和谐共生的现代化,促进人与自然和谐共生、创造人类文明新形态是中国式现代化的本质要求,提出加快建设农业强国,建设宜居宜业和美乡村。

第二节　农村生态文明建设演进逻辑

从我国农村生态文明建设的演进历程来看,从无为而治到问题回应,从主动出击到全面发展,从美丽乡村到乡村振兴,党和国家对农村生态文明建设的关注度逐年提高。从演进机制来看,我国农村生态文明建设主要遵循四个逻辑:一是农村生态文明建设从重点整治到系统治理的转变,二是农村生态文明建设从被动应对到主动作为的转变,三是农村生态文明建设从全球环境治理参与者到引领者的转变,四是农村生态文明建设从实践探索到科学理论指导的转变(李丽旻,2023)。

一、从重点整治到系统治理的重大转变

农村生态文明建设,从重点整治转向了系统治理,这反映了思维方式和工作方法的深刻改变。辩证唯物主义、历史唯物主义是马克思主义最根本的世界观、方法论,也是指导我国农村生态文明建设的思想武器。系统观念则是一种综合考虑自然、社会和思维的方法,为理解复杂事物提供了一套科学方法论原则,这种观念是在唯物辩证法的科学指导下形成的,同时吸收并借鉴了现代科学思维方法(任铃,2021)。系统观念,也可以被称为系统辩证法,着重强调了事物的系统性、整体性,以及内部各要素之间的关系和结构。它强调将每个要素置于系统整体中,以便更好地理解和把握事物,而不是孤立地从整体中剥离出来进行理解(韩庆祥,2022)。辩证唯物主义认为经济基础决定上层建筑,中华人民共和国成立初期,在广大人民群众还吃不饱、穿不暖的现实压力下,我国的发展重点自然是保障农业生产,稳定工业生产的原材料供应。因此,我国自建国初便十分重视农村生态环境的保护,并在 1949 年的《中国人民政治协商会议共同纲领》中就农林渔牧业的发展提出要兴修水利,保护森林、渔场、畜牧业。1956 年之后,我国的工业生产得到了飞速发展,但此时的工业生产是一种粗放型生产,是以牺牲生态环境换取工业产出的生产。至 20 世纪 70 年代,我国的生态环境已经受到了明显破坏,具体表现为农业面源污染范围扩

大,土壤盐碱化,大气污染程度加深。1972 年,联合国第一次环境保护会议召开后,我国于 1973 年召开了全国第一次环境保护会议,揭开了我国环境保护事业的序幕,并随之出台了一系列的法律政策文件,但生态环境保护仍处于国家发展战略的边缘地位,并未受到足够的重视,对生态环境问题的治理也是侧重末端治理。1978 年,党的十一届三中全会后,我国将发展重点转移到经济建设上来,走中国特色社会主义道路。为处理好经济发展与环境保护之间的关系,我国在 1979 年审议通过了《中华人民共和国环境保护法(试行)》,并于 1983 年正式将环境保护确立为我国的一项基本国策。虽然这一阶段我国对生态环境保护的方式仍是以政府行政命令为主导,但在具体的实施方面却有了市场力量的参与。随着经济社会持续发展,我国已经基本解决了人民群众的温饱问题,至 1992 年,提出了可持续发展战略,我国的生态环境保护则随之进入了快速发展阶段。我国农村生态文明建设也从碎片化的治理模式向系统性的治理模式转变,从重末端治理发展到重发展的整体规划。

农村生态文明建设是一项复杂的系统工程,必须综合考虑系统之间的相互关系、系统与要素之间的联系、要素之间的相互作用以及系统与外部环境之间的互动。一方面,生态文明建设与经济、政治、文化和社会建设之间相互关联。党的十八大将生态文明建设提升为国家战略与国家意志,纳入"五位一体"总体布局,并阐述了生态文明建设的战略目标;这个布局强调了整体思维,综合考虑全局,以促进中国特色社会主义事业的全面发展。另一方面,生态环境本身是一个复杂的系统综合体,各要素之间存在紧密联系。习近平总书记提出山水林田湖草沙是一个生命共同体,将自然界视为一个普遍联系的有机整体,强调各自然要素之间的紧密联系。农村生态文明建设不能采取片面的、分割式的治理,而应保持生态系统各环节、各要素之间的相互作用和相互依存的辩证关系,实施"统筹山水林田湖草沙系统治理"。系统观念为克服生态环境保护方面的难题,支持新时代农村生态文明建设提供了方法论基础。

科学思维在方法论中扮演着重要的角色,它需要具备更广阔的视野和更高级的思维能力,以助力克服困境。习近平总书记强调坚持问题导向,除了应用马克思主义思想方法和工作方法之外,还提出了六种科学思维方式,包括战略思维、历史思维、辩证思维、创新思维、法治思维以及底线思维。农村生态文明建设能够实现突破性进展的关键在于将这六种科学思维方式贯穿整个生态文明建设过程中,注重问题导向。在战略思维方面,党的十八大将生态文明建设视为"五位一体"总体布局的重要组成部分,这个布局彰显了对高远目标的洞察和对全局的把握。历史思维的运用也至关重要,习近平总书记提出,"生态兴则文明兴、生态衰则文明衰",深刻揭示了人类历史发展的轨迹和教训(陈俊,2022),只有通过吸取历史经验,我们才能朝着更美好的未来前进。辩证思维是农村生态文明建设的重要策略,通过它可以找准与民生密切相关的水土气问题,并以治理污染为突破口,积极推动农村生态文明建设。创新思维是推动改革的动力,特别是在农村生态文明建设领域。自党的十八大以来,中国在生态文明建设的顶层设计和实践中不断创新,找到了适合中国国情的社会主义生态文明之路。法治思维贯穿了整个农村生态文明建设过程,建立和完善自然资源保护的法律制度是维护生态文明建设的法治基础。底线思维则强调了安全意识,强调预防和解决重大风险。在农村生态文明建设中,我们必须重视底线,确立全国生态保护红线,构筑坚实的生态安全屏障(吴守蓉等,2021)。在这些科学思维方式的指导下,中国不断健全农村生态文明建设的制度政策,加强农村生态文明建设的实践,推动环境治理体系和治理能力的现代化,为推动农村生态文明建设提供了坚实的科学基础(邓丽君,2021;郁庆治,2023)。

二、从被动应对到主动作为的重大转变

习近平总书记指出"保护生态环境就是保护生产力,改善生态环境就是发展生产力"。生态文明建设由被动应对到主动作为,也是发展方式、发展模式的"绿色升级"。从我国政府职能的转变历程来看,过去一直是管理者的角色,通过设立各个部门,形成一个庞大的政府行政机构,管理全国各个省、市、县、区、乡镇的大小事务,以保证国家经济社会的平稳运行。这种"全能型政府"的管理模式带来的弊端便是政府机构逐渐膨胀,基层缺乏自主创新能力。随着社会的发展,政府行政负担过大,传统管制型的治理模式已经不再适用。改革开放后,我国的政府职能为了适应时代的变化进行了多次转变,第一次转变是在 20 世纪 80 年代,首先是在 1982 年对我国政府的管理机构进行了精简和改革,随后党的十三大报告指出要以"转变职能"为改革的核心(李丹,2019),服务社会主义市场经济的发展。第二次转变是在 20 世纪 90 年代,在党的十四

大报告中,确立了社会主义市场经济体制,进一步明晰了政府职能,加快了政府职能转变,尤其是 1998 年进行的政企分离改革,表明了我国大力发展社会主义市场经济的决心。进入 21 世纪以来,我国政府职能再次发生了新的转变,开始侧重于社会管理方面,逐步向服务型政府转变(竺乾威,2017)。2008年 2 月,我国出台了《关于深化行政管理体制改革的意见》,指出要通过改革促使政府职能向创造良好发展环境、提供优质公共服务、维护社会公平正义这三个方面转变(杨雪冬,2009)。党的十八大以来,政府职能转变开始将法治政府建设与服务型政府建设相结合,更加关注民生问题,推动国家治理的现代化,以奖代补、政府购买服务、政府和社会资本合作(PPP)等新型的社会治理模式逐渐兴起,多元主体共同参与的协同治理模式日渐成熟,地方性的农村生态环境治理案例日益增多,乡村旅游业发展也日渐繁荣,既帮助广大农村地区摆脱了贫困,也因此找到了特色产业的发展道路。

从我国农村生态环境保护的治理历程,可以发现不同发展阶段有着不同的价值观念。在改革开放前,我国对农村社区的管理主要是依靠行政命令手段,通过科层制的管理方式逐级下达行政命令,如人民公社时期典型的粮票制度。在这种管理模式下,农村社区很难有自己的创新做法,一切都得服从行政命令,即便是植树造林,治山治水等有利于生态环境保护的运动,也要在行政命令下进行。可以说,改革开放前的农村社区没有自主发展权,人们的生产生活都局限在合作社内,没人去着重关注生态环境的变化。改革开放后,我国的管理体制开始发生变化,乡镇以下实行村民自治制度,充分给予农村社区自主发展权。从开始的被动应对到主动作为,从居民无意识的破坏环境到主动保护环境,我国农村生态文明建设在治理主体和治理手段上都与以往有所不同。首先农村社区和农村居民逐渐成为农村生态文明建设的重要主体,其次是治理手段更加多元化,依托智能媒体的发展,开展丰富多样的文体活动,重视宣传教育;依托科技进步,加大污染无害化处理,注重生态循环系统的生产设计。进入新时代,我们党坚持责任压实、观念转变,不断增强自觉性和主动性,将建设美丽中国转化为全体人民的自觉行动。

在这种由被动变主动的转变下,我国的生态文明建设理念也发生巨大改变,由简单的植树造林发展到"绿水青山就是金山银山",由关注城市发展到重视乡村振兴,由"四位一体"发展到"五位一体"。如今,在习近平新时代中国特色社会主义思想的指导下,农村社区有了更多的自主创新权,更多的资金注入,更多的治理主体参与。随着生态文明建设深入人心,绿色出行、垃圾分类、绿色低碳生活等逐渐成为新的时尚,我国农村地区的生态文明建设正在向更高水平迈进,力争将中国农村建成山青、水美、人和、产业富的生态宜居美丽乡村。

三、全球环境治理参与者到引领者的重大转变

在习近平生态文明思想的指导下,中国不仅加强了自身的生态文明建设,也积极参与全球环境治理,为全球提供更多的公共产品,考虑到全人类的共同利益(李培超、戴晓慧,2022)。地球是人类唯一的家园,因此保护生态环境和推动可持续发展成为各国的共同责任。近年来,气候变暖、土地荒漠化、灭绝生物逐年增多以及极端气候事件的不断发生,已经对人类的生产、生活带来严重的挑战。人类是你中有我、我中有你的命运共同体,没有一个国家可以单独生存。人类生活在一个利益交融的地球村里,生态环境保护、生态文明建设不再只是一个国家的事务,而是全球各个国家需要共同面对的问题(邓丽君,2021)。从全世界各个国家的生态环境状况来看,生态环境污染已经波及全世界各个国家,人类面临着资源短缺、生态破坏、环境污染等共同威胁(彭蕾,2020),全世界各个国家亟须解决当前生态环境面临的现实问题,因此积极开展生态环境治理合作、共谋全球生态文明之路势在必行。从 1972 年派团参加联合国人类环境会议开始,我国参与全球环境治理的行动不断升级,从外围参与到被动参与,再到主动参与,我国的全球影响力不断提高,逐渐成为全球环境治理的主角。尤其是党的十八大以来,习近平总书记阐述了构建人类命运共同体的理念,根据这一理念,我国主动履行全球生态环境治理义务,深度推进全球生态环境治理合作,积极引导气候变化合作,持续推进防治荒漠化合作,开展生物多样性保护合作,贡献了全球生态环境治理的中国方案。

新时代推进生态文明建设,我国秉承人类命运共同体理念,共建全球生态环境治理新秩序,深化全球可持续发展,共建人与自然和谐共生的美丽家园。习近平总书记多次在不同国际场合上,以加强生态环境保护为例阐明了中国的理念、方案和行动。习近平生态文明思想作为新时代生态文明建设理论的

核心内容,主要反映在深邃的历史观、科学的自然观、绿色的发展观、基本的民生观、整体的系统观、严密的法治观、全民的行动观和共赢的全球观八个方面,这些方面相互补充。在发展转型方面,习近平总书记提出了新型文明观与绿色发展观,明晰了新时代生态文明的发展理念和绿色转型路径;在综合治理方面,习近平总书记提出了整体系统观和严密法治观,强化宏观的整体治理和微观的系统保障;在环保为民方面,习近平总书记提出了普惠民生观和全民行动观,明晰了生态文明建设为了谁、依靠谁的问题;在共建共享方面,习近平总书记提出了和谐自然观和全球共赢观,努力实现人与自然和谐共生,共建全球生命共同体。以习近平同志为核心的党中央,全面阐述人类命运共同体理念,从人类共同利益的立场出发,以人类命运共同体理念引导全球生态文明建设,增强了中国特色社会主义生态文明引领世界生态文明的信心,提供了农村生态文明建设的中国方案。

党的二十大报告指出,中国式的现代化是人与自然和谐共生的现代化,促进人与自然和谐共生、推动构建人类命运共同体、创造人类文明新形态是中国式现代化的本质要求。西方现代化走过了一条先污染后治理的道路,我国避免西方资本主义发展模式,摒弃了物质主义膨胀现代化的老路,坚持"绿水青山就是金山银山",大力发展生态循环农业、生态工业、生态服务业等,有效协调产业生态化和生态产业化,努力走出一条人与自然和谐共生的绿色发展之路。我国创造人类文明新形态的道路抉择、理论抉择、制度抉择和文化抉择,推动和开创人类生态文明新形态,构筑尊崇自然、绿色低碳发展的多维立体生态体系,树立生态保护理念,培育绿色生活方式,转变经济发展方式,优化绿色发展方式,是社会发展观的一次深刻变革,是迈向更高文明社会形态的重要一步。我国坚持共谋全球生态文明建设,以构建人与自然生命共同体理念凝聚共识,同世界大部分国家地区建立了命运共同体关系,包括中非命运共同体、中国-东盟命运共同体、亚洲命运共同体、上海合作组织命运共同体等,参与并引领全球环境治理合作,推动强化国际环境立法约束,积极参与环境治理国际规则制定,塑造和提升中国在全球环境治理中的领导力,树立了全球农村生态文明建设的新理念,引领了全球农村绿色发展的新潮流。

四、实践探索到科学理论指导的重大转变

习近平生态文明思想为农村生态文明建设理论注入新的时代内涵，开创了农村生态文明建设的新境界。与时俱进是马克思主义的显著特点，它强调马克思主义不是一成不变的教条，而应该体现客观规律、紧跟时代潮流、直面现实问题、勇于创新（马丽等，2022）。在不断的探索中，习近平生态文明思想逐渐形成，这一思想既符合中国国情，又为全球生态文明建设提供了中国的解决方案。自古以来，中国人对大自然怀有崇敬之情，反映在"天人合一""道法自然""众生平等"等理念中（张乾元等，2020）。这些观念不仅是中国哲学的核心，还体现了深刻的生态保护智慧。中国传统文化注重遵循自然法则，强调取之有度、用之有节，这与工业革命后的西方技术至上主义和人类中心主义的理念不同。中国传统文化更注重物质生活的适度和修身养性，而不像现代西方工业社会那样把物质财富作为至高无上的追求目标。中国一直高度重视环境保护问题，并坚信社会主义制度的优越性可以解决这些问题（张永生，2022）。中国采取了严格的环保政策，限制污染物排放总量，确保工业污染达到标准，同时也追求空气和水质的达标。但随着中国经济的迅猛增长，环境问题逐渐加剧，传统的发展模式与环境之间的矛盾变得尖锐。为了解决这一问题，党的十七大提出了生态文明概念，强调要通过全面、协调、可持续的科学发展来实现环境和发展的和谐共存。这是一次重要的认识上的进步，为后来新发展理念的提出和生态文明的发展提供了坚实的基础。

党的十八大以来，习近平总书记将马克思主义与中国的具体实践相结合，吸收借鉴中华优秀传统文化，积极推动生态文明的理论、实践和制度创新，逐步形成习近平生态文明思想（李培超、戴晓慧，2022；孙金龙、黄润秋，2023）。习近平生态文明思想回答了新时代生态文明建设的重大理论问题和实践问题，阐述了"人与自然是生命共同体"的自然观，"保护生态环境就是保护生产力"的生产力理论，"绿水青山就是金山银山"的价值观，"良好生态环境是最公平的公共产品"的公共产品理论，"生态文明是人类文明发展的历史趋势"的人类命运共同体理念。在习近平生态文明思想的引领下，我国农村地区的生态文明建设在理论和实践层面都发生了历史性、全局性的变革。生态福祉惠及

全体人民,生态理念深入人心。实践充分证明,习近平生态文明思想为新时代农村生态文明建设提供了根本遵循与行动指南,具有强大的真理力量和实践引领作用(陈硕,2019;李培超和戴晓慧,2022)。我们要将习近平生态文明思想贯彻到农村生态文明建设的方方面面和全过程中,坚持生态惠民、生态利民、生态为民的原则,持续深入推进污染防治攻坚战,加速推动生产、生活方式以及价值观念的全方位转变,推动生态环境治理体系和治理能力现代化,不断开创农村生态文明建设的新局面。

第三节　农村生态文明建设演进启示

一、坚持和加强党的领导

从我国农村生态文明的建设历程可以看出,党的领导在其中发挥着至关重要的作用,始终指引着农村生态文明建设的前进方向。历史和实践也在向全世界证明,正是在中国共产党的领导下,我国农村地区实现了从贫困到全面小康的伟大胜利,农村生态文明建设也取得了巨大成就,因此,在"十四五"时期的农村生态文明建设中,我们必须坚持和加强党的领导,坚持党的生态文明建设理念,学深、悟透习近平生态文明思想,走生态和经济协调发展、人与自然和谐共生之路,尽早实现碳达峰、碳中和的目标。

坚决承担政治责任,推动农村生态文明建设。农村生态文明建设不仅具有重大意义,而且是一个长期性的战略任务,因此必须充分发挥党的政治领导优势,坚定地承担农村生态文明建设的政治责任,并对地方党政领导干部建立责任制,以建立一个全面、权责明晰、奖惩有序、无懈可击的责任体系。各级党组织要强化思想政治引领,贯彻执行党的顶层设计方案。就我国党组织制度而言,顶层设计方案从制定到实施需经历层层落实,各地实际情况亦不相同。一方面,各级党组织要切实加强思想政治教育,提高政治站位,坚决贯彻执行党的政策。另一方面,各省、市、县(区)需根据地方实际情况,在执行党的政策的同时,将党的顶层设计细化为具体的工作清单认真落实。

　　从始至终坚持问题导向，推动党的重大决策措施在实践中得以贯彻和落实。强化法律执法和监管，保持对环境污染和生态破坏问题的高度警惕，积极担当生态环境的守护者角色。创新工作机制，强化基层党组织战斗堡垒作用。上级党组织应给予基层党组织必要的创新空间，鼓励基层党组织创新工作方法，充分发挥基层党组织在农村生态文明建设中的战斗堡垒作用。如面对基层党建工作老龄化、碎片化的问题，可在党员人数较少或老龄党员较多的行政村之间建立联合党支部，集中青年党员力量促进行政村之间的党建工作规范化；乡镇党组织亦应主动承担起农村基层党建工作的主要责任，在县级党组织的领导下，完善农村基层党建工作制度，做好上下信息间的传达，协助农村基层党建工作的顺利开展；以基层党组织建设带动农村生态文明建设，落实"党建＋生态文明"的工作机制。

二、健全现代环境治理体系

　　确保美丽中国建设各项任务如期实现的重要保障是构建现代环境治理体系。任何治理体系的效果实现都依赖于健全的制度，并需要有力的执行。自生态文明建设提出以来，习近平总书记多次强调要建立健全生态文明制度体系，用完善的制度建设，抓实环境保护的全过程。当前，我国农村生态文明制度建设已经形成了较为完善的制度网络，以"四梁八柱"构建起中国特色方案，全面覆盖大气、水、土壤以及洋垃圾的污染防治，并逐渐完善法治建设以推动我国生态文明建设的持续稳定发展。目前，我国生态文明制度建设的"四梁八柱"已较为完善，但在实际应用中监督机制有待进一步完善，因此，"十四五"期间，我们一是要继续完善有关农村生态文明建设的相关制度，二是加大各级政府组织的制度执行力。

　　构建包含多种元素的农村生态环境整体治理制度。如今，我国已形成了较为完善的农村生态文明建设制度，并取得了突出成就，但在实际实施过程中，仍存在主体分割、治理范围重叠等现象。对此，我们必须站在整体治理的角度，将农村生态文明建设与农村社区建设、美丽中国建设相结合，与时俱进更新生态环境治理内容，将碳达峰、碳中和的工作目标纳入社会治理各领域，同时，完善绿色低碳发展经济政策。强化生态文明法治建设，对相关法律法规进行修订,为政府的环境治理体系和治理能力现代化提供坚实的法治基础和保障。一方面,中国共产党将生态文明写入宪法,明确了生态文明建设的法律地位。对《中华人民共和国环境保护法》等基础法律进行修改,明确了生态文明建设的相关标准和要求。同时,针对生态文明建设中涌现出的新情况、新问题和新挑战,积极完善相关法律框架。另一方面,中国共产党有法必依,确保法律的严格遵守和执行。执法必须坚决有力,确保法不可逾越,为生态环境保护制度和法治体系的最严格实施提供有力的保障。这使得生态文明制度体系的建设,从成熟的顶层设计逐步迈向全面法治化的阶段。

进一步建立严格细致的农村生态文明制度监督体系。提升基层生态环境部门履职能力,深化生态环境机构监测、监察、执法、垂直管理制度改革。同时,通过深化现代数字技术的应用,加强环境监管。与实地调研和制定政策相比,制度的顺利落实往往更难推行,如 2020 年开始在全国推行的垃圾分类制度在一些试点地区得到了严格落实,但在中西部的农村地区并未得到切实落实。由此可见,必须要以完善的监督体系督促各级地方政府落实中央政策。对此,我们应进一步加强生态文明制度监督体系的建设,在当前的环境保护工作小组的基础上,组建农村生态文明建设监察小组,以驻村干部的形式将监察人员下派到农村生态文明建设工作过程中。此外,还应促进信息化监察的全面升级,充分利用当前的烟雾探测器和农田监视器,密切关注农村生态环境的变化,加大对违规违法人员的处罚力度。同时,提高专业素质能力,加强党风廉政建设,持续打造有能力、能作为、敢担当的相关人员,为建设和美中国提供坚强保障。

三、坚持多元主体合作治理

农村生态文明建设是整体性工程,只靠单方面力量无法实现目标。实践证明,农村生态文明建设必须要推进参与主体的多元化,动员各方力量,积聚多方智慧来共同建设美丽宜居的乡村生态家园。2021 年 4 月,中共中央、国务院制定了《关于加强基层治理体系和治理能力现代化建设的意见》,指出完善党全面领导基层治理制度,加强党的基层组织建设,强化基层政权治理能力建设,优化基层群众自治制度,构建共建共治共享的基层治理共同体。该文件表明,"十四五"期间,我国将继续推动政府职能的转变,通过完善党组织制度、进一步向乡镇(街道)赋权、健全基层群众自治制度建设等措施加强基层治理体系和治理能力现代化。从中可以看出,在治理主体方面,我国越来越强调基层群众的自主参与和基层社区自我服务能力的建设。近年来的实践也表明,多元主体的合作治理模式不仅适用于农村产业发展,也十分适用于农村生态环境保护。因此,"十四五"期间,我们应继续坚持多元主体合作治理模式,探索农村生态文明建设的新机制。

完善多元主体参与基层治理激励机制。在乡村振兴与和美乡村建设的背景下,我国农村地区的经济社会得到了全面提升和发展;外来资金持续注入,为农村地区的发展提供了持续动力。但这仍不能彻底改善农村地区人口外流现象,解决农村地区人口老龄化的问题。如此一来,农村地区的多元主体合作治理模式便会在实施过程中受到一定冲击。对此,我们更应该解决的是如何能够留住农村现有劳动力,并提高他们参与本村公共事务的治理能力,其次才是吸引农村人才回流。在经济发展快速变迁的当下,我们应进一步完善多元主体参与基层治理的激励机制,通过提供更多的人文关怀和发展机遇吸纳本村居民和当地企业参与农村生态文明建设。

提升市场参与农村生态文明建设的活力。市场力量是当前我国推动经济社会发展进步的重要组成部分,也是为我国农村生态文明建设资金不足引入活水的重要来源,更是多元主体合作治理必不可少的重要主体。要完善农村生态文明建设的多元主体合作治理体系,就必须发挥市场的积极效应。对此,一是应发挥企业党支部引领能力,加强企业党建工作建设,鼓励企业将党建工作与安全生产经营有机融合,在党组织的全面领导下,积极投身于清洁能源生产建设,参与到农村生态环境保护志愿活动中;二是应搭建区域化党建平台,推动地方企业与乡镇基层联合建立党支部,加强地方党员间的联系,鼓励地方党员进入当地企业工作,投身家乡建设。

四、坚持绿色低碳发展

"十三五"时期,通过三大保卫战和农村人居环境整治的开展,我国农村生态环境发生了历史性的变化,生态文明建设水平不断提高,绿色低碳发展理念日益深入人心。在以协同推进降碳、减污、扩绿、增长为主要任务的"十四五"时期，应该按照山水林田湖草沙一体化保护和系统治理的理念，坚持"双碳"目标，统筹产业结构优化、环境污染治理和生态环境保护，发展绿色低碳产业，倡导绿色消费方式，加快绿色金融发展，促进社会经济的全面绿色转型。农村生态环境是人民群众可以直接感知到的最普惠的生态福祉，这也是农业农村现代化的重点内容。必须采取高效节约、规范法制的污染治理措施，坚决打赢污染防治攻坚战，集中解决农村秸秆焚烧、生活垃圾治理、污水治理等重点领域的问题，加强多种污染源的联合控制和不同地区间的协同治理，加强农村土壤环境监测和固体废弃物综合治理，不断改善农村生态环境质量。

进一步推动农村产业结构调整。造成农业生产碳排放的一大重要因素是当前农村产业布局不太合理，部分农村地区仍是以第一产业或第二产业为主，处于从粗放型生产模式向精细型生产模式的转型过程中，产业结构、能源结构、交通运输结构等方面有待持续优化。推动低碳农业发展，进一步推动农村供给侧改革，优化农业产业结构，发展环保产业集群，挖掘绿色产品市场，提高绿色服务消费潜力。对于东部沿海地区来说，其主要任务应是减少重型工业企业的生产，提高第三产业的比例；对于中西部农村地区来说，其主要任务应是发展绿色农业，延长农产品加工产业链。

完善农业低碳生产的政策制度设计。在当前的农业低碳生产方面，我国虽然已经认识到农业低碳生产的重要性，并开展了农业碳排放的宏观调控、微观落实，但在实际操作过程中，不仅面临着农业碳排放的统计操作难题，还面临着服务机制运作失衡等主客观问题。对此，我们应避免形式主义，强化农业低碳生产政策设计的实用性，建立科学完善的农业碳排放统计方法，进一步规范农业碳排放交易市场。

加强农村生态文明理念宣传，让绿色低碳成为人们的一种生活方式。畅通城乡绿色消费渠道。随着收入水平的逐年提高，人民日益注重绿色健康生活方式，推崇体验乡村生活，食用绿色有机食品，这就为我们打开了绿色消费市场。但当前城乡间的绿色消费渠道却还面临着虚假信息宣传、道路交通不畅等客观问题，因此，我们应加大对农村地区绿色消费市场的监察力度，确保生产质量；加强农村地区的基础设施建设，完善农村地区的交通道路；倾斜政策，推动家庭农场的发展壮大，鼓励小型家庭农场合作建立绿色食品供应基地,利用电商平台与城市居民直连,减少交易成本。

持续推进生态环保基础性工作。在具体的建设领域方面,一是应全面落实农村生活垃圾分类制度,提高固废综合利用处理水平,发展垃圾循环利用技术,减少生产生活废弃物;二是应持续推进农村环境综合整治,提升农村居民环保意识,采取更加有力的政策和措施,发展绿色科技产业园,结合乡村旅游,打造现代乡村旅游基地;三是将碳达峰、碳中和目标纳入农村生态文明建设整体布局中,进一步提高农村地区天然气使用覆盖率,在有条件的农村地区推进风电、光伏等新能源产业的建设。

第三章　农村生态文明建设的动力机制

　　生态文明建设不仅包括人与自然之间的关系,还包括人与人之间的关系、人与社会之间的关系,涉及经济建设、社会建设、环境建设、文化建设等多个方面,而我国是农业大国,农村生态文明建设在我国整个生态文明建设中占有十分重要的地位,我国生态文明建设的重点、难点在农村地区,基础支撑也在农村地区,因此如何构建一个合理科学的分析框架,探讨农村生态文明建设的动力机制,是分析中国特色社会主义农村生态文明建设的关键所在。党的二十大报告指出要大力推进生态文明建设,将生态文明建设提升到重要战略地位:中国式现代化是人与自然和谐共生的现代化,站在人与自然和谐共生的高度谋划生态文明建设。当前世界正在发生深刻的变化,我国要打破资源环境制约、实现高质量发展,在全球生态竞争中赢得主动权、提高国际竞争力,必须构建国家竞争力的基本模型,探索以农村生态文明建设增强国家竞争力的长效机制。本章引入著名学者迈克尔·波特的国家竞争优势理论和钻石模型,剖析了国家竞争力的五大要素,探讨农村生态文明建设的动力机制,以期为我国农村生态文明建设提供分析框架和路径探索。

第一节　国家竞争优势理论

　　关于竞争力的论述,专家学者在不同的时代背景下从不同角度和维度进行了解读。在农业文明时代,国家之间竞争力的比较主要是看生产要素的数量与拥有的资源禀赋(尹晓波,2008)。在工业革命后,亚当·斯密(Adam Smith)作为古典经济学派的代表人物,在其绝对优势理论中指出,在国际贸易中,一个国家的出口竞争力取决于这个国家能否实现最低的生产成本;大卫·李嘉图(David Ricardo)扩展后的比较优势理论则认为一国的竞争力取决于物质禀赋的投入,而杜能(Johann Heinrich von Thünen)、韦伯(AHred Weber)等人从空间经济视角研究了国家比较优势的形成机制(吴灼亮,2008;李军军,2011)。在市场由自由竞争转向垄断并导致不断发生经济危机的背景下,约瑟夫·熊彼特(Joseph Alois Schumpeter)提出创新是影响竞争力的主要因素,随后弗里曼(Freeman)拓展提出国家创新系统的概念;部分学者从国家制度的角度解释经济体制和制度创新在国际竞争力中的重要作用(李娟,2013)。在20世纪70年代以来世界经济日益全球化和一体化的背景下,专家学者提出了国家竞争力这个概念,不断发展国家竞争力理论。到目前为止,国内外已经有很多机构和专家学者对国家竞争力开展了研究,并从不同的角度提出了一套提高国家竞争力水平的理论体系,其中最著名、最有影响力的是迈克尔·波特教授的国家竞争优势理论;国家竞争优势理论作为一系列国家竞争理论的最新成果,因其更加科学、更符合实际而被许多国家采用(李娟,2016)。

在《国家竞争优势》中,迈克尔·波特(Michael E. Porter)在国际贸易投资理论与竞争战略理论的基础上,提出了国家竞争优势理论,这一理论具体是指一个国家的特定行业在某一领域创造并保持竞争优势的能力(迈克尔·波特,2002)。迈克尔·波特认为一个国家在特定行业是否具有优势,关键在于能否整合利用四个基本要素与两个辅助要素,这四个基本要素分别是:生产要素,需求条件,相关产业与支持产业的表现,企业的战略、结构和竞争状态(夏英祝、王春贤,2004;杨飞虎,2007;李娟,2011)。这四个因素不是互相独立的,而是相互影响。除了这四个因素外,还有两个辅助因素是政府和机遇,机遇是超出人为控制的突发事件,政府政策的影响也需要给予重视。这六个因素相互作用,相互强化,形成钻石体系,共同形成一个充满活力的良性竞争环境,不断激发创新,从而构成一个国家在特定行业的国际竞争力的源泉(吴灼亮,2008;焦玉东,2008;孙军,2009;俞礼亮,2012)。

一、生产要素

迈克尔·波特修正了资源要素禀赋论中生产要素分为土地、劳动和资本的传统方法,他认为这些非创造得来的生产要素并不能决定一个国家特定产业的竞争优势,有时丰富的生产要素甚至会阻碍国家竞争优势的形成。迈克尔·波特提出了生产要素两种分类方法(廖建军,2005;焦玉东,2008),方法如下:

第一个方法是依据生产要素获得的难易程度,将生产要素分为初级生产要素与高级生产要素,初级生产要素是指先天拥有的要素资源,或只需要通过简单的私人和社会投资就能获得的要素,如自然资源、气候资源、一般工人、资本资源等;高级生产要素是指需要长期投资或培育创造的要素,具体包括现代电力设施、通信设备、交通设施、高等院校、科研机构、高级技术人员等。

第二个方法是依据生产要素是否可以专用,将生产要素分为一般生产要素与专业生产要素,一般生产要素主要包括公路系统、资金、一般资源等,这些生产要素可用于任何行业上,而专业生产要素仅限于高级技术人员、高等院校、科研机构、专用软硬件设施以及其他针对单一产业的因素等(陈左,1998)。

迈克尔·波特指出,如果一个国家想要通过生产要素在产业体系上形成强大而持久的优势,就必须开发高级生产要素与专业生产要素,这两类生产要素的获得程度影响了国家竞争力水平的高低与长远发展,因此,一个国家的竞争优势不能建立在拥有的初级生产要素和一般生产要素上,而是要有高级研究环境和能创造出高级生产要素和专业生产要素的优越机制。

二、需求条件

在国家竞争优势理论中,需求状况指的是国内的需求市场(李娟,2016)。迈克尔·波特指出,国内市场的重要性并不会因为全球化就被削弱,相对于处在国际市场的企业,处于国内市场环境中的企业更能关注和察觉市场的变化,更能运用市场调研、需求论证等方式、手段科学地确定企业生产的变化。然而,在国际市场上的外企很难关注到这些变化和发展。国内需求市场不仅对产业发展规模有一定的影响,而且对企业发展、投资、创新的影响更大,进一步对一个国家产业发展效率产生重要的影响(吴灼亮,2008;孙军,2009)。迈克尔·波特主要从三个方面分析了国内需求市场是如何影响产业竞争力的:

一是国内市场的性质,具体包括两个方面。一方面,国内的市场需求是否具有挑剔特征,往往最挑剔的买家会促使本土企业在产品质量、产品品质、产品服务上满足消费者高标准的需求;在这种竞争环境下成长起来,这些企业拥有更高的竞争力水平(杨飞虎,2007;焦玉东,2008)。另一方面,国内需求是否具有先进性,如果这个国家的需求是领先于世界的,那么服务于它的国内制造商就会领先于世界的其他制造商,因为先进的产品需要前卫的需求来支撑。

二是国内市场的规模和增长速度。迈克尔·波特认为,国内市场的规模具有两面性,作为优势的一面是可以发挥激励制造商进行投资和再投资的作用,作为劣势则会因为具有庞大的国内市场需求而带来更多的机会可能导致制造商降低向国外扩张的意愿。因此,要全面看待市场规模对产业竞争力的影响,考虑多个方面的竞争因素。

三是国内市场的国际化能力。企业如果可以将自己国家的市场需求扩大成为国外的市场需求,那么就可以将更多的自己国家产品或国内服务推广到国外去,从而进一步扩大自己国家产业的国际市场(吴灼亮,2008;孙军,2009)。国内市场的企业可以通过在国外开设跨国企业、对国外进行经济援助或结盟等多种形式进行国际化。

三、关联产业和支持产业

对于国家竞争优势的形成,相关产业和支持产业与主导产业是一种共生互补的关系,它们共同决定了国家竞争优势的变化和提升。迈克尔·波特的研究引起了人们对"产业集群"现象的关注,即主导产业并不是单独存在的,而是必须与国家的相关强势产业一起崛起,与相关产业一起发展提高,才能提高产业的市场竞争力。以中国旅游产业为例,中国的旅游发展享誉世界并创造了大量的财富和收入,除了自身优质的旅游资源外,还离不开在推广、制造开发、规模化生产等领域的强大。

一方面,国内的供应商是产业创新升级过程中不可或缺的环节,当国内供应商具备国际竞争力时,将通过最有效、最及时的方式为国内企业提供最低成本的投入;持续与下游产业合作,加强市场信息在产业内的传递;促进下游产业不断提高自己的创新能力,进而加快整个行业的创新,为国内下游产业制造较大的竞争优势(胡列曲、丁文丽,2001;吴灼亮,2008)。另一方面,具有较强竞争力的国内产业会通过升级自身的设备、加强技术应用、提高管理水平等多个途径来带动相关产业的提档升级。由此可见,一个公司或一种商业模式的竞争力的发展,离不开产业链中相关产业的共同发展。

四、企业战略、结构和竞争状态

迈克尔·波特认为,这一因素具体可以看作是产业组织理论中的市场行为,企业发展变化,需要不断向国际市场扩张,这就需要拉动因素与推动因素。这些拉动因素和推动因素可能是市场对产品和服务的需求,也可能是来自竞争对手的压力。传统观念通常认为激烈的国内竞争会造成资源浪费,不利于规模经济的建立,但迈克尔·波特通过实证分析发现国际竞争力强的产业在自己国家一般有强大的竞争对手,只有在国内市场的竞争中不断进行改进管理方式、加强技术创新并取得成功的产业才能将竞争力延伸到国外市场。迈克尔·波特指出这是创造和保持行业国际竞争优势的最有力刺激因素。例如,中国家电行业已经成为最成熟和竞争最激烈的行业之一,海尔、格力、美的等知名品牌中,格力是市场的领导者,其市场份额多年来一直处于市场第一,其成功的关键是,在注重提高国际市场产品竞争力的同时,加大与国内市场竞争对手的持续竞争,强迫自己不断完善经营战略和产业发展战略,持续优化管理方式,不断加强技术创新,不断提升行业竞争力,进而才有可能在国际市场竞争中获胜。而缺乏国内激烈竞争锤炼的企业往往不够成熟,通常在国际市场也不具备竞争优势。

五、政府

政府通过制定并实施一系列政策和制度,为企业的发展创造环境和机会。

迈克尔·波特指出,如果一个行业中,国家竞争优势的四个基本要素已经产生作用,政府政策才能发挥积极的效应(吴灼亮,2008;黄艳萍,2019),因此,政府所能做的就是尽量创造一个提高社会生产率的良好环境,也就是说政府在定价等领域应尽可能地不干涉,而在提供优质教育和培训、提供完善的基础设施、强化资金提供、制定竞争规范等领域发挥重要作用。

政府作为企业发展的推动力量,不断为企业发展创造机会,增强市场竞争动力。政府通过影响国家竞争力优势中的四个基本因素,从而间接影响产业的市场竞争力。首先,可以通过资源补贴、加强教育培训和资本市场等政策,在影响高级生产要素和专业生产要素方面发挥重要的促进作用(杨飞虎,2007;李军军,2011;俞礼亮,2012)。其次,政府根据需要对国内不同产品的规格制定不同的标准,以及通过政府采购等方式改变国内需求市场,进而影响到客户的需求状态。再次,政府可以对企业的线上、线下营销方式和商品广告等进行规范,影响到相关和支持行业。最后,政府能够借助金融市场监管、收取税收、反垄断法等法律法规对企业的战略结构与企业的竞争状态产生重要的影响;在企业无法获得或行动的领域,增加政府的供给投入,降低企业的外部成本,帮助企业获得市场竞争发展优势和动力(吴灼亮,2008;孙军,2009)。迈克尔·波特指出,政府如果限制竞争或降低生产标准,只会阻碍企业的创新,减缓生产率的提高,并不能改善商业环境。

六、机遇

迈克尔·波特指出,一些偶然事件或机遇也可能会对一个国家产业竞争力水平产生一定的作用(焦玉东,2008;卞琳琳,2009;黄艳萍,2019)。在企业的发展过程中会遇到许多不可预见的机会,有些来自于自身,比如基础研究的突破、新技术的发明创新、传统技术难以为继等。也有些来自于外部,如金融市场或汇率的重大变动、国家间的贸易战或经济制裁、部分市场需求的急剧变化等。偶然事件的重要作用在于它会打破原有的市场竞争状态,出现之前没有涉足的市场竞争空间,这些事件会使得竞争对手丧失原有的优势,这就为那些适应新变化并做好准备的企业获得市场竞争优势提供了非常重要的机会(杨飞虎,2007)。各个国家能否利用各种偶然事件产生的变化,在相关竞争领域提高国际竞争力水平,取决于多种因素的综合作用,相同的事件在不同的国家或不同的企业可能有好的作用或坏的影响(吴灼亮,2008)。从这个角度来看,机遇实际上是双向的,可能让对手获得竞争优势,也可能让他们失去竞争优势。

第二节　国家竞争力的基本要素

通过以上对波特钻石模型理论的分析,可以发现,国家竞争优势的形成是一个极其复杂的系统,生产要素、需求条件、关联产业和支持产业、企业战略、结构和竞争状态、政府和机遇以不同的方式、维度和层次存在,相互作用,共同构成一个国家产业的综合竞争力(胡列曲、丁文丽,2001;税伟、陈烈,2009;罗淞,2012;郑烨、吴建南,2017)。当然,迈克尔·波特的钻石模型只是针对产业的国际竞争力,本书结合在全球化进程中的中国特色社会主义道路,对迈克尔·波特的产业竞争要素体系进行优化,具体包括六个方面:人口素质、物质资本、科技创新、市场需求、国际联系和公共制度(李娟,2016)。关于迈克尔·波特提到的机遇这个变量,因为不能进行人为的控制和预测,无法把握其内在的因素,也就不能做出相应的对策(李娟,2012)。因此,在本书中,没有把它作为国家竞争力的基本要素。

一、人口素质

在国家竞争力模型中,主体是指具有能动性的人。人口素质,是指人的德、智、美、体、劳等综合素质的表现(李娟,2012)。发挥国家竞争力优势的主体都是由一个个具体的微观的人组成并实施的,与主体相对应的客体是指资源、制度等国际竞争力的要素。国家竞争力的大小虽然依赖于诸多外部的因素,但最根本上来说还是要看主体的素质;主体的能力和发挥的作用构成了国家竞争力的基本态势和现实背景。历史唯物主义指出,高素质人才是先进生产力和先进文化的制造者和传播者,社会发展史是一部个体本身的力量或人的才能、素质不断产生、升华的历史。在世界经济政治格局迅速变化、机遇与挑战并存的大背景下,人才资源的重要性越来越大,是经济社会发展的第一资源(李娟,2016)。

二、物质资本

要素供给,无论是传统供给学派、马克思主义政治经济学,还是迈克尔·波特的国家竞争优势理论都强调其不可替代的基础性作用,离开了基本的要素供给,其他的要素都将难以发挥作用。生产力的构成不仅包括人的要素,还包括物质的要素,这里的物质要素是指物质资本,具体包括自然资本和资金资本等。

在《资本论》中,马克思指出自然资源要素对国家竞争优势具有重要的作用。自然资源不仅是生产力的基本要素,还是影响社会劳动生产率的重要因素(李娟,2016)。从世界各国发展历史来看,在其他条件差不多的情况下,一个国家如果具有自然资源禀赋的优势,这个国家比自然资源相对贫瘠的国家,经济社会发展速度要快一些,社会劳动生产率也高一些。进一步来看,一个国家的自然资源禀赋影响了经济部门结构,决定了产业发展方向。迈克尔·波特认为一个国家的自然资源禀赋常常决定这个国家的国民财富和这个国家在世界上的地位,尽管发达国家现在往往不再依赖其资源禀赋来提高国家的竞争力,但以较低的价格获取基本资源要素仍然是发达国家经济发展的基础,地区资源的稀缺也往往会导致国家间发生战争。

对于资金资本而言,资本市场和金融体系是现代经济体系的重要组成部分,经济学者从不同视角出发分析了金融体系对国家竞争力的作用。罗纳德·麦金农(Ronald I. McKinnon,1973)建立了金融发展理论,分析了金融体系对降低市场交易成本、促进投资增长、提高资源配置效率等的促进作用。金融资源禀赋对国家竞争力具有重要的影响,如果一个国家金融实力较强,这个国家的竞争力通常也较强。

三、科技创新

马克思首先阐述了科技创新的意义,在《资本论》中,他分析了自然科学对技术进步的促进作用。熊彼特最早在经济上阐述了创新的概念,建立了创新理论,分析了技术创新对国家发展的促进作用。索罗构建了经济增长模式,通过分析发现促进人均收入增长的重要因素包括资本投资、技术进步。罗默(Paul Romer,1986)指出技术可以促进社会劳动生产率的提高。波斯纳(Michael V. Posner)和胡弗鲍尔(G. G. Hufbauer)单独分析了技术这一生产要素,主要从技术进步、技术创新、技术传播等方面探讨了国家分工的基础。现代经济增长理论分析了内生性技术进步,把科学技术作为独立的生产要素纳入经济增长模型,指出科学技术进步是经济增长的决定性因素,科学技术转换为现实生产力的速度影响了经济增长的速度。迈克尔·波特指出国家竞争优势理论必须重点考虑科学技术创新的重要作用。

四、市场需求

在已有的国家竞争力分析中,专家学者主要关注要素投入(如资本投入、劳动投入、技术进步等)对经济发展的影响,不太重视国内市场需求因素对经济发展的作用。凯恩斯建立了有效需求理论,指出经济增长是有效需求作用的结果,有效需求不足是市场经济存在的问题。斯戴芬·伯伦斯坦·林德(Staffan B. Linder)构建了需求相似理论,指出一个国家常常出口国内市场需求规模大的产品。格哈特(Colm Gerhardt,1962)指出需求变化对供给因素产生了重要的作用,应该关注需求变化。迈克尔·波特创造性提出需求是国家竞争优势的要素之一,认为国内市场需求影响当地企业和国家竞争力,消费偏好可以激发企业的创新动力。在此基础上,经济学家进一步阐述了市场需求对提升一个国家竞争力的作用。钱纳里(Hollis B·Chenery)分析了发展中国家的工业化进程,指出研究发展中国家的经济增长必须重视需求结构和生产结构。西尔毛伊(Szirmai)认为需求因素和供给因素均会影响经济发展水平,缺一不可。根据专家学者的研究,国内市场需求可以从规模、水平、层次、结构、潜力五个方面进行分析。此外,提升国家竞争力水平需要关注未来潜在的市场需求。

五、国际联系

国际联系是国家竞争力水平的重要影响因素之一，分析国家竞争优势需要考虑全球联系和国家之间的比较。在《共产党宣言》中，马克思指出资本是天生的国际派，受市场竞争的影响，资本占有者活跃于世界各地。在科技的影响下，社会化大生产的规模不断扩大，生产要素的分配在世界范围内进行，国家与国家之间的要素流动越来越多，世界各国进入互相联系、相互依存的阶段。一个国家的发展，需要关注世界形势的变化，需要加强与其他国家的交流、合作，需要为自己国家在国际竞争中创造良好的条件。

迈克尔·波特将国际联系因素纳入国家竞争力分析框架，认为国际联系（外部机遇）对国家竞争力水平提高具有一定的作用。拉松（Larsson）指出国家联系是提高能力的重要途径，需要积极参与全球价值链。专家学者分析了国家之间商品、资本和服务流动对国家竞争力水平的促进作用。马顿（Mattoo,2001）通过分析发现，国家之间的服务流动对经济增长有显著的影响，其他国家的旅游者能够为本国国民带来收入。对于国家竞争力而言，国际联系因素主要关注国家之间的要素流动和经济关系，不同要素的流动对国家竞争优势的影响有一定的差异，要素主要包括产品、资金、人员和信息。经济关系是比较基础的国际关系，军事关系、政治关系是比较原始的国际关系，文化关系没有像其他关系直观可见，但它的作用日益凸显。

六、公共制度

对于国家竞争力而言，公共制度是指规则安排。西方经济学家将制度因素作为变量纳入经济增长模型，指出良好的制度能够降低交易成本，促进经济增长。诺斯（Douglass C. North）认为制度包括正式制度、非正式制度和实施机制，通过制度可以约束人的行为，防止机会主义行为，进而降低交易成本（卢现祥、朱巧玲，2020）。关于制度对国家竞争力的影响，施莱弗（Andrei Shleifer）指出当政府建立公平竞争的经济环境时，一个地区的经济可以更好地运行，进而提升竞争力水平。公共制度可以从市场竞争和政府管制之间的互动进行分析,通过建立市场有效和政府有为的衔接机制,促进经济发展(刘小峰等,2023)。制度也反映了政府与国民之间的互动,具体体现为政府提供公共产品和国民进行纳税,良好的制度使得国民具有获得信息、发表意见的权力。对于国际制度而言,需要考虑国家与国家的关系,通过制度创造良好的竞争环境,促进国家之间有效合作。

以上六种国家竞争力基本要素具有不同的特征和作用方式,对国家竞争优势的作用也不太一样。国家竞争力的基本要素之间、基本要素与国家竞争力整个系统之间不仅密切联系而且相互影响,因此,需要强调的是,在有竞争力水平的国家,国家竞争优势的所有基本要素都应该发挥积极的促进作用,忽视其中任何一个基本要素都不能确保形成强大的国家竞争优势(李娟,2011)。

第三节　农村生态文明建设的动力因子

以中国式现代化全面推进中华民族伟大复兴是建成社会主义现代化强国,实现第二个百年奋斗目标,提高国家竞争力的必然要求。而中国式现代化是人与自然和谐共生的现代化,生态文明建设是推动中国式现代化的应有之义,农村生态文明建设则是我国生态文明建设的重点、难点(徐慧等,2022)。本书通过分析农村生态文明建设的基本内容、要素结构,运用迈克尔·波特的国家竞争优势理论和钻石模型剖析农村生态文明建设的发生机理,揭示农村生态文明建设的动力因子,具体包括:公民素质、物质资本、科技创新、市场需求、国际因素和制度建设。

一、公民素质对农村生态文明建设的促进作用

从表面上看,生态环境问题发生的主要原因是人口增长速度快、不断追求经济增长等,但从深层次上看,主要是人口素质不高引起的。生态危机本质上是征服者的危机,是建立在人对自然的掠夺争夺基础上的,是人类文明的危机(张洪玮,2022)。马克思认为,为了从深层次解决生态环境问题,需要改变不

合理的生产方式,人与自然之间建立和谐共生的关系。由此可见,解决生态危机,需要治本,提高公民素质。公民素质对于农村生态文明建设的作用主要体现在以下三个方面:

第一,公民的素质影响公民的生态文明行为。公民的意识影响公民的行为,只有正确认识到人与自然是和谐共生的关系,生态文明理念真正进入公民的意识中,才能改变公民的思维方式、优化公民的生产生活方式。树立生态文明理念,按照农村生态文明建设的要求,通过观念的改变调整优化公民的生产生活行为,合理保护自然环境,促进农村生态文明建设水平提升。进一步来看,公民素质影响自然资源的开发利用,随着公民素质的提升,特别是资源开发者、资源利用者素质的提高,绿色低碳技术推广应用力度加大,生产工艺方法能够有效改进,自然资源利用效率能够有效提升,进而促进自然资源得到合理开发、节约集约利用。

第二,公民的素质影响生态文明制度政策的实施。生态文明建设的逻辑起点是对生态危机的价值反思,从生态文明理念到生产生活方式绿色化的行动,需要制度政策约束和公民素质提升(包存宽,2021)。制定农村生态文明建设制度政策是农村生态文明建设重要组成部分,制度政策关系到农村生态文明建设的成败(何帆,2022)。人民性是生态文明建设的本质属性,农村生态文明建设需要依靠人民,充分发挥人民的积极性、主动性。农民是农村生态文明建设的主体,充分发挥农民的主体作用,增强农民的参与意识、责任意识,促进人与自然和谐的生态文明观的形成,对于落实农村生态文明制度政策具有重要的促进作用。

第三,公民的素质影响社会生态文化的形成。马克思主义认为文化来源于人类的社会生产生活实践,是在特定的自然环境中形成的。文化具有教育、凝聚的功能,能够为生态文明建设提供精神动力、智力支持(彭蕾,2022)。生态文化肯定人的价值、自然的内在价值,人与自然的生态价值关系是第一关系,要坚持人与自然和谐统一,重视人对自然的道德关怀。只有公民具有良好的生态环境素质,才能正确认识人与自然之间的关系,敬畏自然的演变,尊重自然的规律,从而产生重视生态环境、加强生态文明建设的思想认识(邓谋优,2017)。不断强化生态价值观念,使农民认识到自然的内在价值,激发农民的生态道德意愿,在生产生活中树立农村生态文明意识,强化人与自然和谐相处的绿色低碳发展理念,使保护生态行为从外部的推动转变为内部的自觉,由此推动社会文明的绿色低碳变革,推动农村生态文明建设。

二、物质资本对农村生态文明建设的支撑作用

1. 自然资本

构建人与自然生命共同体,是社会主义生态文明建设的重要组成部分,体现了生态文明建设的人类担当(戴圣鹏,2022)。自然的有序运转不仅是生态文明建设的基本前提,而且是生态文明建设的重要目标。根据马克思主义,自然分为自在自然与人化自然,自然是否具有价值、自然资本能否增值是生态文明建设必须回答的问题(宫长瑞,2021)。自然界是自然价值得以产生的必要条件,自然万物是价值的主体,要尊重和保护自然的内在价值;根据人与自然和谐共生的原则挖掘自然的工具价值,充分利用资源价值、生态环境价值、科研价值等;以自然生态系统整体性保护为准则,提升自然的自我调节、自我净化能力,保护自然的系统价值。相对于自然价值而言,自然资本是一个新的概念,专家学者主要从静态和动态两个视角分析自然资本:静态视角的自然资本侧重于自然生态系统的自然资源,如水资源、森林资源、空气资源等;动态视角的自然资本侧重于自然实现自身的保值与增值。自然资本具有稀缺性、不可替代性和公共产品性质,能够产生经济效益、社会效益和生态效益。

开展自然价值的保护、实现自然资本的增值是生态文明建设的重要内容,生态环境是自然价值形成的重要载体,保护生态环境就是保护自然价值;自然资本的增值可以通过自然的自我还原、自我修复来实现,也离不开人类的实践活动,同时还要保证自然资本的保值。构建人与自然生命共同体,就要坚持人与自然和谐共生,彰显自然的底色、擦亮生命的本色,改革生产生活方式,提升自然生态系统的净化能力和消解能力,保护自然的内在价值、工具价值和系统价值,增值农村自然资本,走绿色低碳发展之路,实现农村经济发展和生态环境保护相统一,进而推进农村生态文明建设。

2. 资金资本

1987 年,世界环境与发展委员会在其出版的报告《我们共同的未来》中提

出了可持续发展理念,要求各行各业都要遵守可持续发展原则,金融业作为经济社会发展的主要行业也要树立可持续发展理念。环境治理与资金资本关系非常密切,环境治理离不开资金资本,生态文明建设以资源节约型、环境友好型为标志,从劳动节约型向资源节约型转向的技术进步,促进了新型行业的技术开发力度,但技术研发和实施具有一定的风险,需要政府提供强大的资金支持。环境治理也可以推动金融业可持续发展,在于将资金资本正面作用于生态环境问题,通过提供绿色低碳环保的投资产品,获得经济效益、社会效益和生态效益。

1992 年联合国环境署制定了《银行界关于环境与可持续发展的声明》,提出金融机构将生态环境放入市场业务、资产管理等商业决策中,绿色金融理念在金融机构中逐渐实施。绿色金融的发展来源于金融机构对生态环境问题的关注,其内涵伴随着经济社会的发展而产生一定的变化(杨颖,2022)。绿色金融是指在传统金融基础上,金融机构将生态环境保护纳入其中,为绿色行业提供资金资本支持,促进可持续发展的投资活动(李雪林,2022)。绿色金融包括绿色信贷、绿色基金、绿色债券、排污权交易、绿色保险等,可以有效引导、合理配置资金资本,在推动生态文明建设中发挥着重要的作用。在有为政府引导下,绿色金融政策带动技术进步、产业结构优化,促进农村经济绿色低碳转型发展;在有效市场作用下,绿色金融市场推动农村地区绿色低碳产业发展,进而推进农村生态文明建设。

三、科技创新对农村生态文明建设的促进作用

工业革命以来,科学技术被大规模直接应用于生产,成为经济社会发展的重要推动力。首先,科学技术有利于提高资源利用效率,拓宽资源利用空间。改进传统的工艺,改造升级生产设备,改进和革新工业方法,能够降低单位产出的资源消耗,循环再利用生产废弃物,进而提升资源利用效率。伴随着科学技术的进步,还可以拓宽自然资源利用领域,开发利用太阳能、风能、水能等,在生产中减少化石能源的利用,促进资源利用与生态环境保护的协调统一。其次,科学技术可以促进产业结构的优化调整。科学技术创新是提高社会生产力的重要支撑,科学技术进步能够推动经济结构战略性调整(宋月红,

2022）。科学技术创新，可以改造提升传统产业，加大钢铁、化工、煤炭等行业落后产能淘汰力度，形成以第三产业为主体的产业结构。科学技术进步，能够加强节能环保技术推广应用，改造升级工艺、设备，促进原有产业部门生态化改造。科学技术创新，带动了高新技术产业、战略性新兴产业等兴起，逐渐形成新的产业部门。最后，科学技术能够提升环境治理的综合水平。将科学技术应用于大气污染防治，减少大气污染物排放，降低 PM2.5 浓度，改善空气环境质量，增强居民的蓝天幸福感。将科学技术应用于水污染防治，加强水环境管理，开展饮用水专项行动计划，加大对黑臭水体的治理力度，持续打好碧水保卫战。将科学技术应用于土壤污染防治，强化土壤污染风险管控，开展土壤污染治理与修复，深入打好净土保卫战。将科学技术应用于农村环境整治，推动打好农业农村污染治理攻坚战，促进农业农村绿色低碳发展。

与此同时，片面重视科技的工具价值导致了科技的畸形发展，产生了科学技术异化的现象，给生态环境带来了灾难。科学技术具有双重影响，科学技术应用的效果是好还是坏，取决于科学技术的价值理念、应用动力和人文关怀。实现人与自然和谐共生的生态文明建设依然需要科学技术这一经济社会发展的重要推动力，与之前有差异的是，新时代需要的是可以促进绿色低碳发展、有利于人与自然和谐共生的绿色科技，科学技术的生态化转型成为发展方向。绿色科技是指适应绿色低碳循环发展的要求，能够优化配置自然资源、提高资源利用效率、降低生态环境污染、提升环境治理水平，促进人与自然和谐共生的科学技术（韦书明，2017；刘贝贝等，2021）。根据绿色科技对经济社会发展的作用效果，技术能够进一步细分为三个方面：第一方面是污染防治型技术，第二方面是环境友好型技术，第三方面是生态环境型技术（李娟，2016）。绿色科学技术具有显著的特征，一是尊重自然，合理使用先进科学技术；二是顺应自然，科学运用自然法则；三是主动作为，开发应用环境治理技术。

绿色科技具有重要的经济价值，能够促进绿色低碳循环生产，优化农村地区产业结构，合理配置农村自然资源，提高农村地区资源利用效率，加快农村经济发展绿色低碳转型，有利于发展农村地区绿色低碳经济，提高农村地区经济系统的稳定性。绿色科技具有一定的社会价值，能够节约资源、促进环境友好，优化农村居民生产生活方式，改变不合理的消费方式，提高农村居民生活质量,改善农村居民居住环境,提高农村地区社会系统的稳定性。绿色科技具有重要的生态价值,能够节约能源资源,减少生态环境污染,保护农村生态环境,有效促进农村生态文明建设。

四、市场需求对农村生态文明建设的推动作用

迈克尔·波特指出市场需求是国家竞争力的基本要素之一,市场需求会影响企业的生产方式和营销策略,当市场有较高的需求时,会促使企业提供较多的产品和服务。在经济中,市场需求一般体现为消费,消费偏好可以影响企业的产品和服务(李娟,2016)。自然环境对消费产生一定的影响,消费方式根据自然环境的特征发生变化(易宗星,2022)。在原始文明阶段,消费方式表现为人类从自然环境中获取生存需要的生活资料,人类依赖于自然环境的赐予,这一阶段人类对自然生态系统的影响很小。在农业文明阶段,消费方式产生了一定的变化,人类不再单纯依赖自然环境提供的生活资料,还通过农耕和畜牧获取生活需要的食物和产品,这一阶段人类对自然生态系统产生了一定的冲击。在工业文明阶段,消费方式发生了很大的变化,在工业革命的影响下,科学技术得到了长足发展,人类不断追求生活条件的改善,物质生活水平的提升,消费需要超过了自身的现实需求,这一阶段人类活动引起了生态系统失衡,破坏了生态环境。生态环境问题的产生,给人类发展带来了不利的影响,绿色消费应运而生。

在《资本论》中,马克思将消费这个社会再生产环节置于人与自然物质变化大循环中,这一观点对绿色消费理论的建立起到了奠基作用。1977年伦敦皇家社会研究委员会和联合国国家科学学会提出了节制消费的理念,指出节制消费是人类对自然环境的改变,是促使自然环境尽量达到可以利用的程度,并使消费对生态系统的负向影响最小。1987年约翰·艾尔金顿(John Elkihgton)和朱莉娅·黑尔斯(Julia Hailes)首先阐述了绿色消费的概念,从消费对象视角界定了绿色消费的内涵。1992年联合国环境与发展大会通过的《21世纪议程》将消费作为可持续发展的核心,建议改变消费方式,探讨如何形成可持续的消费方式。1994年联合国环境署出台了《可持续消费的政策因素》报告,从可持续发展的角度界定了绿色消费的含义。2001年中国消费者协会

阐述了绿色消费的内涵:在消费中不仅要满足当代人的消费需求和健康发展,还要满足子孙后代的消费需求和健康发展。由此可见,绿色消费是指不仅能满足人类的需求,提升人们的生活质量,而且对生态环境零损害或很低损害的消费行为。绿色消费倡导资源节约、环境保护,能够提高资源利用效率,加强资源循环利用,降低生态环境污染,进而促进生态环境改善。

农村绿色消费遵循"资源节约与环境保护"原则,将不太健康的消费转变为健康的消费,将不太适度的消费转化成节约的消费,将不太环保的消费转变为环保的消费,优化农村生产生活方式,促进绿色低碳转型,能够节约资源利用、减少资源损耗、提高利用效率,保护农村生态环境,有效促进农村生态文明建设。农村绿色消费采取理性合理的消费方式,引导农民的消费满足现实需求,强化资源节约利用,加强生态环境保护,营造有利于发展的环境,通过合理理性消费促进农民自身的发展。农村绿色消费不同于传统的消费方式,倡导资源节约、环境保护,能够促进绿色低碳技术的推广应用,引导农村地区经济绿色低碳转型,带动新型绿色低碳产业的发展,有效协调农村地区经济发展和生态环境保护,进而推进农村生态文明建设。

五、国际因素对农村生态文明建设的促进作用

人类居住在同一个地球上,地球是人类赖以生存的唯一家园。生态系统是生物群落与生态环境条件一起形成的有机整体,生态环境的影响具有连锁性,因此生态危机具有全球性的特征(宫长瑞,2021)。各类生态环境问题是相互联系的,各个国家的生态环境压力是相互联结的。生态环境问题不同于一般的问题,它威胁着所有国家的生存与发展。生态环境问题超越了传统问题的范畴,与政治、经济、文化等问题交织在一起。习近平总书记指出,保护生态环境是全球面临的共同挑战和共同责任。面对生态环境问题,没有哪个国家可以置身事外,需要秉持人类命运共同体理念,各国携手合作应对,一起构建地球生命共同体。党的十八大以来,我国阐述了构建人类命运共同体理念,提出了全球生态环境治理的中国方案,加强"一带一路"建设,正日益成为全球生态文明建设的主要参与者、贡献者、引领者,积极推进绿色低碳转型发展,推动建设清洁美丽的世界(宋月红,2022;彭蕾,2022;董战峰、冀云卿,2022)。

　　人类命运共同体理念要求人与自然之间、人与人之间要和谐共处,具体表现为五个方面:人与自然之间和谐共生、积极促进清洁美丽,文明之间交流互鉴、积极促进开放包容,主权之间平等相待、积极促进持久和平,国家之间共建共享、积极促进普遍安全,群体之间包容普惠、积极促进共同繁荣(谢花林等,2021)。针对全球生态危机,世界各国深入贯彻人类命运共同体理念,着眼于解决气候变暖、环境破坏等全球性问题,顺应全球和平发展、合作共赢的时代潮流。世界各国积极构建人类命运共同体,深入开展国际合作,求同存异,努力实现同心、同向、同行,秉持正确的发展观,强化对话协商、共建共享、交流互鉴,积极推进农村生态文明建设。

　　我国推动建立全球生态环境治理机制,加强生态文明建设领域的国际合作,把碳达峰、碳中和纳入生态文明建设总体布局,展现了建设美丽世界的中国担当,绿色低碳转型发展取得了新成效;积极参与全球环境治理的国际合作,携手各国应对全球气候变化,坚定不移与世界各个国家携手共治农村生态环境,强化了生态环境的合作治理,助力农村生态文明建设。我国积极强化在保护生态环境、加强环境污染防治中发挥负责任大国的作用,积极倡导人与自然和谐共生,构筑尊重自然、顺应自然、保护自然的全球生态体系,积极搭建生态环境保护的合作平台,不断提高全球生态环境保护意识,有效提升参与主体的积极性、主动性、自觉性,加大全球生态环境治理的力度。

　　我国积极引领全球生态文明建设,强化"一带一路"生态文明建设,与中外合作伙伴一起成立了"一带一路"绿色发展国际联盟,完善顶层设计、不断丰富合作平台、深化政策沟通、务实合作,先后制定了《关于推进绿色"一带一路"建设的指导意见》《"一带一路"生态环境保护合作规划》《关于推进共建"一带一路"绿色发展的意见》等,加强绿色基础设施建设,强化绿色投资、绿色金融,为共建地球生命共同体开展了深入的实践,如东南亚清洁低碳能源合作、越南芹苴减少固废垃圾污染项目、肯尼亚内马铁路的生物多样性保护等。绿色"一带一路"不断深入人心,绿色"一带一路"越走越宽广,强化了农村生态环境治理,促进了农村生态文明建设。

六、制度建设对农村生态文明建设的保障作用

生态文明建设是提升社会生态理性的过程,也是重大的社会变迁和集体行动,需要加强制度创新、在社会成员之间建立新型的行动准则和合作机制(谢花林等,2021)。习近平总书记指出,新时代推进生态文明建设,必须用最严格制度最严密法治保护生态环境,加快制度创新,强化制度执行,让制度成为刚性的约束和不可触碰的高压线。制度是指为决定人与人之间相互关系而制定的社会规则,包括人与人交往中的规则,社会组织的结构与机制,它是调节人类行为的准则。制度分为正式制度、非正式制度和实施机制:正式制度是指人类有意识构建起来并以正式方式确定的制度安排,它具有强制性的特点;非正式制度是指人类在长期的生活中逐步形成的对行为产生非正式约束的制度,如意识形态、价值观念、伦理道德等。生态环境制度是指在全社会制定或形成的有利于生态环境保护的引导性规则、激励性规则、约束性规则和规范性规则的总和(张玉斌,2013;董战峰和王玉,2021)。生态环境制度对农村生态文明建设的促进作用主要通过制度功能的充分发挥产生作用,包括正向激励作用、负向约束作用、降低交易成本和降低风险作用。对于农村生态文明建设而言,生态环境制度主要包括实行最严格的生态环境保护制度,构建全面的资源高效利用制度,完善生态环境保护和修复制度,优化生态环境保护责任追究制度(秦书生、王曦晨,2021;靳凤林,2021;刘晓鹏,2022)。

实行最严格的生态环境保护制度,用制度有效助力农村生态文明建设。严格的生态环境保护制度是农村生态文明建设的切入点,也是对农村生态环境问题的有效预防。通过生态环境制度,加强农村生态文明建设的源头预防,通过激励性源头引导、约束性源头预防助力农村生态文明建设。强化激励性源头引导,完善生产端、消费端的制度政策,深入推进生态产业化、产业生态化,促进乡村产业结构优化,加快形成绿色低碳发展的农村经济发展方式。加强约束性源头预防,健全国土空间用途管制制度、生态保护红线制度、污染物排放许可制度等,强化空间约束、目标约束、环境准入,形成对农村生态文明建设利益相关者行为的源头约束,进而有效促进农村生态文明建设。

建立全面的资源高效利用制度,促进农村自然资源的高效利用。建立归

属清晰、权责明确、监管有效的自然资源资产产权制度,能够有效保障所有权者的权益,充分发挥市场机制的调节作用,促进自然资源的市场化开发利用,实现自然资源的最佳配置,推动生态文明制度体系建设,助力农村生态文明建设。健全产权明晰、权能丰富、规则完善、权益落实的自然资源有偿使用制度,可以充分发挥市场配置自然资源的决定性作用和政府对自然资源的服务监管作用,有效维护所有者和使用者的权益,提升自然资源合理利用的水平,促进自然资源可持续发展。构建"权责统一、合理补偿、统筹兼顾、合理实施"的生态补偿制度,坚持谁受益、谁补偿的原则,优化多元化补偿机制,完善激励约束机制,有利于防止农村生态环境破坏,维护农村地区生态环境公正,促进农村生态系统良性发展,对于深入推进农村生态文明建设具有重要的意义。

健全生态环境保护和修复制度,建立农村生态文明建设的重要支撑点。优化污染物排放总量控制制度,强化容量总量控制、目标总量控制、行业总量控制,加强总量控制计划的执行、监督,有利于削减污染物排放、遏制农村生态环境质量退化,对于改善农村生态环境、促进人与自然和谐共生具有重要的意义。健全生态环境治理与修复制度,有效结合生态环境治理和生态修复,开展农村生态环境调控与管理,综合运用生物修复、物理修复、化学修复等修复生态环境污染,加大对重点流域、重点地区的污染防治,保护与修复已经破坏的农村生态环境,有利于维护农村生态系统平衡,推进农村生态文明建设,促进人与自然和谐共生。完善"统一事权、分级管理"的国家公园体制,优化协同管理机制,健全监督机制,完善多元化资金保障机制,实施差别化管理方式,有利于促进自然资源合理利用,对于促进人与自然和谐共生、推进和美乡村建设具有重要的意义。

构建生态环境保护责任追究制度,强化农村生态文明建设责任。健全生态环境损害责任终身追究制度,划分责任主体,明确适用范围,制定责任清单,细化责任范围和类型(有权必责、党政同责和终身追责),对于党政领导干部树立正确的政绩观、减少或规避生态环境损害具有重要的作用。编制自然资源资产负债表,以资产核算账户的形式分类核算自然资源资产的存量及增减变化,阐述自然资源资产的状况、生态环境的状况、自然资源资产和生态环境空间的使用情况与付费情况、自然资源保护与生态环境治理的成效和价值等,以期初存量、当期流量和期末存量的形式反映自然资源所有者权益与负债,有利于促进自然资源合理利用。建立自然资源资产离任审计制度,对领导干部任职前后区域内土地资源、水资源、森林资源、海洋资源等自然资源资产进行审计,监督检查自然资源资产合理开发、节约集约利用情况,诊断是否存在重大损失浪费、生态环境污染等问题,对于强化"五位一体"总体布局具有重要的意义。健全"依法推进、环境有价、损害担责、主动磋商"的生态环境损害赔偿制度,有效明确生态环境损害的赔偿范围,合理确定生态环境损害的赔偿义务人,有效明确生态环境损害的赔偿权利人,积极开展生态环境损害的赔偿磋商,不断完善生态环境损害的赔偿诉讼规则,加强损害赔偿的执行与监督,有利于保护农村生态环境,加快推进农村生态文明建设。

第四节　农村生态文明建设的路径选择

农村生态文明建设的推动力由不同的要素构成,在实际的建设过程中,这些要素难以单独发挥作用,他们往往是相互影响,共同发挥作用。如何深入开展农村生态文明建设的关键问题在于构成推动力的这些要素如何充分发挥出应有的作用。从一定程度上说,农村生态文明建设的多种推动力是具有协同优势的,因此,要充分发挥其动力机制需要多种要素共同发力,充分利用其内部的协同作用,并协调好相互之间的矛盾和不利因素,充分发挥各要素中的积极因素,实现整体的同一性,从而降低对资源环境的过度消耗,达到个体功能之和大于整体功能的效果,加快农村生态文明建设的进程和取得更好的成效(何帆,2022)。

一、加强生态文化建设,提高公民环境素质

进一步加强农村生态文化建设,牢固树立对农村生态文化的责任与担当,以绿色生态文化引领农村绿色低碳发展,用文化力量助力农村生态文明建设。强化农村生态文化价值理念,积极倡导绿色低碳、文明健康的生活方式与消费模式,弘扬社会主义核心价值观,提升农村生态文化建设质量;构建特色农村

生态文化,强化家庭生态文化、校园生态文化和社会生态文化,全面继承优秀传统生态文化,大力宣传优秀传统生态文化;构建人与自然和谐共生的绿色文化,以农村生态文化引领农村生态文明建设。加大绿色生态文化建设力度,牢固树立绿色低碳发展理念,建立健全自觉保护农村生态环境机制,提高公民对农村生态环境的认识理解;充分发挥农村绿色生态文化的作用,以文化自觉推动农村绿色生态文化理念的形成,强化保护农村生态环境的人文情怀;强化尊重自然、顺应自然、保护自然的生态意识,树立人与自然和谐的价值观念,积极落实农村生态环境保护措施。将农村生态文化融入农村生态文明建设中,贯彻落实绿色低碳发展理念,强化公民的农村生态文明意识;用农村生态文化规范人们的行为,提升公民农村生态文化践行的自觉性,提高农村生态文明建设的责任感,充分发挥农村生态文化的熏陶教化作用;促进公民以农村生态文化自觉开启绿色低碳生活方式,合理利用农村自然资源,养成绿色消费习惯。

加大农村生态文明建设宣传教育,灵活优化宣传教育内容,整合创新宣传教育方式,提高公民环境素质,切实增强农村生态文明意识。准确把握新时代农村生态文明建设理论的主要内容,归纳整理新时代农村生态文明建设理论的核心内容,有效筛选新时代农村生态文明建设理论的宣传教育内容。结合新时代农村生态文明建设理论的主要内容、核心价值,优化话语表达方式,合理选择贴近农村居民的话语方式,根据宣传教育对象的理解水平选择合适的宣传教育方式,将宣传教育内容与农村居民日常生活相结合,提高宣传教育的综合效果;充分利用广播、电视、报刊等传统媒介,合理利用互联网、大数据等新型媒介,建立有效的宣传教育体系;充分利用影视作品、横幅标语、课堂教育等形式,多样化宣传新时代农村生态文明建设。加强农村生态文明教育的覆盖面与普及度,强化学校教育的基础作用,积极发挥社会的教育作用,加强家庭生态环境教育,提升农村生态文明教育成效,助力农村生态文明建设。

二、强化物质资本供给,提高环境治理成效

强化资金资本供给,加快发展绿色金融,优化绿色金融政策体系,优化绿色金融产品服务,助力农村生态文明建设。完善农村绿色金融全面发展制度,

健全农村绿色金融全面发展相关标准,优化农村绿色金融全面发展评估体系,开发多样化的农村绿色金融产品。进一步优化"政府引导、市场主导"的农村绿色金融发展模式,充分发挥有效市场的调节作用,优化配置农村绿色金融资源,加大农村绿色金融政策的监管力度,促进绿色企业在农村绿色金融市场的合理融资。大力推进农村绿色金融监管,强化农村绿色金融政策执行情况监管,加强农村绿色金融资金借贷监管,强化农村绿色金融资金应用的监管,有效提升农村绿色金融与有效市场融合的推动力。积极设立农村绿色金融改革试验区,充分发挥试验区的带动作用、帮扶作用,有效提供绿色财政资金助力农村绿色金融发展。农村金融机构严格执行绿色金融全面发展政策,积极践行绿色低碳发展理念。完善绿色金融全面发展的外部激励措施,加强绿色金融全面发展的专业人才培养。进一步加强研发工作,丰富农村金融产品。制定合理的融资利率,保障绿色企业的资金供给。提高技术水平,提升绿色企业发展效率;强化平台建设,优化合作机制,提高规模效应。

强化自然资本供给,优化自然资源配置,提升自然资源价值,助力农村生态文明建设。加强农村自然资源利用规划,制定自然资源供求规划、自然资源结构规划、自然资源转化增值规划、自然资源建设规划和自然资源保护规划,严格规划实施,合理配置可再生资源、不可再生资源,促进自然资源可持续利用。大力加强自然资源节约,加大可再生能源开发力度。保护和修复自然生态系统,推进农村自然资源保护,强化自然资源循环利用,进而有效促进农村生态文明建设。

三、加强绿色科技创新,提升生态环境效益

进一步加强绿色科技创新,有效提升绿色科技创新水平,积极推动绿色科技高质量发展,优化绿色科技政策体系,助力农村生态文明建设。强化多元领域协同创新,充分发挥政府的引导作用,加快农村绿色科技研究开发,鼓励高校、科研院所、绿色企业协同攻关,针对农村生态文明建设的现实需求,重点开展农村地区自然环境、生态环境、景观环境、居住环境等领域的基础性研究,重点研发绿色低碳技术,有效提升科技创新水平。进一步加大绿色科技创新投入,积极引导、支持个人或集体开展绿色科技的创新创业行为,制定绿色

科技创新项目的优惠政策,降低高校、科研院所、绿色企业等绿色科技创新的成本。

构建政府、企业、社会三位一体的绿色科技投资格局,引导企业增加资金投入,鼓励社会资本投资绿色科技创新。进一步重视绿色科技人才的培养,建设绿色科技创新重点学科,强化绿色科技专业建设,不断提高绿色科技创新实力。进一步树立绿色科技创新理念,开展绿色科技宣传教育,按照生态学原理合理使用科学技术,促进科技绿色低碳转型。进一步健全农村绿色科技创新体系,优化市场推广应用机制,加强绿色科技知识产权保护,有效保障绿色科技创新成果。优化绿色科技成果评价体系,加强科技与市场对接平台和技术交易市场建设,促进高成长性绿色科技企业持续涌现;给予节能环保产业政策优惠,促进节能环保产业快速发展,加强科技创新企业社会责任感,促进节能环保制造业和服务业互动发展。

推广应用绿色科技成果,完善产学研结合体系,加大对企业绿色技术创新活动的政策支持,充分发挥高校、科研机构和绿色企业的协同效应,建立集绿色低碳技术研发、集成应用和成果产业化为一体的绿色低碳技术产业链,提高生产、教育和研究一体化的组织水平。进一步壮大绿色科技推广应用队伍,培养掌握农村绿色科技的新农科人才,深入开展农业技术推广人员绿色科技培训,加强对小农户、新型农业经营主体农村绿色科技的指导、培训,提高绿色科学技术推广应用效果,进而有效促进农村生态文明建设。

四、创新丰富绿色供给,引导社会绿色消费

进一步强化市场导向,有效挖掘绿色消费需求,创新丰富绿色供给,完善绿色消费服务体系,强化绿色消费保护力度,正确引导社会绿色消费,助力生态文明建设。建立健全企业绿色低碳技术创新的政策保障体系,强化企业市场导向意识,引导企业加大绿色低碳技术研发力度,促进企业不断开发绿色低碳产品,加强绿色低碳产品的全过程管控;积极创新绿色低碳产品市场开发策略,拓展绿色低碳产品的市场销售渠道,有效扩大市场影响力。加快构建绿色消费的信息服务体系,有效传播绿色低碳产品的购买渠道、使用知识,提高消费者的认知水平;优化绿色产品采购机制,通过发挥政府主体作用,有效促进

绿色低碳产品的消费。严格规范绿色低碳产品的市场秩序,完善绿色低碳产品标准,优化绿色低碳产品认证机制;强化绿色低碳产品市场监管,积极营造绿色消费的良好市场环境。

进一步加大农村绿色消费的支持力度,完善农村绿色消费的制度政策,积极引导农村绿色消费;加强农村绿色消费监督管理,严格规范农村居民消费行为;构建农村绿色消费市场体系,积极推进农村绿色消费;加强农村绿色消费的基础设施建设,优化农村绿色消费的外部环境。进一步强化农村居民的绿色消费观念,深入开展生态环保宣传教育,引导农村居民树立绿色消费观念。进一步提高农村居民的绿色消费能力,拓宽农村居民的收入渠道,提升农村居民绿色消费的支付能力,开展绿色消费培训,提升农村居民绿色消费的辨别能力,强化绿色知识培训教育,提升农村居民绿色技术的应用能力,进而有效促进农村生态文明建设。

五、构建人类命运共同体,强化全球环境治理

以习近平生态文明思想引领美丽中国建设,牢固树立中国生态环境治理的道路自信、制度自信、理论自信和文化自信,深化人类命运共同体理念,丰富人与自然生命共同体理念的内涵,以人类命运共同体理念引导全球农村生态文明建设。积极组织参与国际农村环境治理合作,共同遵守尊重自然、顺应自然、保护自然的生态文明观,形成相互联系、相互影响的命运共同体。进一步组织顶尖科研力量,坚持不懈地为全球农村生态环境治理提供中国方案,加强科学研究为应对全球气候变化提供科学支撑,提升科技水平为全球环境政策制定、保障粮食安全提供有效支持,构建监测体系为全球建设可持续发展的农村社区提供决策参考。在"一带一路"建设中,进一步融入绿色低碳发展理念,贸易投资中要突出农村生态文明理念,农村基础设施建设中强化绿色低碳化,农村能源开发中开展清洁化处理。进一步支持其他发展中国家建设美丽地球,分享我国绿色低碳发展经验,加强国际合作交流,加大对可再生能源项目的支持,建立清洁能源项目,认真履行野生动物保护国际公约,积极参与野生动物保护国际合作,积极开展气候变化南南合作,减少气候变化带来的不利影响,强化沙漠化防治国际合作,进一步组织实施研修项目。充分展现中国负责

任的大国形象,深入贯彻农村生态环境治理共同但有区别的责任原则,积极引领农村生态文明建设国际进程。

六、完善生态环境制度,助力生态文明建设

进一步完善生态环境制度,用最严格的制度、最严密的法治保护农村生态环境,助力农村生态文明建设。进一步强化农村生态文明法治建设,开展农村生态文明建设的科学立法,健全生态环境保护法律体系,开展农村生态环境保护专项立法和农村生态环境保护地方立法,严格农村生态文明建设的有效执法,进一步创新农村生态文明建设的执法方式,丰富农村生态文明建设的执法手段,强化农村生态文明建设的公正司法,改进生态环境案件审理模式与管辖制度,提升农村居民生态环境保护的守法意识,完善生态环境保护的法律监督机制,健全生态环境公益诉讼制度。建立统一的农村生态文明目标评价考核制度,树立以绿色低碳发展为导向的政绩观,提升人民群众对生态环境的获得感,科学设置农村生态文明目标评价考核指标,加强农村生态文明目标评价考核制度的落地执行。进一步完善自然资源资产产权制度,推进自然资源资产统一确权登记,理顺自然资源所有权管理关系,完善自然资源使用权权能体系,强化自然资源资产保护机制。有效开展自然资源资产离任审计,构建权威高效的协同联动工作机制,探索完善审计评价指标体系,不断完善审计业务流程,全面推进大数据审计。进一步优化农村生态补偿制度,科学评估农村生态产品价值,构建跨区域跨流域多元化补偿机制,合理确定生态补偿标准,实行差异化生态补贴政策,构建多元化的补偿资金渠道。进一步落实生态环境保护责任制度,细化生态环境保护责任清单,积极打造现代环境治理体系,健全生态环境损害赔偿制度。进一步优化农村生态环境监管制度,构建合理的农村生态环境监测体系,加强农村生态文明管理机制建设,科学合理设置县镇两级生态环境机构,强化农村环境监管执法制度安排,进而有效促进农村生态文明建设。

第四章　农村生态文明建设的水平测度

　　党的二十大报告阐述了中国式现代化的深刻内涵,中国式现代化是人与自然和谐共生的现代化,加强生态文明建设是全面建成社会主义现代化强国的内在要求;农村生态文明建设是我国生态文明建设的重要组成部分,是推进中国式现代化的根本要求。如何合理诊断农村生态文明建设的实际效果,剖析目前农村生态文明建设的水平等级,识别农村生态文明建设的发展方向,对于人与自然和谐共生的现代化来说是非常重要的。测度农村生态文明建设水平是监测区域农村生态文明建设发展状况、识别农村生态文明建设发展方向的重要基础;剖析农村生态文明建设水平的影响因素,是深入推进农村生态文明建设的重要手段。本书在剖析农村生态文明建设内涵外延的基础上,以"压力—状态—响应"(Pressure—State—Response)模型为基础建立了农村生态文明建设水平测度指标体系,从物元分析法和改进的熵值法出发构建了农村生态文明建设水平测度模型,测度了江苏省农村生态文明建设水平等级,诊断了农村生态文明建设水平的现实挑战,为提升农村生态文明建设水平提供一定的参考依据。

第一节　农村生态文明建设水平测度指标

一、测度指标构建思路

1. 测度指标构建框架

"压力—状态—响应"(Pressure—State—Response,简称 PSR)模型,最初

由统计学家安东尼·弗里德（Anthony Friend）与大卫·波拉特（David Rapport）在1979年提出，用于分析生态系统压力、状态、响应的关系；在此基础上，联合国经济合作与发展组织、联合国环境规划署修正完善了PSR模型，并将其用于生态环境的评价（冯银，2021；刘红梅，2023）。现在，PSR模型已被广泛应用于生态学、管理学、经济学等学科，涉及区域生态安全、生态系统服务价值、生态脆弱性、土地可持续利用、产业高质量发展、社会生态系统韧性、绿色发展水平等（徐君和戈兴成，2021；唐天成，2022；刘天龙，2023）。

PSR模型，从因果关系出发建立了人类活动与生态环境影响之间的关系链：人类活动对生态环境产生了压力，生态环境状态发生了一定的变化，人类采取一定的调节措施优化生态环境（张锐等，2013；余正军等，2023）。PSR模型中的压力（Pressure）是指人类的各种活动对生态系统造成的环境压力，PSR模型中的状态（State）是指人类的各种活动对生态系统产生的生态环境影响，一般表现为生态系统结构与功能的变化，生态系统健康状态；PSR模型中的响应（Response）是指生态系统结构与功能发生变化后，人类采取的调节措施。生态系统环境压力、生态系统健康状态、生态系统管理响应三个环节相互联系、相互影响，是人类制定调节措施的全过程（颜利等，2008）。

2. 测度指标构建原则

为了确保农村生态文明建设水平测度的科学性与客观性、权威性与典型性，合理诊断农村生态文明建设的实际效果，剖析农村生态文明建设的水平等级、识别农村生态文明建设的发展方向，需要建立多层次的农村生态文明建设水平测度指标体系。农村生态文明建设水平测度指标体系构建原则包括科学性原则、系统性原则、可比性原则、可操作性原则和导向性原则（彭一然，2016；张董敏，2016），具体如下：

（1）科学性原则。农村生态文明建设水平测度指标的选取必须深入认识评价对象，合理分析评价对象，在科学理论的指导下，依托评价对象的客观实际情况，构建清晰明确的测度指标体系，运用指标体系合理诊断区域农村生态文明建设水平。

（2）系统性原则。农村生态文明建设涉及生态环境、人类活动等多种因素，是一个复杂的系统，农村生态系统环境压力、农村生态系统健康状态、农村生态系统管理响应之间相互影响;农村生态文明建设水平测度指标体系需要体现农村生态文明建设的内涵和外延,将农村生态文明建设涉及的多方面因子纳入水平测度中,进而有效诊断农村生态文明建设水平。

(3)可比性原则。农村生态文明建设水平各个测度指标之间要相互独立,通过标准化变换统一各个测度指标的单位使得农村生态文明建设水平结果可以进行比较;农村生态文明建设水平测度指标只有具有可比性,才能依据水平测度结果剖析农村文明建设发展状况的好坏,从而诊断农村生态文明建设的制约因素,有针对性地制定发展措施。

(4)可操作性原则。为了确保农村生态文明建设水平测度指标的可操作性,农村生态文明建设水平测度需要选取代表性较强、简单易懂的指标;为了保证农村生态文明建设水平测度结果的客观性,农村生态文明建设水平测度需要选取定量化的指标,测度指标数据要容易收集、计算便捷,能够开展评价对象之间的比较。

(5)导向性原则。农村生态文明建设水平测度的目的不仅在于诊断区域农村生态文明建设水平的高低,还在于通过测度诊断区域农村生态文明建设的现实挑战,进而优化农村生态文明建设的推进路径。农村生态文明建设水平测度指标体系不仅能够诊断区域农村生态文明发展状况,有效显现区域农村生态文明发展存在的问题,而且能够反映农村生态文明建设的发展方向,进而促进区域农村生态文明建设。

二、测度指标构建结果

农村生态文明是指人们在进行物质生产、社会活动过程中,以人与自然和谐共生为宗旨,以农村地区资源环境承载力为基础,遵循自然生态系统的内在规律,树立人与社会和谐共生的理念,调整优化农村社会结构,保护和建设美好农村生态环境而取得的物质成果、精神成果与制度成果的总和。农村生态文明建设是基于农村地区资源、环境、能源等方面的压力,针对资源短缺、生态破坏和环境污染(水污染、大气污染、土壤污染、固体废弃物污染等)等问题做出的旨在优化农村居民生产生活方式,整体推进农村地区生产、生活、生态"三生融合",促进资源能源节约、生态环境保护的重要举措

（张欢等，2014；冯银，2021）。

　　农村生态文明建设水平测度是一个复杂的过程，涉及很多内容，基于 PSR 模型的分析研究能够整合多个方面的因素，较为全面地分析区域农村生态文明建设水平，为提高区域农村生态文明建设水平提供决策依据。区域农村生态文明建设的状况具有动态特征，伴随着时间的变动会发生一定的变化；PSR 模型具有灵活性的特征，可以把握区域农村生态文明建设的变化规律。此外，PSR 模型可以全面反映区域农村生态文明建设面临的现实挑战，为制定科学的农村生态文明建设政策提供一定的参考依据。因此，本书从 PSR 模型出发，建立农村生态文明建设水平测度指标体系的框架，具体见图 4-1：

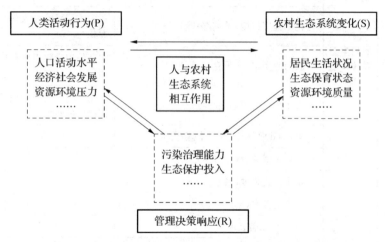

图 4-1　农村生态文明建设水平测度的 PSR 模型框架

　　人类活动对农村生态系统施加了资源消耗压力和环境承载压力（Pressure）；人类通过获取资源、能源、空间等来满足自身的发展需要，在这一过程中影响了农村生态环境，导致农村生态系统的结构、功能产生了变化（State）；在压力作用之下，出现了农村生态环境问题，农村生态系统产生了自组织、自调节行为；人类对农村生态系统的反馈开展政策优化、制定调节措施的响应（Response），进一步加大农村生态环境保护的资金投入，有效提升农村环境污染治理的综合能力等，以降低农村生态系统承受的资源环境压力，维持农村生态系统的结构、功能的稳定和平衡，有效优化农村生态系统的健康状态，最终促进农村生态系统实现可持续发展（张欢等，2014；吕亚玲、李巧云，2021）。

根据科学性原则、系统性原则、可比性原则、可操作性原则和导向性原则(彭一然,2016),结合农村生态文明建设内涵,在参考农村生态文明建设研究相关文献的基础上(赵明霞、包景岭,2015;李锟,2019;张董敏和齐振宏,2020;Dong et al.,2020),本研究从 PSR 模型出发建立了农村生态文明建设水平测度指标体系(表4-1)。

表 4-1　农村生态文明建设水平测度指标体系

目标层	要素层	指标层	测度函数
农村生态文明建设水平	农村生态系统环境压力	x_1 人口密度(人/平方千米)	/
		x_2 人均 GDP(万元)	/
		x_3 化肥施用强度(千克/公顷)	化肥施用量除以农作物播种面积
		x_4 农药使用强度(千克/公顷)	农药使用量除以农作物播种面积
		x_5 农用塑料薄膜使用强度(千克/公顷)	农用塑料薄膜使用量除以农作物播种面积
		x_6 单位 GDP 能耗(吨标准煤/万元)	/
		x_7 人均水资源量(立方米/人)	/
	农村生态系统健康状态	x_8 水土流失程度(%)	/
		x_9 林木覆盖率(%)	/
		x_{10} 村庄供水普及率(%)	/
		x_{11} 秸秆综合利用率(%)	/
		x_{12} 建制镇绿化覆盖率(%)	/
		x_{13} 有效灌溉面积(千公顷)	/
		x_{14} 人均拥有公共图书馆藏量(册、件/人)	/
	农村生态系统管理响应	x_{15} 对生活污水进行处理的行政村比例(%)	/
		x_{16} 对生活垃圾进行处理的行政村比例(%)	/
		x_{17} 农村无害化卫生厕所普及率(%)	/
		x_{18} 农村居民人均可支配收入(万元)	/
		x_{19} 节能环保公共财政支出(亿元)	/
		x_{20} 环境卫生投入占市政公用设施投入比例(%)	村庄环境卫生投入除以村庄市政公用设施投入
		x_{21} 乡镇文化站从业人数(人)	/

　　农村生态系统环境压力包括人口密度、人均 GDP、化肥施用强度、农药使用强度、农用塑料薄膜使用强度、单位 GDP 能耗、人均水资源量等指标;农村生态系统健康状态包括水土流失程度、林木覆盖率、村庄供水普及率、秸秆综合利用率、建制镇绿化覆盖率、有效灌溉面积、人均拥有公共图书馆藏量等指标;农村生态系统管理响应包括对生活污水进行处理的行政村比例、对生活垃圾进行处理的行政村比例、农村无害化卫生厕所普及率、农村居民人均可支配收入、节能环保公共财政支出、环境卫生投入占市政公用设施投入比例、乡镇文化站从业人数等指标。化肥施用强度计算公式为化肥施用量除以农作物播种面积,农药使用强度计算公式为农药使用量除以农作物播种面积,农用塑料薄膜使用强度计算公式为农用塑料薄膜使用量除以农作物播种面积,单位 GDP 能耗计算公式为能源消费总量除以地区生产总值,水土流失程度计算公式为区域水土流失面积除以区域土地总面积,环境卫生投入占市政公用设施投入比例计算公式为村庄环境卫生投入除以村庄市政公用设施投入。

第二节　农村生态文明建设水平测度模型

一、物元分析法

　　物元分析方法是一种多元统计分析方法,它在可拓数学的基础上,从相容性角度出发把分析对象的问题细分成为两类问题,通过建立经典域、构建关联函数、分析关联度,能够全面综合分析对象的各种信息,解决多个指标之间不相容的问题,借助定量测度的结果有效反映分析对象的现实状况(张锐等,2013;梁睿等,2022),因此本书从物元分析方法出发,建立农村生态文明建设水平的测度模型(孙谦等,2021;郑华伟等,2021),农村生态文明建设水平测度的步骤如下:

　　1. 农村生态文明建设水平的物元

　　农村生态文明建设水平的物元,可以分为农村生态文明建设水平 N,农村生态文明建设水平的特征向量 c、农村生态文明建设水平的特征量值 u。假设农村生态文明建设水平 N 拥有多元特性,它可以通过农村生态文明建设水平 n 个特征 $c_1, c_2, \cdots c_n$ 和农村生态文明建设水平 n 个特征量值 $u_1, u_2, \cdots u_n$ 来表征,农村生态文明建设水平的物元,能够表示成公式 4-1,具体如下:

$$R = \begin{vmatrix} N & c_1 & u_1 \\ & c_2 & u_2 \\ & \vdots & \vdots \\ & c_n & u_n \end{vmatrix} = \begin{vmatrix} R_1 \\ R_2 \\ \vdots \\ R_n \end{vmatrix} \quad (4-1)$$

式 4-1 中,R 代表 n 维的农村生态文明建设水平的物元,即 $R = (N, c, u)$。

2. 农村生态文明建设水平的经典域

农村生态文明建设水平的经典域物元矩阵,能够表示成公式 4-2,具体如下:

$$R_{oj} = (N_{oj}, C_i, U_o) = \begin{vmatrix} N_{oj} & c_1 & (a_{oj1}, b_{oj1}) \\ & c_2 & (a_{oj2}, b_{oj2}) \\ & \vdots & \vdots \\ & c_n & (a_{ojn}, b_{ojn}) \end{vmatrix} \quad (4-2)$$

式 4-2 中,R_{oj} 体现为农村生态文明建设水平的经典域物元矩阵;N_{oj} 体现为农村生态文明建设水平的第 j 个水平等级;C_i 体现为农村生态文明建设水平的第 i 个测度指标;(a_{oji}, b_{oji}) 体现为农村生态文明建设水平测度指标 C_i 对应的农村生态文明建设水平测度等级 j 的取值区间。

3. 农村生态文明建设水平的节域

农村生态文明建设水平的节域物元矩阵,能够表示成公式 4-3,具体如下:

$$R_p = (N_p, C_n, U_{pi}) = \begin{vmatrix} N_p & c_1 & (a_{p1}, b_{p1}) \\ & c_2 & (a_{p2}, b_{p2}) \\ & \vdots & \vdots \\ & c_n & (a_{pn}, b_{pn}) \end{vmatrix} \quad (4-3)$$

式 4－3 中，R_p 体现为农村生态文明建设水平的节域物元矩阵，N_p 体现为水平等级标准事物及可转换为水平等级标准事物构成的节域（李晔等，2023）；$U_{pi} = (a_{pi}, b_{pi})$ 体现为农村生态文明建设水平的节域物元关于农村生态文明建设水平 n 个特征 c_i 的取值区间；p 体现为农村生态文明建设水平的等级，将农村生态文明建设水平具体分为 5 个等级（优秀 Ⅰ、良好 Ⅱ、一般 Ⅲ、较差 Ⅳ 和很差 Ⅴ）。

4. 确定分析对象的待评物元

待测度对象 N_x 的农村生态文明建设水平的物元，能够表示成公式 4－4，具体如下：

$$R_x = \begin{vmatrix} N_x & c_1 & u_1 \\ & c_2 & u_2 \\ & \vdots & \vdots \\ & c_n & u_n \end{vmatrix} \qquad (4-4)$$

式 4－4 中，R_x 体现为待测度对象 N_x 的农村生态文明建设水平的物元，c $(c_1, c_2, \cdots c_n)$ 体现为农村生态文明建设水平的特征向量，$u(u_1, u_2, \cdots u_n)$ 体现为农村生态文明建设水平的特征量值。

5. 建立关联函数并分析关联度

农村生态文明建设水平测度指标关联函数 $H(x)$，能够表示成公式 4－5，具体如下：

$$H(x_i) = \begin{vmatrix} \dfrac{-g(X, X_o)}{|X_o|}, X \in X_o \\ \dfrac{g(X, X_o)}{g(X, X_p) - g(X, X_o)}, X \notin X_o \end{vmatrix} \qquad (4-5)$$

$$g(X, X_o) = \left| X - \frac{1}{2}(a_o + b_o) \right| - \frac{1}{2}(b_o - a_o) \qquad (4-6)$$

$$g(X, X_p) = \left| X - \frac{1}{2}(a_p + b_p) \right| - \frac{1}{2}(b_p - a_p) \qquad (4-7)$$

式 4－5、4－6、4－7 中，$g(X, X_o)$ 体现为点 X 与农村生态文明建设水平

有限区间 $X_o = [a_o, b_o]$ 之间的距离;$g(X, X_p)$ 体现为点 X 与农村生态文明建设水平有限区间 $X_p = [a_p, b_p]$ 之间的距离;$|X_o| = |b_o - a_o|$,X 体现为待评农村生态文明建设水平物元的量值,X_o 体现为农村生态文明建设水平经典域物元的取值区间,X_p 体现为农村生态文明建设水平节域物元的取值区间。

6. 测算综合关联度,诊断水平等级

待测度对象 N_x 关于农村生态文明建设水平等级 j 的综合关联度,能够表示成公式 4-8,具体如下:

$$H_j(N_x) = \sum_{i=1}^{n} W_{ij} k_j(x_i) \qquad (4-8)$$

公式 4-8 中,$H_j(N_x)$ 体现为待测度对象 N_x 关于农村生态文明建设水平等级 j 的综合关联度;$H_j(x_i)$ 体现为待测度对象 N_x 的农村生态文明建设水平的单个测度指标 x_i 关于农村生态文明建设水平等级 j 的关联度;W_{ij} 体现为农村生态文明建设水平各测度指标的权重大小。对于农村生态文明建设水平的诊断结果而言,如果 $H_{ji} = \max[H_j(x_i)]$,说明:待测度对象 N_x 的农村生态文明建设水平的某一个测度指标达到了农村生态文明建设水平等级(Ⅰ、Ⅱ、Ⅲ、Ⅳ 或 Ⅴ);如果 $H_{jx} = \max[H_j(N_x)]$,$(j = 1, 2, \cdots, n)$,说明:待测度对象 N_x 达到农村生态文明建设水平等级(Ⅰ、Ⅱ、Ⅲ、Ⅳ、Ⅴ)。如果 $H_j(N_x)$ 大于 0,说明:待测度对象 N_x 符合某一水平等级的标准;如果 $H_j(N_x)$ 大于 -1、小于 0,说明:待测度对象 N_x 具备向某一水平等级转换的条件(梁睿等,2022)。

二、改进的熵值法

不同的指标对农村生态文明建设水平的作用程度具有差异,为了有效反映农村生态文明建设水平测度指标不同的作用程度,需要采用一定的权重指数赋予农村生态文明建设水平测度指标,本研究采用改进的熵值法计算农村生态文明建设水平测度指标的权重(郑华伟等,2017;马聪、林坚,2021),具体步骤如下:

1. 开展测度指标标准化变换,由于不同的农村生态文明建设水平测度指

标具有不同的单位,有必要对农村生态文明建设水平测度指标数据开展标准化处理,能够表示成公式 4-9,具体如下:

$$X''_{ij}=(X_{ij}-\overline{X}_j)/s_j(i=1,2,\cdots,m;j=1,2,\cdots,n)\qquad(4-9)$$

公式 4-9 中,X''_{ij} 体现为农村生态文明建设水平测度指标标准化后的值;X_{ij} 体现为农村生态文明建设水平第 i 样本第 j 项测度指标的原始值;$\overline{X}_j$ 体现为农村生态文明建设水平第 j 项测度指标的均值;s_j 体现为农村生态文明建设水平第 j 项测度指标的标准差。

2. 开展农村生态文明建设水平测度指标坐标平移,能够表示成公式 4-10,具体如下:

$$X'''_{ij}=H+X''_{ij}\qquad(4-10)$$

公式 4-10 中,X'''_{ij} 体现为农村生态文明建设水平平移后的指标值;H 体现为农村生态文明建设水平测度指标变动的幅度。

3. 测度农村生态文明建设水平,第 j 项测度指标下的 i 个样本值的比重,能够表示成公式 4-11,具体如下:

$$P_{ij}=X'''_{ij}/\sum_{i=1}^{m}X'''_{ij}\qquad(4-11)$$

公式 4-11 中,P_{ij} 体现为农村生态文明建设水平第 j 项测度指标下的 i 个样本值的比重,X'''_{ij} 体现为农村生态文明建设水平平移后的指标值。

4. 测算农村生态文明建设水平第 j 项测度指标熵值,能够表示成公式 4-12,具体如下:

$$e_j=-k\sum_{i}^{m}P_{ij}\ln(P_{ij})\qquad(4-12)$$

公式 4-12 中,e_j 体现为农村生态文明建设水平第 j 项测度指标熵值,k 大于 0,$\ln$ 体现为自然对数,e_j 大于 0。假设 X'''_{ij} 对于给定的 j 没有差别,则 $P_{ij}=X'''_{ij}/\sum_{i=1}^{m}X'''_{ij}=1/m$,这种情况下 e_j 取值最大,即 $e_j=-k\sum_{i=1}^{m}\frac{1}{m}\ln\frac{1}{m}=k\ln m$。假设 $k=1/\ln m$,则 e_j 等于 1,因此 $0\leqslant e_j\leqslant 1$。式 4-12 中,$i=1,2,\cdots,$

m；$j=1,2,\cdots,n$。

5. 测算农村生态文明建设水平,第 j 项测度指标的差异性系数,能够表示成公式 4-13,具体如下:

$$g_j = 1 - e_j \qquad (4-13)$$

公式 4-13 中,g_j 体现为农村生态文明建设水平第 j 项测度指标差异性系数,e_j 体现为农村生态文明建设水平的第 j 项测度指标熵值。

6. 测算农村生态文明建设水平,第 j 项测度指标的权重,能够表示成公式 4-14,具体如下:

$$w_j = g_j / \sum_{j=1}^{n} g_j \qquad (4-14)$$

公式 4-14 中,w_j 体现为农村生态文明建设水平第 j 项测度指标的权重,g_j 体现为农村生态文明建设水平第 j 项测度指标差异性系数,$j=1,2,\cdots,n$。

第三节 农村生态文明建设水平测度分析

一、区域概况与数据来源

1. 区域概况

（1）江苏省自然地理概况

江苏省位于我国大陆东部沿海中心,地处长江三角洲,处于"一带一路"交汇点上。江苏省森林面积达到 2 340 万亩,森林覆盖率达到 15.2%,林木覆盖率达到 24.06%。江苏省内地貌以平原为主,分布有少量丘陵与山地。江苏省平原面积占比达到 86.9%,平原大都土层深厚,肥力中上,适合耕作。丘陵面积占比达到 11.54%,山地面积占比达到 1.56%。江苏省 93.89% 的陆地面积处于 0°~2° 的平坡地中,省内的最高峰为连云港市云台山的玉女峰,其海拔为 624.4 米。江苏省湿地保有量达到 4 230 万亩,居全国第 6 位,自然湿地保护率达到 64.3%。江苏省的水域面积占比达到 16.9%，湖泊众多，拥有 15 个面积 50 平方千米以上的湖泊，还拥有全国第三大淡水湖——太湖，全国第四大淡水湖——洪泽湖。江苏省水网密布，全省有乡级以上河道 2 万余条，县级河道 2 000 多条，长江横穿东西 425 千米，大运河纵贯南北 718 千米（江苏省统计局、国家统计局江苏调查总队，2022）。江苏省位于亚热带和暖温带的气候过渡地带，雨热同季，梅雨显著，雨量较大。江苏省生态环境质量持续向好，全省空气优良天数比率达到 79%。

江苏农业生产条件优越，在古代便有"鱼米之乡"的美誉。江苏省不仅是全国优质弱筋小麦生产优势区，还是南方最大的粳稻生产省份。2021 年，江苏省的农业总产值达到 4 426.06 亿元。2021 年，江苏省拥有 260 多个林果、茶桑、花卉等品种，80 多个蔬菜种类，江苏省国家级保种单位数量为全国第一。江苏省在东部沿海拥有 15.4 万平方千米的渔场，虾蟹、带鱼、黄鱼及贝藻类是渔场的主要产品，江苏省在内陆拥有 1 148 万亩的水面养殖场，拥有 140 余种淡水鱼类，有 40 多种能利用的品种。2021 年，江苏省的渔业总产值达到 1 833.51 亿元。2021 年，江苏省农林牧业总产值比 2020 年增长了 7.9%。2021 年，江苏省共有 604 种野生动物，约占全国总数的 23%，含 19 种国家 Ⅰ 级保护动物，96 种 Ⅱ 级保护动物。2021 年，江苏省已发现的矿产品种有 133 种，探明有 69 种资源的储量，江苏特色和优势矿产有水泥用灰岩、陶瓷土岩盐、芒硝、高岭土、金红石、凹凸棒石黏土等。

（2）江苏省社会经济概况

江苏省的历史可以追溯到清代初年，正式建省于 1667 年，取江宁府、苏州府两府之首字得名，简称"苏"。2021 年，江苏省共有 13 个设区市，95 个县（市、区）、718 个乡镇、519 个街道。2021 年，江苏省常住人口达到 8 505.4 万人，比 2020 年增加 28.1 万人，比 2020 年增长 0.3%。江苏不断加快新型城镇化建设，2021 年，江苏常住人口城镇化率达到 73.94%，比 2020 年提高 0.5%。2021 年，在常住人口中，江苏省男性人口达到 4 316.2 万人，15～64 岁人口达到 5 806.4 万人。2021 年，江苏省人口出生率 5.7‰，比 2020 年下降 1.0‰；人口死亡率 6.8‰，比 2020 年上升 0.3 个‰；人口自然增长率−1.1‰，比 2020 年下降 1.3‰（江苏省统计局、国家统计局江苏调查总队，2022）。

江苏省深入学习贯彻习近平新时代中国特色社会主义思想，不断加强经济高质量发展。2021年,江苏省GDP达到116 364.2亿元,比2020年增长8.6%。2021年,江苏省第一产业增加值为4 722.4亿元,比2020年增长3.1%;第三产业增加值为59 866.4亿元,比2020年增长7.7%。2021年,江苏省人均地区生产总值达到137 039元,比2020年增长8.3%。2021年,江苏省人均可支配收入达到47 498元,比2020年增长9.4%。江苏省开展高水平对外开放,与世界230多个国家和地区建立了经济贸易关系。2021年,世界500强企业有392家在苏投资,外贸进出口规模达5.45万亿元,占全国比重接近13%,实际使用外资305亿美元,规模保持全国首位。中哈连云港物流合作基地、柬埔寨西港特区成为"一带一路"合作标志性项目。2021年,江苏省科教人才资源优势突出,公共文化服务水平不断提升。2021年,江苏省拥有高等院校168所,本专科在校大学生211万多人,人才资源总量超过1 400万人,研发人员108.8万人,全国江苏籍两院院士达500人左右,在苏院士118人。2021年,江苏省文化艺术和文物事业机构达到2.2万个,全年图书出版达到7.3亿册,全省文化及相关产业增加值占GDP比重达到5%。江苏省社会保障愈发健全,2021年江苏省每万人拥有医师数达到32.1人,每万人拥有卫生机构床位数达到59.7张。

(3)江苏农村生态文明建设

江苏农业农村发展稳定前进,实现全面推进乡村振兴良好开局。粮食等重要农产品保供有力,2021年江苏省粮食播种面积达到542.8万公顷,总产量达到3 746.1万吨。猪牛羊禽肉产量达到304.1万吨,禽蛋产量达到235.2万吨,牛奶产量达到64.9万吨,蔬菜总产量达到5 856.6万吨。2021年,江苏省持续改善农业生产条件,新建高标准农田达到390万亩,有效灌溉面积达到423.2万公顷,江苏农作物耕种收综合机械化率达到83%(王春蕾,2022)。江苏省在全国各省中首先发布绿色清洁热源烘干政策,加快农业绿色低碳生产技术的推广,组建生态型高标准农田建设试点,已新建390万亩高标准农田,实现了20万亩的池塘生态化改造,全省农作物秸秆综合利用率稳定在95%以上,规模养殖场畜禽粪污综合利用率提升至97%,农用地膜回收率达88%。全面推进农业废弃物资源化、能源化利用,目前,全省涉农县(市、区)农药包装废弃物收回集中无害化处理工作实现全覆盖。此外,江苏省不断丰富"戴庄经验"新内涵,在徐州市铜山、新沂等16个县(市、区)建立种养结合绿色农业示范区,优化工作推进机制,加强多种要素集聚,集成绿色农业生产技术,探索绿色农业典型路径模式,逐步形成绿色农业发展高地。

江苏省已全面构建城乡一体化的生活垃圾集中收运生态处理体系,因地制宜不断推进有机易腐生活垃圾就地资源化利用,大力开展生活垃圾源头分类,各乡镇街道中实施农村生活垃圾分类投放的已超 300 个。在农村生活污水处理方面实施农村生活污水治理提升行动,加快补齐农村生活污水治理短板。2021 年,江苏省实施农村生活污水治理的行政村已有 1.28 万个,治污设施设备 6.2 万台,占比达到 83.12%,生活污水处理设施覆盖农户 400 万户,全省农村生活污水治理率达到 37%,相比 2020 年提高 17 个百分点,治理水平位居全国第二。从农村厕所粪污治理情况来看,江苏省始终坚持以"解决问题、农民满意、整改到位"为导向加快推进农村厕改革命,取得了显著成效。江苏省农村无害化卫生户厕普及率达 95% 以上,农民的如厕环境和如厕体验得到极大改善,同时探索与农村生活污水协同治理体系,实现粪污的资源化循环利用。2021 年,江苏省累计实现了 23.2 万余户的农村危房改造。"十三五"以来,江苏省大力开展特色田园乡村建设,已建成 446 个省级特色田园乡村(朱凌青,2022);76 个涉农县(市、区)实现了百分百覆盖,其中有 5 个以上省级特色田园乡村的涉农县(市、区)比例高达 59%。

江苏深入学习贯彻习近平生态文明思想,坚定不移走绿色低碳高质量发展道路,牢牢坚守"绿水青山就是金山银山"的理念,深入打好污染防治攻坚战,生态环境质量持续改善。大气环境方面,全省 $PM_{2.5}$ 年均浓度下降54.8%,降至 33 微克每立方米,其他主要污染物(O_3、PM_{10}、SO_2、CO 等)浓度均呈递减趋势。全省空气优良天数比率持续增大,从 2020 年的 81.0% 提升至82.4%,首次以省域为单位达到国家空气质量二级标准,在 2020 年的基础上再次取得历史性突破;地表水环境质量方面,地表水达到或好于Ⅲ类标准的断面比例达87.1%,劣Ⅴ类水质断面实现清零,更好更快地完成了国家下达的考核任务。2021 年,太湖流域水质进一步改善,湖体总磷、总氮浓度分别下降22.7% 和13.4%,总体水质处于Ⅳ类、轻度富营养状态,水质达到近 10 年来最好,且江苏省太湖治理连续 14 年实现了国务院提出的"两个确保"目标(确保饮用水安全、确保不发生大面积湖泛);长江流域修复治理中,江苏省坚决落实"共抓大保护、不搞大开发"原则,开展长江生态环境保护修复工程取得显著成效,江苏省境内长江流域水质总体保持在Ⅱ类,达到"优"级,98.3%的支流年均水质达到或处于Ⅲ类断面,自然岸线比例提高到73.2%。长江流域江苏段区域生态环境质量达到良好水平,由于水质的持续改善,长江生物多样性开始出现逐渐恢复的良好态势。土壤环境质量方面,在设置的165个国家网太湖流域监测点中,污染物含量未超过《土壤环境质量农用地土壤污染风险管控标准(试行)》风险筛选值的监测点有157个,占比达95.2%。2021年,江苏空气质量监测的136个村庄,空气质量优良天数比率达到了85.3%(金凤,2023)。18个"千吨万人"饮用水水源地中,水质达到或好于Ⅲ类标准的比例达到100%。182个县域地表水监测点位中,水质达到或好于Ⅲ类的点位比例达到80.8%。121个监控村庄的农田、菜地等11类重点区域468个土壤点位中有440个点位污染物含量低于土壤污染风险筛选值,占94.0%(江苏省生态环境厅,2022)。

江苏省生态环境治理体系和治理能力实现双重突破,建成天地空一体的全省生态环境监控监测网络,实现环境监测全覆盖,2021年全年共发布1.5亿个监测数据、1万份监测报告、305份溯源报告,为科学准确治理提供了强有力的支持。江苏初步建成了江苏生态环境大数据平台、生态环境指挥调度中心,全省近1.2万家排污企业建立自动监测监控联网系统,数量上连续3年呈倍增趋势;江苏"环保脸谱"系统被评选为"十大智能环保创新案例",构建了"线上发现、及时整改、持续跟踪、适时调度、长期督查、及时销号"的网络监管模式与"一码通看、码上监督"的社会全员共同参与模式。坚持加强监督执法能力,江苏省对13个设区市实施生态环保约谈办法、例行督察和专项督查办法,破获非法转移倾倒固废等一批重大犯罪案件。

2. 数据来源

农村生态文明建设水平测度指标数据,主要来源于《江苏统计年鉴(2007—2022)》《江苏农村统计年鉴(2007—2022)》《中国人口和就业统计年鉴(2007—2022)》《中国城乡建设统计年鉴(2006—2021)》《中国统计年鉴(2007—2022)》《中国环境统计年鉴(2007—2022)》《中国农业年鉴(2007—2022)》《中国农村统计年鉴(2007—2022)》《中国环境年鉴(2007—2022)》《第一次全国水利普查水土保持情况公报》《2021年中国水土保持公报》等。

二、水平测度结果

1. 农村生态文明建设水平的经典域和节域

构建测度标准体系是诊断区域农村生态文明建设水平等级非常重要的环节,目前农村生态文明建设水平诊断还处在发展的阶段,没有形成一致的测度标准;农村生态文明建设水平的测度标准体系比较复杂,很有必要因地制宜(郑华伟等,2021)。经典域物元矩阵的构建是物元分析模型的基础内容,本研究依据农村生态文明建设水平的可拓性,将农村生态文明建设水平具体分为 5 个等级,分别是优秀(Ⅰ)、良好(Ⅱ)、一般(Ⅲ)、较差(Ⅳ)和很差(Ⅴ),分别用字母表示为 N_{01}、N_{02}、N_{03}、N_{04} 和 N_{05}。农村生态文明建设水平经典域的构建主要参考国际标准体系、国家标准体系和行业标准体系,科学分析得到的测度指标等级标准,分析对象所在区域的背景值或本底值和《江苏省国民经济和社会发展第十四个五年规划和二〇三五年远景目标纲要》《江苏省"十四五"生态环境保护规划》《江苏省"十四五"全面推进乡村振兴加快农业农村现代化规划》《江苏省"十四五"自然资源保护和利用规划》《江苏省"十四五"新型城镇化规划》等,农村生态文明建设水平测度的取值区间见表 4 - 2。以农村生态文明建设水平测度指标 x_1 为例,该指标的优秀(Ⅰ)、良好(Ⅱ)、一般(Ⅲ)、较差(Ⅳ)和很差(Ⅴ)的取值区间分别为 $[250,500)$、$[500,750)$、$[750,1\,000)$、$[1\,000,1\,250)$、$[1\,250,1\,500)$。

表 4 - 2　农村生态文明建设水平测度指标经典域、节域的取值范围

测度指标	经典域取值区间					节域取值区间
	N_{01}	N_{02}	N_{03}	N_{04}	N_{05}	
x_1	$[250,500)$	$[500,750)$	$[750,1\,000)$	$[1\,000,1\,250)$	$[1\,250,1\,500)$	$[250,1\,500)$
x_2	$[18,24)$	$[12,18)$	$[6,12)$	$[3,6)$	$[0,3)$	$[0,24)$
x_3	$[0,275)$	$[275,350)$	$[350,420)$	$[420,495)$	$[495,770)$	$[0,770)$
x_4	$[0,4)$	$[4,8)$	$[8,11)$	$[11,15)$	$[15,20)$	$[0,20)$
x_5	$[0,6)$	$[6,12)$	$[12,18)$	$[18,24)$	$[24,30)$	$[0,30)$
x_6	$[0,0.10)$	$[0.10,0.25)$	$[0.25,0.50)$	$[0.50,0.90)$	$[0.90,1.50)$	$[0,1.50)$

测度指标	经典域取值区间					节域取值区间
	N_{01}	N_{02}	N_{03}	N_{04}	N_{05}	
x_7	[760,960)	[560,760)	[360,560)	[180,360)	[0,180)	[0,960)
x_8	[0,1)	[1,2)	[2,4)	[4,6.5)	[6.5,9)	[0,9)
x_9	[28,40)	[15,28)	[10,15)	[5,10)	[0,5)	[0,40)
x_{10}	[95,100)	[85,95)	[70,85)	[60,70)	[0,60)	[0,100)
x_{11}	[90,100)	[75,90)	[60,75)	[30,60)	[0,30)	[0,100)
x_{12}	[45,70)	[25,45)	[10,25)	[5,10)	[0,5)	[0,70)
x_{13}	[5 500,7 000)	[4 000,5 500)	[3 000,4 000)	[1 500,3 000)	[0,1 500)	[0,7 000)
x_{14}	[1.6,2)	[1.2,1.6)	[0.8,1.2)	[0.4,0.8)	[0,0.4)	[0,2)
x_{15}	[95,100)	[85,95)	[55,85)	[25,55)	[0,25)	[0,100)
x_{16}	[90,100)	[70,90)	[50,70)	[25,50)	[0,25)	[0,100)
x_{17}	[90,100)	[80,90)	[60,80)	[30,60)	[0,30)	[0,100)
x_{18}	[3.25,5)	[2,3.25)	[1.25,2)	[0.5,1.25)	[0,0.5)	[0,5)
x_{19}	[680,820)	[480,680)	[280,480)	[140,280)	[0,140)	[0,820)
x_{20}	[28,34)	[20,28)	[12,20)	[6,12)	[0,6)	[0,34)
x_{21}	[4 600,5 600)	[3 700,4 600)	[2 900,3 700)	[2 000,2 900)	[1 000,2 000)	[1 000,5 600)

2. 农村生态文明建设水平的测度结果

本研究根据农村生态文明建设水平测度指标体系,收集江苏省2006年到2021年数据,开展测度指标数据的分析,诊断测度指标数据的基本特征,利用改进的熵值法测算农村生态文明建设水平测度指标的权重(见表4-3)。农村生态文明建设水平测度指标权重分析结果表明,排在前九位的指标分别是:环境卫生投入占市政公用设施投入比例、人口密度、乡镇文化站从业人数、秸秆综合利用率、人均水资源量、村庄供水普及率、农用塑料薄膜使用强度、对生活垃圾进行处理的行政村比例和农村无害化卫生厕所普及率,这些指标对农村生态文明建设水平影响较大。依据农村生态文明建设水平2006年、2013年和2021年各测度指标的具体数值,分别建立江苏省农村生态文明建设水平的待评物元矩阵R_{2006}、R_{2013}与R_{2021},根据江苏省待评物元的农村生态文明建设水平测度指标数据、农村生态文明建设水平的物元分析模型,依次分析农村生态文明建设水平测度的指标关联度、农村生态文明建设水平的综合关联度(见表4-4、表4-5)。

表4-3　农村生态文明建设水平测度指标权重

目标层	要素层	指标层	权重
农村生态文明建设水平	压力	x_1人口密度(人/平方千米)	0.0515
		x_2人均GDP(万元)	0.0452
		x_3化肥施用强度(千克/公顷)	0.0486
		x_4农药使用强度(千克/公顷)	0.0456
		x_5农用塑料薄膜使用强度(千克/公顷)	0.0506
		x_6单位GDP能耗(吨标准煤/万元)	0.0442
		x_7人均水资源量(立方米/人)	0.0506
	状态	x_8水土流失程度(%)	0.0422
		x_9林木覆盖率(%)	0.0467
		x_{10}村庄供水普及率(%)	0.0507
		x_{11}秸秆综合利用率(%)	0.0508
		x_{12}建制镇绿化覆盖率(%)	0.0486
		x_{13}有效灌溉面积(千公顷)	0.0420
		x_{14}人均拥有公共图书馆藏量(册、件/人)	0.0418
	响应	x_{15}对生活污水进行处理的行政村比例(%)	0.0436
		x_{16}对生活垃圾进行处理的行政村比例(%)	0.0503
		x_{17}农村无害化卫生厕所普及率(%)	0.0502
		x_{18}农村居民人均可支配收入(万元)	0.0445
		x_{19}节能环保公共财政支出(亿元)	0.0492
		x_{20}环境卫生投入占市政公用设施投入比例(%)	0.0516
		x_{21}乡镇文化站从业人数(人)	0.0515

在表4-4中，$H_j(x_i)(i=1,2,\cdots21)$体现为农村生态文明建设水平的第i个测度指标对应五个水平等级的关联度,以农村生态文明建设水平测度指标人口密度(x_1)为例,2006年该指标对应五个水平等级的关联系数测度结果具体如下：$H_1(x_1)$等于-0.3315、$H_2(x_1)$等于0.0160、$H_3(x_1)$等于-0.0080、$H_4(x_1)$等于-0.3387,$H_5(x_1)$等于-0.5040,依据农村生态文明建设水平测

度结果的诊断标准体系,该测度指标达到水平等级 N_{03},即"良好"水平等级。在此基础上,分析江苏省农村生态文明建设水平其他测度指标的计算结果(见表 4-4)。$H_j(N_x)$ 体现为江苏省农村生态文明建设水平测度指标加权求和的综合关联度,$H_1(N_{2006})$ 测度结果为 -0.6092、$H_2(N_{2006})$ 测度结果为 -0.4439、$H_3(N_{2006})$ 测度结果为 -0.2872、$H_4(N_{2006})$ 测度结果为 -0.1087、$H_5(N_{2006})$ 测度结果为 -0.1540,根据农村生态文明建设水平测度结果的诊断标准体系,农村生态文明建设水平处于"较差"等级。进一步分析发现,2013 年、2021 年江苏省农村生态文明建设水平分别为"一般"等级、"良好"等级。

表 4-4 农村生态文明建设水平测度指标关联度

关联度	2006 年						2013 年	2021 年
	N_{01}	N_{02}	N_{03}	N_{04}	N_{05}	等级	等级	等级
$H_j(x_1)$	-0.3315	0.0160	-0.0080	-0.3387	-0.5040	良好	一般	一般
$H_j(x_2)$	-0.8452	-0.7678	-0.5355	-0.0711	0.0711	很差	一般	良好
$H_j(x_3)$	-0.3800	-0.2693	-0.1232	0.4253	-0.0941	较差	较差	一般
$H_j(x_4)$	-0.5844	-0.4459	-0.2612	0.4122	-0.1987	较差	较差	一般
$H_j(x_5)$	-0.2908	0.3052	-0.1526	-0.4351	-0.5763	良好	一般	一般
$H_j(x_6)$	-0.5588	-0.5059	-0.3824	0.0441	-0.0278	较差	一般	一般
$H_j(x_7)$	-0.3446	-0.0489	0.1085	-0.2972	-0.4594	一般	较差	良好
$H_j(x_8)$	-0.6375	-0.5857	-0.4200	0.1600	-0.1212	较差	一般	一般
$H_j(x_9)$	-0.6984	-0.4973	-0.2460	0.4920	-0.2520	较差	良好	良好
$H_j(x_{10})$	-0.4239	-0.1716	0.2613	-0.3693	-0.5270	一般	良好	优秀
$H_j(x_{11})$	-0.5000	-0.4000	-0.2500	0.5000	-0.2500	较差	良好	优秀
$H_j(x_{12})$	-0.5933	-0.2680	0.4467	-0.3120	-0.4209	一般	良好	良好
$H_j(x_{13})$	-0.3445	-0.0488	0.1623	-0.2094	-0.4250	一般	一般	良好
$H_j(x_{14})$	-0.7216	-0.6288	-0.4432	0.1136	-0.0926	较差	较差	良好
$H_j(x_{15})$	-0.9533	-0.9475	-0.9160	-0.8320	0.1680	很差	较差	一般
$H_j(x_{16})$	-0.8222	-0.7714	-0.6800	-0.3600	0.3600	很差	良好	优秀
$H_j(x_{17})$	-0.6484	-0.6045	-0.4727	0.0547	-0.0493	较差	一般	优秀
$H_j(x_{18})$	-0.8211	-0.7094	-0.5350	0.1084	-0.1227	较差	一般	良好
$H_j(x_{19})$	-0.9640	-0.9532	-0.9220	-0.8439	0.1561	很差	较差	一般

关联度	2006 年						2013 年	2021 年
	N_{01}	N_{02}	N_{03}	N_{04}	N_{05}	等级	等级	等级
$H_j(x_{20})$	−0.870 9	−0.827 8	−0.741 7	−0.483 4	0.483 4	很差	一般	一般
$H_j(x_{21})$	−0.487 5	−0.316 7	−0.028 9	0.061 1	−0.314 1	较差	一般	一般

三、测度结果分析

从江苏省农村生态文明建设水平测度结果来看，2006—2021 年江苏省农村生态系统健康状况有所改善，农村生态文明建设水平等级有提高的趋势，农村生态文明建设水平经历了"较差"等级到"良好"等级的演变历程。从农村生态文明建设水平每一个测度指标的测度结果来看，江苏省农村生态文明建设水平测度指标相对应的 5 个水平等级关联度的分析结果表明，2006 年到 2021 年江苏省大部分测度指标水平等级有提高的趋势。依据江苏省农村生态文明建设水平每一个测度指标的计算结果，对生活垃圾进行处理的行政村比例、村庄供水普及率、农村无害化卫生厕所普及率、农村居民人均可支配收入、每万人卫生机构床位数、秸秆综合利用率、人均拥有公共图书馆藏量、建制镇绿化覆盖率、有效灌溉面积、乡镇文化站从业人数、林木覆盖率、环境卫生投入占市政公用设施投入比例等指标出现不同程度的上升趋势，由此可见这些测度指标水平的提高对江苏省农村生态文明建设水平的提升做出了重要的贡献。

表 4-5 农村生态文明建设水平测度结果

综合关联度	N_{01}	N_{02}	N_{03}	N_{04}	N_{05}	级别
$H_j(N_{2006})$	−0.609 2	−0.443 9	−0.287 2	−0.108 7	−0.154 0	较差
$H_j(N_{2013})$	−0.431 8	−0.159 9	−0.001 2	−0.201 2	−0.434 5	一般
$H_j(N_{2021})$	−0.191 1	−0.104 4	−0.106 6	−0.442 3	−0.579 3	良好

进一步分析发现，2006 年以来江苏省不断加强农村生态文明制度建设，提高农村生态文明建设宣传力度，推动农村经济绿色低碳转型，农村经济健康平稳发展，农村经济活力不断增强，农村居民人均可支配收入不断增加（江苏省统计局、国家统计局江苏调查总队，2022）。江苏省不断提高农村生态文明建

设的投入水平,树立人与自然和谐共生的理念,逐步改善了农业生产环境,持续优化农民生活环境,不断加强基础设施建设,维持农村生态系统的结构、功能的稳定和平衡,有效优化农村生态系统的健康状态,进而提高了农村生态文明建设水平。江苏省不断改善农业生产条件,高标准农田建设面积和有效灌溉面积持续增加;大力推进农业绿色低碳发展,农作物秸秆综合利用率、畜禽粪污综合利用率、农用地膜回收率不断提高。江苏省构建了城乡一体化的生活垃圾集中收运生态处理体系,大力开展生活垃圾源头分类,江苏省乡镇(街道)中实施农村生活垃圾分类投放的已超 300 个。江苏始终坚持以"解决问题、农民满意、整改到位"为导向加快推进农村厕改革命,农村无害化卫生户厕普及率超过 95%。与此同时,探索与农村生活污水协同治理体系,实现粪污的资源化循环利用。2021 年对江苏省 136 个村庄实施空气质量监测,监测结果表明,村庄环境空气质量总体较好,空气质量优良天数比达到 85.3%(金凤,2023)。在实行监控的 468 个农田菜地等重点区域的土壤点位中,点位污染物含量低于土壤污染风险值的有 440 个,占比达到 94.0%(江苏省生态环境厅,2022)。与此同时,江苏省逐步建立农村生态文化体系,不断普及生态价值观念,农村公共文化服务体系不断完善,人均拥有公共图书馆藏量、乡镇文化站从业人数不断增加,提升了生态文明建设的农村居民认知,提高了生态文明建设的农村居民责任意识,进而促进农村居民有效参与农村生态文明建设。

虽然 2021 年江苏省农村生态文明建设水平等级提高到了"良好"水平,但 $H_2(N_{2021})$ 测度结果为 $-0.104\,4$,该值大于 -1,小于 0,说明:待评对象 N_{2021} 具备向良好水平等级转换的条件、良好水平等级关联度较弱。进一步分析发现,农村生态文明建设水平等级有待提高的原因主要在于部分农村生态文明建设水平测度指标还没有达到"良好"水平等级。从农村生态文明建设水平每一个测度指标的分析结果来看,2021 年江苏省有 10 个测度指标没有达到"良好"水平等级,这些指标具体是:环境卫生投入占市政公用设施投入比例、节能环保公共财政支出、对生活污水进行处理的行政村比例、化肥施用强度、农药使用强度、农用塑料薄膜使用强度、单位 GDP 能耗、水土流失程度、乡镇文化站从业人数和人口密度。

进一步分析发现,虽然江苏省不断加大农村生态文明建设的投入,但相比农村生态文明建设的资金需求,仍然存在较大的缺口;尤其是农村生活污水处理与农村生活垃圾分类治理的资金投入不多、需求较大(中华人民共和国住房和城乡建设部,2021)。农村生态文明建设投入的统计分析结果表明,江苏农村村庄建设投入总金额达到 6 177 080.70 万元,市政公共设施投入占 34.95%(见表 4-6)。市政中的排水投入和环境卫生投入占村庄建设投入的 14.95%,其中垃圾和污水处理投入仅占村庄建设投入的 9.26%,从中显示用于垃圾和污水处理的投入比例较低;不少农村地区都存在没有获得足够的资金投入,从而无法满足改善设施需求的情况。对于农村生态文明建设的资金投入而言,渠道来源比较单一,国家政府部门的财政资金投入是农村生态文明建设资金投入的主要来源,由中央政府、地方政府等配套实施,农村生态文明建设融资渠道较为有限,同时因为农村生态文明的公共产品特征,社会资本等多样化的市场力量没有能够有效参与其中,这也就造成了现有的资金投入在当前的农村生态文明建设当中无法满足建设所需要的资金。

表 4-6　江苏省村庄建设投入

	村庄建设投入/万元	市政公用设施投入/万元	供水投入/万元	排水投入/万元	污水处理投入/万元	环境卫生投入/万元	垃圾处理投入/万元
2015	4 767 321.00	1 604 435.00	265 116.00	194 148.00	88 938.00	250 621.00	86 363.00
2016	4 872 573.00	1 520 115.00	215 108.00	234 109.00	115 017.00	233 447.00	90 547.00
2017	4 883 003.00	1 529 684.00	183 407.00	296 332.00	186 136.00	244 501.00	103 812.00
2018	5 329 008.42	2 018 528.96	348 919.38	377 948.74	250 842.74	261 870.45	118 539.07
2019	5 503 794.53	1 955 701.85	155 549.59	472 446.93	357 112.26	318 318.53	135 065.10
2020	6 061 322.00	2 109 307.00	161 807.00	572 214.00	427 025.00	358 477.00	152 370.00
2021	6 177 080.70	2 158 770.78	151 166.42	575 172.45	407 570.86	348 480.77	164 296.59

数据来源:《中国城乡建设统计年鉴 2021》。

江苏省单位 GDP 能耗依然较大,需要进一步推进经济高质量发展,持续优化产业结构体系,逐步建立绿色低碳产业体系,进而促进单位 GDP 能耗有效下降。江苏省面源污染仍然给农村生态文明建设工作带来了较大的负担,面源污染产生的主要原因是化肥的过度使用、农药的不合理使用以及农业用塑料薄膜的大规模使用。江苏省部分农村地区环境基础设施建设力度不够,生活污水处理系统等设施有待进一步建设,江苏省农村生活污水治理率,有待进一步提高。在农村生态文明建设的过程中,部分地区农村生活污水、农村生活垃圾等领域的处理技术缺乏规范性，没有形成统一的标准体系，也没有形成可复制可推广的技术体系。农村生态文明建设的适应性不高，如部分农村地区未考虑当地的生活污水的排放特点，直接照搬城镇的生活污水处理技术体系，导致生活污水处理的管网"建而不用"或者损毁。

第四节　农村生态文明建设水平测度结论

本研究构建了基于 PSR 模型的农村生态文明建设水平测度指标体系，采用物元分析法与改进的熵值法分析了江苏省农村生态文明建设水平，诊断了农村生态文明建设的制约因素，主要结论如下：

1. PSR 模型整体考虑了生态环境与人类活动之间的相互关系，改变了已有农村生态文明建设水平研究侧重于生态环境的现状，能够深入地反映农村生态系统环境压力、农村生态系统健康状态和农村生态系统管理响应之间的关系。基于 PSR 模型的测度指标体系能够实现对农村生态文明建设水平的综合诊断。

2. 已有的农村生态文明建设水平研究主要采用综合评价法，较少反映单个测度指标的水平等级信息，测度结果不会体现超出水平等级外的中间状态；而物元分析法和改进的熵值法不仅可以得到农村生态文明建设水平单个测度指标的诊断结果，有效阐述农村生态文明建设水平各测度指标的水平状态，而且得到的农村生态文明建设水平综合测度结果信息更加丰富，有效体现测度结果的中间转化状态（如 2021 年农村生态文明建设水平测度结果）。物元分析法与改进的熵值法适用于农村生态文明建设水平诊断，有利于促进农村生态文明建设水平的提升。

3. 实证分析结果表明，2006—2021 年江苏省农村生态文明建设水平不断提升，江苏省有效优化了农村生态系统的健康状态，农村生态文明建设水平经历了"较差"等级到"良好"等级的演变历程；但 2021 年农村生态文明建设水平"良好"等级关联度较弱，农村生态文明建设水平需要进一步提高。环境卫生投入占市政公用设施投入比例、节能环保公共财政支出、对生活污水进行处理的行政村比例、化肥施用强度、农药使用强度、农用塑料薄膜使用强度、单位 GDP 能耗、水土流失程度等是制约江苏省农村生态文明建设水平提升的重要因素。

第五章　农村生态文明建设的农户参与

加强生态文明建设、促进人与自然和谐共生是全面建成社会主义现代化强国的内在要求,是推进中国式现代化的根本要求。农村生态文明建设是我国生态文明建设的重要组成部分,它是一个长期过程,需要足够的时间,更需要农户的广泛参与。农户既是我国农村生态文明建设的重要主体,也是我国农村生态文明建设成效的受益者。本研究以社会资本理论为基础,基于江苏省南京市农户的调查数据,运用回归分析方法剖析社会资本对农村生态文明建设农户参与行为的影响,以期为政府制定与实施农村生态文明建设政策提供一定的参考依据。

第一节　社会资本与农户参与行为:理论分析与研究假设

一、理论基础:社会资本

布迪厄(Bourdieu)首次系统阐述了社会资本的内涵,从此有关社会资本的研究进入了专家学者的研究范围(韩洪云等,2016;张怡等,2022)。布迪厄认为社会资本是指人与人之间在相互交往中产生的亲密关系或资源互换,它可以分为信任、规范和关系网络(布迪厄,1986;王芳、李宁,2018)。科尔曼(Coleman,1990)从功能主义视角出发阐述了社会资本的内涵,剖析了社会资本的产生、维护、消逝和作用机理。帕特南(Putnam,1993)指出社会资本主要包括社会信任、社会规范与社会网络,它们可以通过强化集体合作行为来提高社会运行的效率。以社会信任、社会规范与社会网络为核心内容的社会资本是促进集体合作行为形成的核心与基础(帕特南,1993;韩洪云等,2016;姚志友、张诚,2016)。

根据社会资本理论,本研究选取社会信任、社会规范与社会网络的核心要素构建社会资本对农村生活污水治理农户参与行为影响的分析框架。社会信任是社会资本的核心组成部分,它可以有效减少人与人之间相互交往的成本,有效提升社会运行的综合效率,进而合理实现集体合作行为(王芳、李宁,2018)。社会规范是社会资本组成的基础内容,它可以通过有效融合近期的利他行为与远期的利己行为解决集体行动的困境(科尔曼,1990;李晶晶,2020;Zhang et al.,2020)。社会网络是社会资本的重要组成部分,可以借助不断交往互动强化人与人之间的紧密关系,在交往互动中提高参与主体的责任意识、强化参与主体的共享意识,进而提高参与主体的认同意识和归属意识(Putnam,1993;王芳、李宁,2018)。社会资本是由社会网络、社会信任、社会规范三个方面组成的相互联系、相互影响的有机整体,它能够影响农村生活污水治理农户参与行为。

二、社会资本对农户参与行为的理论分析

以农村生活污水治理为重要内容的农村生态文明建设是一个长期过程,需要足够的时间,更需要农户的广泛参与;农户既是我国农村生活污水治理的主体,也是我国农村生活污水治理成效的受益者(于法稳,2019)。专家学者基于不同视角开展了农村生活污水治理研究,主要包括技术选择(Kim and Yang,2004;张文楠,2019;谢林花等,2018;王腾飞,2018),效果评价(Celestino and Lu,2014;Jacome et al.,2016;徐森,2018;王军民,2018),模式选择(于法稳、于婷,2019;唐丽丽,2016),农户参与(林婉玉,2018;潘陈赢,2019;李丹阳,2022),路径优化(Lorena et al.,2008;王敏等,2019;柴喜林,2019;周凯等,2019)等。叶翔(2012)、陈绍军等(2017)阐述了农村生活污水治理农户支付意愿,从个人特征、家庭特征两个方面分析了支付意愿的影响因素,探讨了提高农户支付意愿的对策建议。裘琪珩(2017)描述了农户对农村生活污水治理的配合意愿,从个人特征、家庭特征、农户认知三个角度探讨了配合意愿的影响

因素,提出了政策建议。林婉玉(2018)描述了农村生活污水治理农户参与现状,分析了农户参与影响因素,提出了促进农村生活污水长效治理的政策建议。潘陈赢(2019)阐述了农村生活污水治理农户出资意愿,从基本情况、家庭情况、个人认知三个方面分析了出资意愿的影响因素,探讨了提高出资意愿的政策建议。苏淑仪等(2020)根据山东省农户调研数据,采用二元 Logistic 模型分析了生活污水治理现状、村集体参与生活污水治理、农户个人及家庭特征对农村生活污水治理农户参与意愿的影响。李丹阳(2022)分析了生态认知、村集体重视程度、基础设施建设认知和村庄主体意识对农村生活污水治理农户参与行为的影响,提出了促进农户参与生活污水治理的政策建议。马凯翔和张会恒(2023)根据安徽省农户调研数据,运用结构方程模型分析了生态认知对农村生活污水治理农户参与意愿的影响,探讨了作用机制。

总体而言,当前研究较多考虑农村生活污水治理的外部影响因素,抑或局限于农户个人特征、家庭特征或心理认知等因素。实际上,中国是一个典型的关系社会(Tsang,1998;Zhang et al.,2020),社会资本会对经济活动、配置资源与个体行为等产生重要的影响(韩雅清等,2017),尤其在农村社会,社会资本几乎作用于信息获取、经营成功、乡村治理等各个方面(Zhang et al.,2015;Liu and Zheng,2021),并对农户认知、行为决策产生重要作用(Michelini,2013)。然而,社会资本视角下农村生活污水治理农户参与行为的影响因素研究鲜见报道。

1. 社会信任与农村参与行为

社会信任是社会资本理论的核心话语,它可以使农村环境治理参与主体对未来有一个明确的预期,进而促进参与主体达成合作,有效降低参与主体的交易成本,促进农村环境治理水平的有效提升(胡中应、胡浩,2016;王芳、李宁,2018)。社会信任具体表现为对参与主体行为的认可程度,进而模仿所信任对象的行为;农户参与农村生活污水治理很大程度上会受到周围农户行为的影响,特别会受到其信任的农户行为的影响(姜维军等,2019)。良好的社会信任可以引导实现农户与农户之间合作默契,引导农户与农户之间实行农村生活污水信息共享,借助农村生活污水信息采取符合实际情况的农村生活污水治理措施。社会信任可以引导实现农户与农户之间的畅通交流,进而规避农户合作过程中的道德风险,维护农村生活污水治理协作秩序。由此可见,社会信任有助于优化农村生活污水治理的合作功能,提高农户参与农村生活污水治理的概率。李先东和李录堂(2019)的研究发现社会信任是联接牧民生产合作的重要纽带,并对牧民生态保护参与行为具有显著的正向影响。王春鑫(2021)指出社会信任对农村人居环境整治农户参与行为具有正向影响,并且通过了显著性检验。

根据以上分析,本研究提出研究假设 H1:社会信任正向影响农村生活污水治理农户参与行为。

2. 社会规范与农户参与行为

社会规范是人们参与农村环境治理的行为规则,可以借助环境治理参与主体之间的互惠关系与诚信关系构建互惠性机制和约束性机制,有效减少农村环境治理难度,合理降低农村环境治理的成本,进而有效提升农村环境治理的水平(胡中应、胡浩,2016;王芳、李宁,2018;胡中应,2018)。对于互惠性规范而言,这些规范可以借助农村生活污水治理参与主体之间的互惠、诚信、交往等强化农村生活污水治理参与主体之间的紧密关系,建立健全互惠性机制,有效提高农村生活污水治理参与主体之间的凝聚力。对于约束性规范而言,这些规范通过风俗习惯、道德伦理、价值标准等约束农村生活污水治理参与主体的行为,违规的参与主体会受到失去良好的邻里关系、失去个人面子及声望等惩罚。由此可见,社会规范有助于形成农村生活污水治理的约束功能,或外在或内在地约束农户环境行为,促进农户参与农村生活污水治理。颜廷武等(2016)的研究发现社会规范对农户环保参与行为具有正向影响,在 5%的水平上通过显著性检验。郑东晖(2022)指出社会规范对农村人居环境整治农户参与行为具有正向影响,并且通过了显著性检验。

根据以上分析,本研究提出研究假设 H2:社会规范对农村生活污水治理农户参与行为有显著的正向影响。

3. 社会网络与农户参与行为

社会网络是指人与人之间通过交流互动而产生的社会体系,这一体系是相对稳定的(张怡等,2022)。在社会网络中,各个主体就像一个个"网络节点",成为社会网络重要的构成部分。在农村环境治理中,参与主体的社会网络水平能够影响其认知程度、治理技术与治理资金的获得，从而影响农村环境治理的成效（胡中应、胡浩，2016；王芳、李宁，2018）。在比较紧密的社会网络中，参与主体的信任意识与归属意识通常比较强，参与主体之间能够进行环境治理知识与信息资源的合理分享，可以有效促进参与主体的环境治理诉求表达，合理协调参与主体之间的利益诉求，进而逐步优化农村环境治理的决策机制。对于农村生活污水治理而言，农户在紧密的社会网络中充分沟通、合理表达治理诉求、有效保障治理利益，可以提高社会信任水平、强化社会规范。农村生活污水治理工程是典型的农村公共产品，具有非排他性，处在同一社会网络中的农户通过环境治理诉求、利益沟通协调构建伙伴关系，可以化解参与主体内部之间产生的利益冲突。由此可见，社会网络有助于塑造农村生活污水治理的沟通功能，提高农户参与农村生活污水治理的概率。史恒通等（2018）的研究发现社会网络对农户生态治理参与行为有显著的促进作用。雷小雨（2021）指出社会网络对农村人居环境整治农户参与行为具有正向影响，并且通过了显著性检验。

　　根据以上分析，本研究提出研究假设 H3：社会网络对农户参与农村生活污水治理具有正向影响。

第二节　区域概况与数据来源

一、区域概况

1. 南京市自然地理概况

　　南京市处于北纬 31°14′～32°37′与东经 118°22′～119°14′之间，位于江苏省西南部，长江三角洲的西部。南京市东接上海，南邻常州、无锡、镇江，西接安徽，北临河南、山东等省份。长江自西南向东北斜贯南京，南京的河湖水系主要属于长江水系。南京市水网密布，沿江岸线总长近 200 千米，境内共有大小河道 120 条，其水域面积占总面积 11.4%，秦淮河自南向北贯穿南京，玄武湖与莫愁湖两颗明珠坐落于南京市的主城区,南京市还有百家湖、石臼湖、固城湖、金牛湖等大小河流湖泊。2022年,南京市土地面积达到6 587.04平方千米,耕地面积达到141.64千公顷(南京市统计局、国家统计局南京调查队,2023)。南京的地貌以丘陵、岗地、低山为主,约占全市总面积的60.8%,地势低平的河谷、滨湖平原及湖泊面积约占39.2%,南京在长江之畔,因此有沿江洲地和江心洲地,洲地海拔不超过10米。钟山、牛首山、云台山分布在南京的沿江地区与主城区周围。南京的山地丘陵都处在200~400多米的海拔范围内。钟山主峰的海拔为448.9米,是南京市的最高峰,也是宁镇山脉最高峰。南京市地下水资源丰富,水质优良(王东东,2020)。

南京市为典型的亚热带湿润气候,四季分明,春秋短、冬夏长,雨季较长,雨量充盈。南京夏季以东南风为主,冬季以东北风为主,因此南京年温差较大。南京市土壤以地带性土壤、耕作土壤为主,南京北部、中部地区的地带性土壤主要表现为黄棕色,在南部与安徽接壤处主要表现为红壤色。南京市拥有丰富的地热资源,如汤山地热田和汤泉地热田。与此同时,南京市还拥有丰富的矿产资源,其中玄武矿、锶矿、石膏矿、凹凸棒石黏土的储量在国内处于前列。南京市探明储量的矿产有35种,其中17种矿产保有储量占江苏省60%以上。

2. 南京市社会经济概况

南京市作为江苏省省会,拥有丰富的人文资源、深厚的历史底蕴。南京市不仅是长江三角洲地区的重要中心城市,也是长三角经济区的重要组成部分。2022年,南京市辖11个区,分别为玄武、秦淮、建邺、鼓楼、栖霞、雨花台、江宁、浦口、六合、溧水和高淳,南京市拥有95个街道,6个镇,909个社区居民委员会、322个村民委员会。2022年,南京市常住人口达到949.11万人,比2021年增加6.77万人;南京市常住人口出生率达到6.01‰,自然增长人口数量为4 462人(南京市统计局、国家统计局南京调查队,2023)。

南京市经济发展迅速,现代服务业、高科技产业不断崛起。南京不断加强科技创新和人才引进,积极推动产业升级和转型发展,努力实现高质量发展。2021年,《新发展十年——中国城市投资环境发展报告》发布城市投资活跃度排名,南京位居中国第四,仅列深圳、上海、北京之后。2022年,南京市地区生

产总值达到 16 907.85 亿元,其中第一产业达到 315.56 亿元,工业达到 5 139.56
亿元,建筑业达到 931.45 亿元,金融业达到 2 199.95 亿元(南京市统计局、国家
统计局南京调查队,2023)。2022 年,南京市按户籍人口计算的人均地区生产
总值达到 229 558 元,按常住人口计算的人均地区生产总值达到 178 781 元。
南京市居民收入平稳增长,2022 年城镇居民家庭全年人均可支配收入达到
76 643 元,农村居民家庭全年人均可支配收入达到 34 664 元,其中经营净收
入达到 5 183 元。2022 年,南京市农村居民家庭全年人均消费支出达到
25 322 元,其中生活用品及服务支出达到 1 720 元,教育文化娱乐支出达到
3 200 元。

2022 年,南京市全社会固定资产投资达到 5 874.92 亿元,其中第一产业固
定资产投资达到 6.18 亿元,工业达到 1 172.74 亿元。社会消费品零售总额达
到 7 832.41 亿元,其中乡村达到 40.26 亿元,餐饮零售达到 4 366.63 亿元。南
京市财政收入达到 3 028.50 亿元,一般公共预算收入达到 1 558.21 亿元,增值
税达到 330.34 亿元。南京是中国东部地区重要的中心城市、全国重要的科研
教育基地,2022 年,高等教育在校学生达到 1 190 372 人,普通高校在校学生
达到 777 677 人。2022 年,南京市专利授权量合计 86 900 件,新申请注册商
标 93 092 件,技术合同成交达到 37 234 项,合同金额达到 8 313 890.62 万元。

3. 南京市农村生态文明建设

南京市认真贯彻落实习近平生态文明思想,系统谋划农村生态文明建设,
把美丽乡村作为建设"强富美高"新南京的重要内容,努力打造"美丽中国示范
城市"。南京市注重顶层设计,突出规划引领,全域化推进美丽乡村,标准化建
设美丽乡村,特色化经营美丽乡村,多元化投入美丽乡村,一体化共享美丽
乡村。

南京市积极改善农业生产环境,拓展农业功能,优化乡村产业结构,做强
美丽经济。2022 年,南京市农林牧渔业总产值(现价)达到 5 256 457 万元,其
中农业达到 2 825 677 万元,林业达到 240 181 万元(南京市统计局、国家统计
局南京调查队,2023)。南京市乡村实有从业人员合计 112.20 万人,农林牧渔
业从业人员 20.66 万人。南京市农用机械总动力合计 240.05 万千瓦,大型及
以上拖拉机 935 台。南京市农用化肥施用量(按折纯法计算)达到 52 336 吨,

氮肥达到 25 000 吨,农用塑料薄膜使用量达到 4 290 吨,地膜覆盖面积达到 16 036 公顷,农用柴油达到 18 256 吨,农药使用量达到 1 106 吨。耕地灌溉面积达到 136.07 千公顷,新增耕地灌溉面积达到 0.64 千公顷。南京市农作物总播种面积达到 262.27 千公顷,粮食作物播种面积达到 138.21 千公顷。南京市造林面积达到 26.7 公顷,森林抚育面积(中、幼龄林抚育)4 200 公顷。南京市开展了夏、秋两季秸秆禁烧专项巡查,无人机和卫星遥感等科技手段投入监督管理中,有效提升了巡查效率。与此同时,南京市下发了秸秆禁烧短信通报和火点通报,用于督促各涉农区压实禁烧责任。2022 年,南京市没有发生国家卫星遥感通报火点和全省"第一把火",也没有因秸秆焚烧造成的污染天气。针对禽畜养殖污染,南京市印发市、区两级畜禽养殖污染防治规划,目前南京市各村镇的畜禽粪污综合利用率和秸秆综合利用率均超过 95%。

南京市从生态美出发,强化组织领导,突出考核监督,不断优化农村人居环境。南京市出台了《南京市"十四五"进一步改善农村人居环境加快生态宜居美丽乡村建设行动计划》《南京市农村人居环境整治提升工作评价办法》等系列文件,以制度政策为保障,确保农村人居环境整治的有效运行,将责任落实到各个单位。南京市深入推进农村厕所革命、农村生活污水治理、农村生活垃圾治理,补齐生态宜居美丽乡村建设的短板。2022 年,南京市农村卫生厕所普及率达到 99.99%,自然村生活垃圾分类处理占比达到 100%,自然村生活污水治理覆盖率大于 90%(翁传勇,2023)。近几年,南京市每年用于农村人居环境整治提升的资金都高达 90 多亿元。在生态宜居美丽乡村建设资金投入方面,南京市财政每年设置 4.2 亿元用于建设和管护工作,南京市各区积极投入配套资金(翁传勇,2023)。

南京市从形态美出发,优化村域布局,保护古村古建,建设特色民居,乡村面貌有了巨大变化,初步形成了"村融于林、村隐于林、林村合一"的新格局(江苏省林业局,2023)。南京市累计创建了省级特色田园乡村 73 个,打造了一批绿美村庄建设品牌,如江宁区的"五朵金花"。截至 2022 年底,南京市累计创成国家级生态文明建设示范区数量 4 个,省级生态文明建设示范区数量 4 个,省级生态文明建设示范村数量 97 个。南京市高淳区成功创成"绿水青山就是金山银山"实践创新基地,新增 5 个省级生态文明建设示范村。在《关于 2022 年度江苏省生态宜居美丽乡村示范建设评价情况的通报》中,南京市江宁区入选省级农村人居环境整治提升示范县,5 个街道入选省级生态宜居美丽示范乡镇(街道),42 个村(社区)入选省级生态宜居美丽示范村(社区)。

南京市出台了《南京市村庄绿化美化建设导则》,该导则详细写明了村庄绿化的基本原则、绿化基本类型以及建设指标等。南京市树立村庄绿化与"珍贵化、彩色化、效益化"相结合理念,提倡种植高效益树种,如经济林果和木本油料等。这一举措不仅优化了农村生态环境,还有效提高了当地农民的收入水平,农村居民在生态文明建设中获得了更多的幸福感。南京市累计建设1 041 个绿美村庄,村庄的林木覆盖率达到 31.9%,村庄绿化覆盖率超过了30%;20 个村荣获"国家森林乡村"的称号,南京市有 3 个村庄获评"全国生态文化村"(江苏省林业局,2023)。

二、数据来源与样本概况

本研究通过多阶段分层抽样的方法,在 2018 年 3 月开展了农村生活污水治理农户问卷调查:在江苏省南京市,选取了江宁区下辖的 3 个街道、六合区下辖的 3 个街道和溧水区下辖的 2 个街道,并从每个乡镇抽取 2—3 个行政村,共形成 20 个样本村,回收问卷 320 份,经过复核最终形成有效问卷 302份。样本农户具有这些基本特征,受访者以男性居多,比例达到 57.6%;受访者的年龄多数在 54—63 岁,50 周岁以上的受访者占比达到 78.8%(见表5-1)。受访者中有 9.6% 的人是中共党员,4.6% 的人担任村干部。受教育程度为小学学历的受访者占比达到 29.5%,初中学历的占比为 29.1%。户均家庭人口数为 4.8 人,户均成年劳动力为 3.1 人。受访者家庭最低年收入为1 000元,家庭最高年收入为 900 000 元;家庭年收入在 1 万元以下的受访者占比达到 13.2%,7 万元以上的受访者占比为 22.8%(见表 5-2)。

表 5-1 农户个人特征描述统计

	选项	频数	百分比(%)
性别	男	174	57.62
	女	128	42.38
年龄	30 岁及以下	13	4.30
	31—45 岁	30	9.93
	46—60 岁	130	43.05
	60 岁以上	129	42.72
村干部	否	288	95.36
	是	14	4.64
受教育程度	文盲	76	25.17
	小学	89	29.47
	初中	88	29.14
	高中	31	10.26
	大学及以上	18	5.96

表 5-2 农户家庭特征描述统计

	选项	频数	百分比(%)
家庭人口数量	1—4 人	86	28.48
	4—6 人	174	57.61
	6 人以上	42	13.91
家庭年收入	1 万元以下	35	11.59
	1 万—3 万	61	20.20
	3 万—5 万	73	24.17
	5 万—7 万	58	19.21
	7 万及以上	75	24.83
家庭年支出	1 万元以下	58	19.21
	1 万—3 万	84	27.81
	3 万—5 万	89	29.47
	5 万—7 万	36	11.92
	7 万及以上	35	11.59

第三节　社会资本与农户参与行为:变量选取与研究方法

一、社会资本与农户参与行为:变量选取

1. 因变量

本研究的因变量是"农村生活污水治理农户参与行为",在调查问卷中以问题"您村在开展农村生活污水治理过程中,您是否出钱?""您村在开展农村生活污水治理过程中,您是否出工?"来反映,受访者回答的选项为"是"或"否"。如果农户出钱或出工,则表示农户参与农村生活污水治理并对因变量赋值为 1,否则赋值为 0。

2. 自变量

核心自变量社会资本,从社会网络、社会规范、社会信任三个维度进行测度。选择"对村干部的信任程度""对街坊邻居的信任程度""对亲人的信任程度""对德高望重的村民信任程度"作为表征社会信任的指标,选择"参与村里重大事项的次数""因不参加集体活动是否会受责罚或被议论""与周围人建立良好人际关系对借钱的帮助"作为表征社会规范的指标,选择"经常联系的亲戚朋友的数量""每月与街坊邻居走动次数"作为表征社会网络的指标。

已有研究发现,农户个人特征、家庭特征和认知特征对农户参与农村生活污水治理具有重要影响(裘琪珩,2017;林婉玉,2018;潘陈赢,2019)。为了使模型更加科学合理,从农户个人特征、家庭特征和认知特征三个方面选取控制变量。在农户个人特征中,选择"年龄""受教育程度""是否是村干部"作为控制变量,在农户家庭特征中,选择"家庭人口数""家庭年支出"作为控制变量,在农户认知特征中,选择"参与环境培训""生活污水治理需要程度"作为控制变量(见表 5-3)。

表 5-3   变量含义及赋值

变量类别	变量名称	变量含义及赋值	均值	标准差
因变量	农户参与行为	是否参与:是=1,否=0	0.23	0.42
核心变量	社会信任	因子分析得分	3.43	0.74
	社会规范	因子分析得分	2.03	0.81
	社会网络	因子分析得分	2.71	0.85
控制变量	生活污水治理需要程度	很不需要=1,不太需要=2,一般需要=3,比较需要=4,很需要=5	3.77	0.90
	参与环境培训	是否参与:是=1,否=0	0.12	0.33
	年龄	连续变量	57.95	13.02
	受教育程度	文盲=1,小学=2,初中=3,高中=4,大学(大专)及以上=5	2.42	1.15
	是否是村干部	是=1,否=0	0.05	0.21
	家庭年支出	1万元以下=1,1万—3万=2,3万—5万=3,5万—7万=4,7万及以上=5	2.69	1.24
	家庭人口数量	连续变量	4.76	2.21

二、社会资本与农户参与行为:研究方法

1. 因子分析法

因子分析的概念来源于 20 世纪初卡尔·皮尔逊(Karl Pearson)、斯皮尔曼(Charles Spearmen)等人有关智力测验的统计研究,它已广泛应用在经济学、管理学、社会学、心理学、医学等领域(郑华伟等,2017;刘芝兰,2019)。因子分析法是研究如何以最低程度的信息损失将社会资本原始变量转化成部分的公共因子,并且让这些公共因子能够拥有命名解释性的统计分析方法,它的主要特征是用较少的相互独立的公共因子代表社会资本原始变量的大部分信息,体现社会资本原始变量之间的内在联系(李平西、王卫涛,2009;郑华伟、张锐,2022;Liu et al.,2022)。因子分析的数学模型具体如下:

$$\begin{cases} x_1 = a_{11}F_1 + a_{12}F_2 + a_{13}F_3 + \cdots + a_{1k}F_k + \varepsilon_1 \\ x_2 = a_{21}F_1 + a_{22}F_2 + a_{23}F_3 + \cdots + a_{2k}F_k + \varepsilon_2 \\ x_3 = a_{31}F_1 + a_{32}F_2 + a_{33}F_3 + \cdots + a_{3k}F_k + \varepsilon_3 \\ \quad\quad\quad\quad\quad\quad \cdots \\ x_p = a_{p1}F_1 + a_{p2}F_2 + a_{p3}F_3 + \cdots + a_{pk}F_k + \varepsilon_p \end{cases} \quad (5-1)$$

式(5-1)中,用 x_i 表征社会资本水平的所有原始变量,主要包括 $x_1,x_2,$ $x_3,\cdots,x_p$;F_j 表征社会资本水平的公共因子,主要包括 $F_1,F_2,F_3\cdots F_k$,社会资本公共因子个数 k 远小于社会资本原始变量个数 p;a_{ij} 表征社会资本的因子载荷,体现了社会资本原始变量 x_i 与公共因子 F_j 之间的相关系数,反映了社会资本的原始变量 x_i 与社会资本的公共因子 F_j 之间的相关程度;a_{ij} 的绝对值越接近1,说明社会资本原始变量 x_i 与公共因子 F_j 之间的相关性越强(郑华伟、张锐,2022);ε_i 表征社会资本的特殊因子,反映了社会资本原始变量 x_i 中公共因子无法解释的部分(郑华伟等,2020;Zhang et al.,2020;Zhao et al.,2022)。

2. 二元 Logistic 模型

本研究的因变量是农村生活污水治理农户参与行为,该变量是二分类变量,所以使用二元 Logistic 模型剖析社会信任、社会规范、社会网络等对农村生活污水治理农户参与行为的影响(韩雅清等,2017;Liu and Zheng,2021)。模型设定如下:

$$\ln\left(\frac{p_i}{1-p_i}\right) = \alpha_0 + \sum \beta_i x_i + \varepsilon \quad\quad (5-2)$$

式5-2中,$\frac{p_i}{1-p_i}$ 表征了农户参与农村生活污水治理与不参与农村生活污水治理的概率之比,$i=1,2,\cdots,n$;p_i 表征了第 i 个农户参与农村生活污水治理的概率,$1-p_i$ 表征了第 i 个农户不参与农村生活污水治理的概率;α_0 表示二元 Logistic 模型的常数项,x_i 表示二元 Logistic 模型的自变量(包括核心自变量和控制变量),β_i 表示二元 Logistic 模型的偏回归系数,ε 表示二元 Logistic 模型的随机扰动项。

第四节　社会资本对农户参与影响的实证结果

一、社会资本水平测度结果分析

在因子分析前,首先对调查问卷的信度和效度进行检验。检验结果显示,社会信任、社会网络、社会规范各维度评价指标的克朗巴哈 a 系数分别为0.76、0.67、0.68,基于标准化项的克朗巴哈 a 系数是 0.74,都大于 0.65,说明调查问卷具有良好的可信度。测算结果显示,KMO 值达到了 0.73,巴特利特球形检验的检验统计量达到了 679.68,通过了 5% 的显著性水平检验,说明本研究的数据适合进行因子分析。首先进行社会资本因子分析,开展社会资本原始变量的公共因子提取,根据特征值大于 1 的原则剖析社会资本的公共因子,产生了三个公共因子(见表 5-4)。

表 5-4　旋转后因子载荷矩阵

原始变量	因子 1	因子 2	因子 3
对街坊邻居的信任程度	0.81	0.15	0.22
对亲人的信任程度	0.74	0.11	0.18
对村干部的信任程度	0.73	0.17	−0.07
对德高望重的村民信任程度	0.72	0.14	−0.05
因不参加集体活动是否会受责罚或被议论	0.08	0.78	−0.02
与周围人建立良好人际关系对借钱的帮助	0.19	0.76	0.18
参与村里重大事项的次数	0.24	0.75	−0.07
经常联系的亲戚朋友的数量	0.03	0.21	0.86
每月与街坊邻居走动次数	0.12	−0.14	0.84

社会资本公共因子总方差贡献率达到了 64.75%,由此可见公共因子基本能够替代农户社会资本信息的总体情况,说明因子分析结果是有效的。由表5-4

可知,社会资本指标分别在因子 1、因子 2、因子 3 上有较大载荷,与预期结果一致;社会资本的三个公共因子对社会资本原始变量的载荷系数均大于 0.5,社会资本的原始变量在社会资本的三个公共因子上没有交叉载荷,由此可见,社会资本的原始变量显示了良好的区别效度和聚合效度(郑华伟等,2017;Zhang et al.,2020;郑华伟、张锐,2022)。进一步分析发现,能够将社会资本三个公共因子分别表征为社会信任因子、社会规范因子、社会网络因子。依据因子得分系数矩阵、公共因子的方差贡献率计算三个公共因子得分 F_1、F_2、F_3。社会信任均值为 3.43,标准差为 0.74。社会规范均值达到 2.03,标准差为 0.81。社会网络均值为 2.71,标准差为 0.85。

二、农户参与影响因素结果分析

运用二元 Logistic 模型剖析社会资本(社会信任、社会规范、社会网络)对农村生活污水治理农户参与行为的影响,第一次回归分析将控制变量(农户个人特征、家庭特征、认知特征)导入模型得到基准模型,即模型 1;第二次回归分析在基准模型的基础上,将核心自变量社会资本(社会信任、社会规范、社会网络)投入模型进行回归,得到模型 2(见表 5-5)。总体来看,模型 1、模型 2 的卡方检验值均达到 1%的显著性水平,说明模型是有效的。需要说明的是,因模型 2 包括了本研究重点关注的社会资本变量,解释力更强,因此,以下分析主要基于模型 2 的估计结果。

表 5-5　农户参与行为影响因素模型估计结果

变量	模型 1	模型 2
生活污水治理需要程度	0.721(0.213)***	0.839(0.239)***
参与环境培训	1.586(0.464)***	1.201(0.505)**
年龄	0.033(0.016)**	0.028(0.018)
受教育程度	0.840(0.206)***	0.747(0.214)***
是否是村干部	2.833(0.879)***	2.427(1.090)**
家庭年支出	0.219(0.137)	0.114(0.153)
家庭人口数	0.036(0.074)	−0.020(0.080)

续　表

变量	模型 1	模型 2
社会信任		0.586(0.282)**
社会规范		0.691(0.241)***
社会网络		0.483(0.215)**
常数项	−9.363(1.646)***	−13.535(2.073)***
−2Log Likelihood	239.349	216.221
Cox & Snell R²	0.240	0.296
Nagelkerke R²	0.366	0.451

注:*、**、***分别表示在10%、5%和1%的统计水平上通过显著性检验;括号内的值为标准误差。

1. 核心自变量对农户参与行为的影响

二元 Logistic 模型分析结果显示,"社会信任""社会规范""社会网络"变量的系数大于 0,都通过了显著性检验,说明社会资本对农村生活污水治理农户参与行为产生了重要影响,提升社会资本水平能够促进农户参与农村生活污水治理。

(1) 社会信任对农村生活污水治理农户参与行为的影响

"社会信任"变量在 5% 的水平上显著且其系数为正,研究假设 H1 得到了验证,表明社会信任水平越高,农户参与农村生活污水治理的概率越高。与社会信任水平相对较低的农户相比,社会信任水平高的农户更可能会参与农村生活污水治理。社会信任对农户参与农村生活污水治理产生显著的积极影响,提高农户社会信任能够促进农户参与农村生活污水治理。社会信任是凝聚社会各方面力量的粘合剂,对单个成员的环境集体行动起到一定促进作用。社会信任可以增加对他人在交换中会考虑到自己利益的信心和期待,能发挥内在约束机制的作用。社会信任可以提高农户未来的预期,使农户合作意愿增强,合作行为增多。信任与互惠关系能形成同质性的道德和价值观,形成一种利益共享、风险共担机制,这种无形力量使个体更愿意为公共事务而一致努力,从而促进农户参与农村生活污水治理。

(2) 社会规范对农村生活污水治理农户参与行为的影响

"社会规范"变量在 1% 的水平上显著且其系数为正,研究假设 H2 得到了验证,表明社会规范水平越高,农户参与农村生活污水治理的概率越高。"社会规范"的回归系数(0.691)大于"社会信任"的回归系数(0.586)和"社会网络"的回归系数(0.483),在社会资本三个维度的指标中,"社会规范"对农户参与行为的影响最大,说明农村社会规范可以起到约束作用并显著正向影响农户参与农村生活污水治理,完善社会规范能够促进农户参与农村生活污水治理。规范规定了被许可的和不被许可的东西,非正式规范中的村规民约和民俗惯例等,会在很大程度上促进集体合作。随着城镇化步伐的加快,虽然在乡村规则中,部分道德文化出现解构,但是仍然可以起到规范村民行为的作用。在农村社会中,如果成员需要参加集体活动时而没有参与会被村民议论,那么其他成员做出行为选择时就需要考虑来自村庄内部舆论的压力。毋庸置疑,这种道德压力对于村民来说是一种无形的约束,因此受到规范引导的农户对集体事项的参与行为会显著增加,并且参与村里重大事项的次数与农户参与行为表现出一致的相关关系。同时,与周围人关系好会对借钱有帮助,这就使得农户愿意与周围人去互动,并在走动过程中建立良好的关系,以便自己将来从这种关系中受益和获取资源。

(3)社会网络对农村生活污水治理农户参与行为的影响

"社会网络"变量在5%的水平上显著且其系数为正,研究假设 H3 得到了验证,表明社会网络水平越高,农户参与农村生活污水治理的概率越高。在控制其他自变量的情况下,社会网络水平每提升1个等级,农户参与农村生活污水治理的概率会提升62.09%。社会网络对农户参与农村生活污水治理产生显著积极影响,丰富社会网络能够促进农户参与农村生活污水治理。农户与亲戚邻居走动次数越多、关系越密切,农户参与农村生活污水治理的可能性越大,这在很大可能上是因为地缘、血缘、业缘关系镶嵌在中国乡村社会的人际关系网中,关系网络结构的存在为资源动员奠定了较为坚实的基础。虽然这种纽带作用随着外来价值观的输入逐渐呈现减弱的趋势,但目前仍然能够将农户团结起来,促使农户参与行为的增加;有着共同利益的农户之间交往频率提高,可以一定程度地增加他们的社会资本,提高合作成功的可能性。"高网络强度和低使用成本"使得社会网络这一维度的社会资本可以促进集体行动的达成,引导农户积极参与农村生活污水治理。

2. 控制变量对农户参与行为的影响

由模型2可知,在农户个人特征、家庭特征变量中,只有"受教育程度""是否是村干部"通过了显著性检验。"受教育程度"在1%的显著水平上影响农户参与行为,说明农户文化程度越高,了解的环境知识更多,更能够认识到环境与人体健康之间的关系,因而更愿意参与村庄公共产品供给。农户的文化程度影响了其认知水平,认知水平较高又进一步提高了农户参与的可能性。"是否是村干部"变量通过5%水平上的显著性检验,农户若是村干部,则要负责一些村内事物,更了解农村人居环境整治的目的,明白农村生活污水治理的重要性,从而更可能参与农村生活污水治理。

由模型2可知,"生活污水治理需要程度"在1%的显著性水平上通过检验,回归系数是正的。农户如果能够认识到农村生活污水需要治理,说明农户开始重视农村生活环境,关心农村环境问题,进而采取行动保护农村环境,那么这种认知很大可能上会对其参与行为有着非常显著的影响(贾亚娟、赵敏娟,2019)。农村生活污水治理农户参与行为的实现,一方面要考虑外界环境的作用,另一方面要依靠农户主观认知的作用。农户认知水平的提高才有可能进一步内化为农户自身的理性选择,提高农户参与农村生活污水治理的积极性。"参与环境培训"对农户参与行为的正向影响通过5%水平上的显著性检验,可能的解释是通过对农户进行环境保护相关的培训,能够使得农户对环境保护的认识程度提升,对政策更加信任,了解环境保护的重要性和自身的密切关系,其较高的认知水平会逐渐内化为行为准则和观念,从而积极参与农村生活污水治理。

第五节　研究结论与政策启示

一、研究结论

社会资本对农户参与农村生活污水治理产生了重要影响,"社会信任"在

5%的水平上对农村生活污水治理农户参与行为有显著的正向影响;"社会规范"对农村生活污水治理农户参与行为有显著的正向影响,在1%的水平上通过了检验;"社会网络"在5%的水平上对农村生活污水治理农户参与行为有显著的正向影响。核心自变量社会资本对农村生活污水治理农户参与行为产生了显著的正向作用,对农村生活污水治理农户参与行为的贡献从大到小排序依次是社会规范、社会信任、社会网络,强化社会规范、提高社会信任、提升社会网络水平可以引导农户积极参与农村生活污水治理。

"生活污水治理需要程度""受教育程度"对农村生活污水治理农户参与行为产生了显著的正向作用,二者都在1%的水平上通过了检验。"参与环境培训""是否是村干部"对农村生活污水治理农户参与行为产生了较为显著的正向作用,二者都在5%的水平上通过了检验。

总的来说,这项研究得到一些有趣的发现。社会资本、农户认知与受教育程度对农村生活污水治理农户参与行为产生了显著的正向作用,可以通过提升社会资本水平、加强宣传教育、提高农户认知水平与责任意识,引导我国农户积极参与农村生活污水治理。

二、政策启示

1. 较高的社会资本可以促进集体行动的开展和农户的合作,因此提升农户社会资本水平显得至关重要。合作的前提是信任,认同和信任扩展到家庭外部,原子化状态的村民才具备强有力的集体行动能力,因此应提升农户对家庭外部村民的信任水平。培育真正为民服务的村组织,提高村内政务公开水平,完善村内事物监督,提高村民对村干部的信任程度。挖掘乡贤文化和精英文化,唤起农户对德高望重村民的普遍认同,培育乡贤文化在农村社会发展中的内生权威,使乡贤成为基层政府和农户之间的桥梁,发挥模范带头作用,提升村庄整体的凝聚力和认同度,使得村民成为村庄环保公共品供给的积极参与者,村民主体作用得以发挥。

2. 社会规范中隐含的奖惩机制可以起到约束农户行为的作用。应逐步建立并完善互惠共享的乡村社会规范,将村规民约这些无形资源植入农户的行为规范,影响其思维方式和价值理念,将约束性规则逐渐内化为村民的自我认知,成为农户的个人信念和习惯偏好,强化村民的集体责任感,培育村民的主人翁意识。乡村社会有良好的舆论环境和社会氛围,村庄规范可以发挥定心丸的效用,农户认为未来可以把握,其行为预期才会长期化,农村文化财富、精神财富的积累速度才能与物质财富同步。

3. 农户做出的公共产品供给决策,不仅受到自身条件的制约,还在很大程度上受到其他农户决策的影响。社会网络的信息载体作用,能够促进政策在村民间的有效传播,使农户在参与集体行动时减少疑虑,不再持有观望者的心态。所以应该为农户拓宽信息获取渠道,增加农户获取官方权威信息的机会。同时应该开展丰富多样的文化活动,为农民之间的交流和合作创建平台,进而普遍提升农户的社会网络水平。

4. 切实做好宣传教育工作,有利于提高农户的参与行为。通过电视、广播、网络、讲座等形式向农户宣传农村生活污水对农村生态环境造成的危害,提高农户对农村生活污水治理工作的认知水平,让农户知道自己既是农村生活污水污染问题的制造者和受害者,也是农村生活污水治理的主体与受益者,促使农户成为农村生活污水治理的参与者。通过多种途径宣传农村生活污水治理对农村人居环境整治提升、生态宜居美丽乡村建设以及乡村生态振兴的重要意义,开展农村生活污水治理培训,有效加强农户美丽乡村建设、生态文明建设责任意识,不断强化农户对农村生活污水治理的信心,逐步改变农户的思想观念,引导农户积极参与农村生活污水治理,进而提高农村生活污水治理农户有效参与水平。

第六章 农村生态文明建设的现实挑战

党的十八大以来,我国不断重视生态文明建设,逐步深化对生态文明建设重要性的认识,使生态文明建设经历了历史性、转折性和全局性的变化,推动美丽中国建设取得了重要的进展。习近平总书记指出:"我国经济社会发展已进入加快绿色化、低碳化的高质量发展阶段,生态文明建设仍然处于压力叠加、负重前行的关键期。"农村生态文明建设在我国整个生态文明建设中占有十分重要的地位,生态文明建设的重点、难点在农村地区,基础支撑也在农村地区。本研究基于统计数据和江苏省实地调查数据,从农业生产环境、农村生态环境和农民生活环境三个方面剖析农村生态文明建设面临的现实挑战,以期为农村生态文明建设政策的制定与实施提供一定的参考依据。

第一节 农业生产环境改善任务艰巨

一、化肥施用强度依然较高,化肥利用率不高

化肥是促进作物生长和增产的重要肥料,也是现代作物种植不可或缺的重要农资,已广泛应用于农业生产中(张远新,2022)。然而,如果化肥使用过量,会导致土壤板结和污染,导致土壤质量下降和退化,降低土地肥力,影响作物质量,进而威胁食品和农业副产品的安全。江苏省是农业大省,同时也是化肥生产和施用大省。从化肥施用量来看,2006年以来,江苏省农用化肥施用量

(折纯量)整体上呈现下降趋势,但下降幅度不大(见表6-1);在复合肥施用量上,还出现小幅度的上升。2011年,江苏省农用化肥施用量(折纯量)为337.21万吨,2021年下降到275.56万吨,减少了61.65万吨,年均下降了1.83%。从化肥施用强度来看,2006年以来,江苏省整体上呈现下降趋势,但下降幅度较小;江苏省2011年化肥施用强度(农用化肥施用量除以农作物总播种面积)为441千克/公顷,2021年下降到366.71千克/公顷,年均下降了1.68%。江苏省2021年化肥施用强度依然较大,高出世界公认的警戒上限。在化肥施用强度地区分布上,江苏省各地区化肥施用强度差异较大。江苏在区域化肥施用强度上呈现出分布不均衡的特征,根据《江苏统计年鉴2021》,全省化肥施用强度由北到南呈递减趋势,苏北地区化肥施用过量,无法被农作物充分吸收,导致部分化肥被浪费。"中国土地经济调查2022"数据显示,南京市化肥施用强度较低,盐城市化肥施用强度较高(周力,2023)。

表6-1 江苏农用化肥施用情况

年份	农用化肥施用量 (折纯量)/万吨	氮肥 /万吨	磷肥 /万吨	钾肥 /万吨	复合肥 /万吨
2006	342.01	182.83	48.08	21.04	90.06
2007	342.03	182.84	48.08	21.04	90.07
2008	340.76	180.73	48.05	20.08	91.90
2009	344.00	181.75	47.99	21.03	93.22
2010	341.11	179.53	47.73	20.80	93.05
2011	337.21	173.94	47.51	20.39	95.37
2012	330.95	169.19	46.16	20.10	95.50
2013	326.83	165.66	44.65	19.88	96.64
2014	323.61	163.91	43.32	19.43	96.95
2015	319.99	162.05	42.35	19.25	96.34
2016	312.52	158.17	40.88	18.88	94.59
2017	303.85	151.36	36.82	18.18	97.49
2018	292.45	145.59	33.97	17.23	95.66

续　表

年份	农用化肥施用量 （折纯量）/万吨	氮肥 /万吨	磷肥 /万吨	钾肥 /万吨	复合肥 /万吨
2019	286.21	141.11	32.26	16.95	95.89
2020	280.75	137.10	31.08	16.44	96.13
2021	275.56	131.30	26.48	15.54	102.23

数据来源：江苏统计年鉴、中国农村统计年鉴。

在农用化肥施用的种类上，"中国土地经济调查2022"数据显示，施用复合肥或施用氮肥与复合肥的农户比重是施肥种类中最大的两类，施用有机肥、配方肥的农户占比较低，比例依次为0.89％和0.53％。从单一施肥种类看，2021年江苏省施用农用氮肥达到131.30万吨，占农用化肥施用量的47.65％，在四种农用化肥中占比最大（见表6-1）。多数农户对于不同农作物主要使用常规肥种，有机肥施用较少，施用比重不超过1％。此外，配方肥施用比重更低，施用比例为0.53％。调研结果显示，农户有机肥、配方肥施用比例较低可能与这些肥料的施用成本高有关，还可能与农户对这些肥料的认知不足有关。"中国土地经济调查2022"数据显示，除了复合肥施用比重较高外，农户更倾向于施用多种不同的肥料组合（周力，2023）。

在化肥利用率上，2020年江苏省主要粮食作物化肥利用率达到了40.7％，较2015年的35％增加了5.7个百分点，比全国高0.5个百分点（江苏省农业农村厅，2022）。但还有60％左右的氮肥、磷肥等流入土壤之中，化肥的利用率还处于较低的水平上，对耕地资源造成不可逆的影响。在施肥方法上，传统的人工施肥所占比例仍然很大，施肥撒播、表面施肥现象经常出现，机械施肥所占比例仍然较小，肥料利用率的提升空间较大。

二、农药使用强度依然较大，使用的科学性不足

农药的出现为解决作物病虫草害问题提供了有力武器，对保障国家粮食安全和促进农业稳定高产至关重要，已成为农业生产过程中的重要生产资料（纪明山，2011；周力，2023）。江苏省作为农业大省，随着农作物总播种面积不断增长，病虫害的防治难度也不断加大，农药的使用量因而不断攀升，使用量

高于其他农业大省。江苏省不断加大对农药使用量的控制,农药使用量开始逐步下降。从农药使用量来看,2006 年以来,江苏省农药使用量呈现下降趋势,但下降幅度不大(见表 6–2)。2006 年,江苏省农药使用量为 9.86 万吨,2021 年下降到 6.35 万吨,减少了 3.51 万吨,年均下降了 2.37%。从农药使用强度(农药使用量除以农作物总播种面积)来看,2006 年以来,江苏省整体上呈现下降趋势,但下降幅度较小;江苏省 2006 年农药使用强度为 13.35 千克/公顷,2021 年下降到 8.46 千克/公顷,年均下降了 2.44%。但江苏省 2021 年农药使用强度依然较大,高于发达国家的平均水平。

江苏不断加大财政资金投入,对各地开展专业化统防统治,组织统一施药并给予财政补贴,持续推广高效低毒低残留农药的使用,提高农药使用的科学性和保证农户安全用药(周力,2023)。"中国土地经济调查 2022"数据显示,江苏省高效低毒低残留农药使用面积占比超过 86%,苏南地区高效低毒低残留农药使用面积占比最大,达到了 88.7%;苏中地区次之,达到了 87.1%;苏北地区最小,达到了 86.2%。农药利用率有进一步提升的空间,未被利用的农药等化学污染物最终都会通过各种途径进入到环境之中,直接造成土壤污染,并导致农产品农药残留超标。调研结果显示,对于耕地污染治理修复,仅有 11.7% 的农户会采取相应的措施进行修复(周力,2023)。当面对农作物受灾减产时,农户首选的措施就是增施农药,其次是增施化肥。

农药的包装污染也是一个新的逐渐显现出来的问题。尽管随着管控力度的加强,农药的使用量得到了一定程度的控制,但当下农药的包装规格却越做越小,导致相同使用量下农药包装的数量却急剧增加,而农药包装物中残留的农药量占总重量的 2%—5%(焦少俊,2012),如果随意丢弃会对土壤和水源造成直接污染,甚至威胁着农村生态环境安全。近年来,江苏省深入开展宣传,积极引入多方力量,强化多元主体协同治理,建立健全农药废弃物回收体系与长效机制。2019 年江苏省农业农村厅与生态环境厅在 15 个县(市、区)开展农药包装废弃物回收处置试点工作,截至 2021 年全省涉农乡镇农药包装废弃物回收全覆盖,全省无害化处理率达 100%,农药包装废弃物回收监测评价良好以上等级率达 70% 以上,取得了一定的成效(江苏省农业农村厅,2021)。然而,由于当前回收机制还处于初始建设阶段,农药包装的资源利用途径也尚不完善,使得遗落在田间地头的农药包装污染问题依然不可忽视。

表 6-2　江苏农药使用情况

年份	农药使用量 /万吨	农作物总播种面积 /千公顷	农药使用强度 /（千克/公顷）
2006	9.86	7 385.16	13.35
2007	9.68	7 362.79	13.15
2008	9.38	7 494.85	12.52
2009	9.23	7 542.63	12.24
2010	9.01	7 616.96	11.83
2011	8.65	7 646.43	11.31
2012	8.37	7 651.38	10.94
2013	8.12	7 661.00	10.60
2014	7.95	7 672.27	10.36
2015	7.81	7 737.75	10.09
2016	7.62	7 639.92	9.97
2017	7.32	7 556.40	9.69
2018	6.96	7 520.23	9.26
2019	6.74	7 442.63	9.06
2020	6.57	7 478.39	8.79
2021	6.35	7 514.45	8.46

数据来源：江苏统计年鉴、中国农村统计年鉴。

　　农户对农药的使用方式还存在着不太精准、不太科学、不太规范的现象。"中国土地经济调查 2022"数据显示，在农药施用方式上，江苏省超过 94％的农户是自防自治，仅有小部分农户选择全包或半包。农户在自己配药和施药过程中，大多数的农户习惯于按照过往经验粗略估计配药，从而导致农药配比不太科学，并且多数农民安全意识不强，在配药与施药过程中没有采用相应的安全防护措施。此外，部分农民以高产为目标，在生产种植中对农药的功效认识不全，安全生产意识不强，没有按照各时期不同作物对农药的需求开展针对性的施药，存在超量使用现象，造成了较为严重的耐药性以及面源污染。当前，江苏省农药社会化服务还处于起步阶段，专业化统防统治服务组织主要是以低毒高效低残留的化学农药防治服务为主，绿色防控技术向农户推广的难度较大，亟须加快推进专业化统防统治与绿色防控技术的协调发展（朱阿秀等,2021)。"中国土地经济调查 2022"数据显示,39%的农户对病虫害服务组织防治效果的满意程度为一般;提升农药社会化服务的质量可以影响农户施药方式的选择,提高农药利用效率。此外,近年来全省农村年轻劳动力流失较为严重,农业经营主体大多是中老年人,学习能力较差,不能充分发挥新技术的优势,导致绿色防控及综合防治技术效果不太理想,新型技术应用不足。

三、农用塑料薄膜使用量较大,白色污染有待治理

农膜在农业生产中具有广泛应用,可以用于覆盖农田,具有保持温度、湿度的作用,不仅有利于农作物的生长,还可以抑制杂草生长,能够有效提高农作物生产率,因此农膜在种植业中被大面积推广使用(马兆嵘等,2020)。近年来,随着设施农业不断壮大,江苏省农膜使用量也在波动中增长。从农用塑料薄膜使用量来看,2006 年以来,江苏省农用塑料薄膜使用量整体呈现上升趋势,但上升幅度不大(见表 6-3)。2006 年,江苏省农用塑料薄膜使用量达到7.51 万吨,2021 年上升到 10.58 万吨,年均上升了 2.73%;从 2018 年开始呈现下降趋势,2018 年—2021 年年均下降了 2.96%。从农用塑料薄膜使用强度(农用塑料薄膜使用量除以农作物总播种面积)来看,自 2006 年以来,江苏省整体上呈现上升趋势,但上升幅度较小;江苏省 2006 年农用塑料薄膜使用强度达到了 10.17 千克/公顷,2021 年上升到 14.08 千克/公顷,年均上升了2.56%;从 2018 年开始呈现下降趋势,年均下降了 2.94%。但 2021 年江苏省农用塑料薄膜使用强度依然较大,有待于进一步调控。

由于部分农用塑料薄膜在使用之后没有及时进行回收,导致农用塑料薄膜遗留在农田里的比率较高,遗留下的农用塑料薄膜不仅会破坏土壤的结构,影响土壤的通气性和水分渗透,导致土壤次生盐碱化,减弱土壤的保水保肥能力,还会抑制土壤微生物活力,降低土壤的抗蚀性和分散性,不利于农业设施机械耕作,导致农业生产效率下降(周力,2023)。与此同时,农用塑料薄膜在使用之后会随着风化等原因变为大塑料、微塑料,这些塑料还会进入大气和水中,造成更大范围的白色污染。

表 6-3　江苏农用塑料薄膜使用情况

年份	农用塑料薄膜使用量/万吨	农作物总播种面积/千公顷	农用塑料薄膜使用强度/(千克/公顷)
2006	7.51	7 385.16	10.17
2007	8.04	7 362.79	10.92
2008	8.54	7 494.85	11.39
2009	9.43	7 542.63	12.50
2010	10.02	7 616.96	13.15
2011	10.64	7 646.43	13.91
2012	11.26	7 651.38	14.72
2013	11.68	7 661.00	15.25
2014	11.98	7 672.27	15.61
2015	11.32	7 737.75	14.63
2016	11.39	7 639.92	14.91
2017	11.51	7 556.40	15.23
2018	11.61	7 520.23	15.44
2019	11.42	7 442.63	15.34
2020	11.18	7 478.39	14.95
2021	10.58	7 514.45	14.08

数据来源:江苏统计年鉴、中国农村统计年鉴。

　　江苏省农用塑料薄膜使用量从 2018 年开始呈现下降趋势,但农膜污染治理仍面临一定的现实挑战。首先,部分农民由于文化程度不高,无法充分意识到农膜残留的危害性,造成地膜使用不太规范、使用强度较高等问题。其次,废弃农膜回收面临较大难题,责任主体有待进一步加强(周力,2023)。江苏省已建立县、乡、村(基地)等各类废旧农膜回收站点 716 个,废旧农膜回收率达到了 87.2%,初步建成覆盖主要用膜区域的废旧农膜回收网络(江苏省农业农村厅,2021),但部分偏远地区、覆膜面积较小的村社还处在废旧农膜回收的盲区。部分农膜回收站点不太规范,没有专人管理,因废旧农膜捡拾回收运行成本高等因素,处于停运状态;目前大部分地区还是以雇佣工人捡拾为主进行废旧农膜回收,采用机械化捡拾废旧农膜的水平较低,回收企业和站点对财政补贴具有很强的依赖性(周力,2023)。此外,由于农用塑料薄膜使用量大、覆盖范围广,不宜使用机械来回收利用,而且使用的农用塑料薄膜较薄,农用塑料薄膜回收机制不太健全,短时间内很难对废弃农用塑料薄膜进行高效回收,亟须加强农用塑料薄膜的资源化利用。

此外,生物降解农用塑料薄膜的研发也面临技术上的难题与经济上的困难:可生物降解农用塑料薄膜的降解周期与作物生长周期不吻合,难以适应农业的实际生产需求,且对生产不规范不达标的农膜企业打击力度有待提升,个别种植大户为了减少投入成本,通过其他非正规渠道购买不达标地膜的情况仍然存在。另一方面,对不按规定回收废旧农膜和生产、销售、使用厚度在0.01 mm以下地膜的违规行为监督执法力度不够,没有真正起到管控的作用,部分地方仍然存在将废旧农膜随意弃置、燃烧、掩埋等问题,部分经营主体对地膜只用不收,缺乏对这些违法行为的查处(周力,2023)。与此同时,缺乏有效的激励机制,农户对可降解农用塑料薄膜的认识程度不足,农户使用可降解农用塑料薄膜的意愿不高。

四、畜禽养殖废弃物产量较大,资源化利用途径较为单一

畜禽养殖废弃物产生量大、污染性强,资源化利用途径较为单一。禽畜粪便不仅会污染土壤环境,还会产生有毒有害气体,其主要成分有甲烷、有机酸、氨、硫化氢等,这些成分使得空气恶臭难闻,不仅影响农民的日常生活,还会对土壤和水体造成严重污染。随着畜牧业绿色转型升级,畜禽养殖的集约化程度得以提高,江苏省全省禁养区需要关停的养殖场也全部关停到位,但是畜禽养殖存栏量较多,粪便污水的排放量仍较多。2021年,大牲畜年底存栏量为27.45万头,猪年底存栏量为1 482.59万头,羊年底存栏量为376.10万头。畜禽养殖业污染物作为农业源污染物排放的主要污染源,如果不进行相应的监测和处理,就会严重污染农村生态环境。

江苏省把畜禽养殖业污染作为污染物减排目标之一,进行重点治理。随着相关企业配套完善的粪污处理和资源化利用设施设备,截至2021年,全省畜禽粪污资源化利用率达到了95%,规模养殖场粪污处理设施装备配套率也达到了100%(江苏省生态环境厅,2022),主要依靠沼气项目和肥料化处理实现畜禽废弃物的就地消纳,但尚未得到充分利用的废弃物可能会对周边环境

造成立体污染。与此同时,畜禽养殖废弃物利用途径也有待进一步扩宽,目前畜禽养殖废弃物的利用主要是把粪污发酵转变为有机肥和用沼气发电两种方式(于法稳,2021),而农户通常施用工业化肥,有机肥的施用意愿并不强烈,而且企业将畜禽养殖废弃物生产成有机肥的成本较高,沼气发电也需要进行投资才能产生收益,农户往往出于个人利益缺乏建设意愿,导致这两种利用途径的生产动力缺乏后劲,从而使废弃物资源化利用技术难以有效大面积地推广使用。

第二节　农村生态环境保护任重道远

一、耕地面积减少,整体质量不高

耕地作为最基本的资源,其重要性不言而喻,而江苏省的基本省情又是人多地少、人地矛盾突出,作为长江经济带、长三角一体化等国家重大战略重要组成部分,随着经济发展的转型升级,不断推进高质量发展,社会经济发展的用地需求不可避免地要占用耕地,资源紧张约束背景下经济社会发展用地需求与耕地保护的矛盾长期存在。2019 年江苏省常住人口总数为 8 070 万人,耕地面积为 6 134.5 万亩,人均耕地面积仅 0.76 亩,已经低于联合国粮农组织确定的人均 0.795 亩的警戒线。随着"藏粮于地、藏粮于技"战略的贯彻落实,江苏省不断推进高标准农田建设,加强对耕地资源的保护和管理,形势有所好转,但全省耕地资源数量仍呈现减少趋势,特别是工业化、城镇化占用了很多耕地资源,虽然对耕地资源有耕地占补平衡的政策措施,但监管不严导致的占近补远、占优补劣、占水田补旱田等现象仍然存在(郧文聚、汤怀志,2019)。根据中国农村统计年鉴,2019 年江苏省耕地面积为 6 134.5 万亩,比 2011 年的6 881.7 万亩减少 747.2 万亩,降幅为 10.86%。分析结果表明,从 2011 年开始江苏省耕地资源因建设占用、灾毁、生态退耕、农业结构调整等原因导致耕地面积整体呈现下降趋势(于法稳,2021)。虽然为切实保护耕地质量和数量,保障国家粮食安全,近年来国家划定耕地保护红线,严格耕地保护制度,采取占补平衡、国土整治和农业结构调整等各种措施,在保护耕地数量减少方面发挥了重要的作用,但全省耕地面积总体情况不容乐观,耕地面积递减的趋势仍未能得到遏制。与此同时,农民致富意愿与耕地资源保护存在一定的冲突,"非农化""非粮化"等问题较为突出。

江苏省 2021 年常住人口城镇化率达到 73.9%,并不断加速推进以县域经济为载体的城镇化建设,使城镇的用地需求不断增大,县域周边的优质耕地被不断占用的现象难以在短时间内得到缓解扭转,依然面临严峻的形势。江苏省作为经济大省,有开发潜力的耕地已经被开垦过,已经没有广阔的优质耕地可被开发了,后备的耕地资源较为匮乏。调查结果显示,现存可被开垦的耕地资源大多土壤质量较差,位置偏僻且较为分散,而且开发投入的成本较高,难以持续开发,实现耕地占补平衡、占优补优的难度日趋加大,耕地后备资源不断减少。根据江苏省耕地质量等级调查评价结果,截至 2019 年,江苏省耕地质量平均等级为 5.42 等,比 2015 年提高 0.64 等;其中,1—3 等耕地面积增长8.12%,4—6 等耕地面积下降 1.01%,7—10 等耕地面积下降 7.11%,可见全省耕地资源质量有待进一步提升(江苏省农业农村厅,2021)。在新的发展阶段,随着生态环境保护制度的完善,城市对工业企业的绿色标准要求不断提升,而农村的生态环境保护要求相对较低,缺乏监督管理,不断有企业转移至农村,这导致优质耕地被不断占用,耕地资源保护的形势更加严峻。部分基层政府为了增加经济效益而违规扩大村庄建设范围,建设的新村及配套基础设施建设也会占用很多耕地资源,村庄的进一步发展往往需要更多的建设用地,增加了周边耕地资源被占用的风险。与此同时,农业结构调整有利于提高农业的产出效益,提升农民的收入水平,但这也导致调整的新增耕地资源验收后,由于相应的管理维护资金和人才缺乏,没有人员对耕地进行合理的管护,耕地资源质量下降。还有部分耕地生态环境退化趋势加重与农户长期的不合理利用有直接关系,农民老龄化严重影响新的耕作模式和技术措施的有效推行实施和大范围推广,如秸秆粉碎深翻、深松和少耕免耕等保护性耕作技术,而传统的耕作模式已经不能满足现有耕地保护的需要,缺乏专业的职业农民加入耕地保护队伍,粮食安全和生态安全都面临严重挑战。部分地区秸秆还田处理不当,导致土壤间隙较大;当秸秆过量还田,由于秸秆产生的微生物与农作物幼苗争夺养分,秸秆上带有的病菌就会导致病虫害增多;不合理的秸秆还田还会加剧土壤酸化。一些特殊地区的耕地资源系统,还面临水土流失、工业企业污染、农业面源污染、重金属污染等生态环境问题。深入推进农村生态文明建设,强化耕地保护意识,坚持数量、质量、生态并举,用严格的法治完善耕地保护制度,是满足人民日益增长的美好生活需要的应有之义。

二、水资源短缺,污染形势较为严峻

现代化发展对水资源的需求不断增加,越来越多的优质水资源被配置到工业、居民生活领域,使农业用水长期处于紧张状态,不仅水资源短缺,而且水质污染较为严重,水生态环境问题较为突出。水资源是农业生产不可替代的要素之一,不仅在数量上影响以粮食为主的农产品产量,更在水质上影响农产品的质量安全,可以说水是农业生产的源泉。完善水资源管理制度,提高水资源利用和保护水平,可以有效保障农产品供给。

目前,江苏省用于农业的水资源总体上呈现下降趋势,农业用水量占用水总量的比例总体呈现下降趋势(见表 6-4)。根据《2021 年江苏省水资源公报》,全省农业用水量达到 246.2 亿立方米,比 2004 年的 288.5 亿立方米,降低 14.66%;农业用水量占总用水量比例为 43.38%,比 2004 年的 54.89%降低 11.51 个百分点。全省农业用水量的变化是先由 2004 年波动上升至 2011 年的高峰307.6 亿立方米,2011 年开始总体呈现下降趋势。从 2004 年到 2021,农业用水量占用水总量的比例总体呈现下降趋势。工业用水总量从 2004 年的 182.6 亿立方米逐步上升到 2021 年的 250.2 亿立方米,并在 2021 年首次超过农业用水量。2021 年,全省人均综合用水量达到了 667.3 立方米,万元地区生产总值(当年价)用水量达到了 34.6 立方米,万元工业增加值用水量达到了 19.4 立方米,农村居民人均生活用水量达到 105.6 L/d(江苏省水利厅,2022)。分析结果表明,受江苏省人口结构特征、经济结构特征的影响,长期以来,农业用水量占全省总用水量的绝大部分;随着工业用水和生活用水需求的不断增加,部分地区甚至从灌溉水源地挤占农业用水,出现这种情况主要是因为工业单位用水的产出经济效益更高,而且随着社会经济的发展,这种比较利益会长期存在且愈来愈大,农业用水的比例就会持续减少。2021 年,江苏省农田灌溉亩均用水量为 395.1 立方米,由于农业水资源持续减少,灌溉水资源不足已成为制约江苏农业生产持续发展的重要因素。全省农田灌溉水有效利用水平呈现逐年增高趋势,2021 年,农田灌溉水有效利用系数为 0.618,比 2015 年的 0.598 增长了 3.34%,平均每年增长 0.55%(江苏省水利厅,2022)。虽然全省不断强化节约高效用水,推进农业高效节水体系建设,农田灌溉水有效利用系数也在不断地提升,但相比发达国家 0.7—0.8 的水平,仍存在一定的差距。所以,需要不断提升耕地灌溉效益的水平,开展农业用水精细化管理,科学合理确定灌溉定额,并通过选育推广耐旱农作物新品种,以增强农业抗旱能力和综合生产能力,进而有效缓解水资源短缺状况。

表 6-4　江苏供水用水情况

年份	供水总量/亿立方米	用水总量/亿立方米	农业用水总量/亿立方米	工业用水总量/亿立方米	生活用水总量/亿立方米
2021	567.5	567.5	246.2	250.2	66.1
2020	572	572	266.6	236.9	63.7
2019	619.1	619.1	303.1	248.3	64
2018	592	592	273.3	255.2	61
2017	591.3	591.3	280.6	250.1	58.5
2016	577.4	577.4	270.8	248.5	56.1
2015	574.5	574.5	279.1	239	54.4
2014	591.3	591.3	297.8	238	52.8
2013	576.7	576.7	301.9	220.1	51.4
2012	552.2	552.2	305.4	193.1	50.5
2011	556.2	556.2	307.6	192.9	52.4
2010	552.2	552.2	304.2	191.9	52.9
2009	549.2	549.2	300.1	194.5	51.4
2008	558.3	558.3	287.3	209.4	49.5
2007	558.3	558.3	268.5	225.3	48.4
2006	546.4	546.4	270.7	220.3	46.1
2005	519.7	519.7	263.8	207.9	43.1
2004	525.6	525.6	288.5	182.6	40.6

数据来源:江苏省水资源公报、中国统计年鉴。

农村的水资源环境质量同时受到农业、工业和农村日常生活的影响,而且这种影响不是简单相加,工业废水、生活污水和农业面源污染之间还会相互叠加,共同对农村水环境造成严重影响。根据《2021年江苏省水资源公报》和《2020年江苏省水资源公报》,2021年,江苏省废污水排放总量达68.3亿立方米,较2020年的64.6亿立方米,增加了3.7亿立方米。农村污水往往处理存在滞后性,处理方式不太规范,有些地区甚至尚未建成无害化处理系统,生活污水处理能力不足问题较为突出,污水处理水平较低。农民的环保意识有待进一步提升,随处倾倒污水的现象依然存在,由于污水排放较为分散,随着降雨冲刷,进入地表径流、湖泊沼泽、沟渠、池塘、水库等地表水体、土壤水和地下水,对生态环境造成较为严重的污染(郭云炜、张小义,2013)。2021年,江苏组织开展农村黑臭水体排查,建立名册台账,全省共排查出农村黑臭水体2 715条(江苏省生态环境厅,2022)。在一些区域,农业灌溉依靠污水或水质不达标的水源,这些劣质水并没有得到安全和规范的利用,不仅影响了农产品质量,也污染了耕地土壤。

根据《2021年江苏省生态环境状况公报》,2021年国家地表水监测的210个断面中,年均水质达到或好于Ⅲ类标准的断面比例达到了87.1%,无劣于Ⅴ类标准的断面;与2020年相比,这一比例上升了3.8%。纳入江苏省水环境质量目标考核的655个断面,年均水质达到或好于Ⅲ类的比例达到了92.7%。全年各次监测均达标的水源地有102个,占比达到了87.2%。2021年太湖湖体总体水质处于Ⅳ类,湖体高锰酸盐指数、氨氮平均浓度分别达到了3.5毫克/升、0.07毫克/升,分别处于Ⅱ类、Ⅰ类;总磷平均浓度达到了0.058毫克/升,总氮平均浓度达到了1.10毫克/升,二者都处于Ⅳ类;综合营养状态指数达到了54.8,处于轻度富营养状态(唐梦涵等,2017)。江苏省地表水污染治理成效显著,整体水质较优,但太湖湖体还处于轻度富营养状态,水质有待进一步提升。对于农村水环境而言,182个县域地表水监测点位中,水质达到或好于Ⅲ类的比例达到了80.8%;江苏开展监测的18个"千吨万人"饮用水水源地,水质达到或好于Ⅲ类标准的比例达到了100%。

水资源质量保护提升是一项系统工程,不仅要抓紧实施饮用水安全提升工程,而且要对农村的河流、水塘、沟渠开展综合治理,将农村黑臭水体整治与生活污水、生活垃圾、养殖等污染统筹治理,将治理对象、目标、时序协同一致,以提高综合治理能力,全面提升农村水环境质量。

三、大气污染形势依然严峻

长期以来,农村地区的空气质量总体高于城市地区的空气质量,但随着产业转移和农村产业结构布局调整的加快,不断有开发区、工业园区转移到农村地区,乡镇企业多而广、集约化程度较低,污染治理水平较为落后,对污染源的监督力度不够,企业工业废气的超标排放影响了农村地区的空气质量。根据《2021年江苏省生态环境状况公报》,江苏环境空气中PM2.5年均浓度达到了33微克/立方米;全省开展空气质量监测的136个村庄,空气质量优良天数比率达到了 85.3%,出现超标的污染物为细颗粒物($PM_{2.5}$)、可吸入颗粒物(PM_{10})和臭氧(O_3)。

大气污染对人体健康的危害非常明显,不但能够产生急性中毒,还能使某些空气传播的疾病更加容易流行,进而导致慢性阻塞性肺部疾患的发生(吕文林,2021)。空气污染还可以形成酸雨,它是指 pH 值小于 5.6 的雨、雪或以其他形式出现的大气降水;它出现的主要原因是工业生产排放的大量二氧化硫和氮氧化物经过复杂的转化产生硫酸和硝酸,最终随着雨、雪降落到地面形成酸雨。根据《2021年江苏省生态环境状况公报》,2021年江苏设区市酸雨平均发生率达到了 5.3%,降水年均 pH 值达到了 6.11,酸雨年均 pH 值达到了5.19;与2020年相比,江苏设区市的酸雨平均发生率下降 8.7%,降水酸度和酸雨酸度同比都有所下降(陈月飞,2022)。但酸雨问题仍不可忽视,酸雨具有较大的腐蚀性,能够引起土壤酸化或土壤结构改变,产生土壤贫瘠的问题,进而影响动植物生长与人体的健康;能够促使江河湖水酸化,进而引起植物虫害与森林虫害的发生。

四、土壤污染治理难度较大

农业生产活动对土壤环境质量产生了重要影响,导致耕地资源环境质量下降,农产品有毒有害物质残留问题较为突出,已成为制约农业和农村经济发展的重要因素(方修仁、王祥锋,2013)。过度使用农用化学品,而有机肥料等绿色生产要素投入较少,不合格的灌溉废水、不合理的农田漫灌方法和不合理的土壤耕作措施,再加上高复种指数等因素,都很可能造成土壤和农产品污染(吕文林,2021)。污染物大量残留在土壤中,当进入量超过土壤自我净化能力时,这不仅会破坏土壤生态系统内部的结构和功能,也会改变土壤中的物种结构,降低土壤中的微生物活力和土壤肥力,从而影响农作物的生长发育,降低产量、损坏质量,严重威胁生态环境质量、农产品安全和农业绿色发展。近年来,江苏省大力实施化肥、农药和农膜等化学投入品减量行动,全省农村土壤污染情况逐渐好转。江苏省针对121个监控村庄的农田、菜地等11类重点区域468个土壤点位开展了监测,监测结果表明,有440个点位污染物含量低于土壤污染风险筛选值,比例达到了94.0%,耕地土壤点位超标率为6.0%(江苏省生态环境厅,2022)。影响农用地土壤环境质量的主要污染物是有机污染物和重金属。土壤污染不仅致使许多地方的农作物明显减产,而且影响食品安全。土壤污染主要集中在土壤表层,作物吸收和利用土壤表层的养分,同时吸收土壤中的污染物,使作物中的污染物含量增加,从而降低作物的养分含量,影响作物的质量与产量,最终污染物通过食物链进入人体,进而危害人体的健康(吕文林,2021)。土壤污染还会影响农产品的出口,降低农产品的国际竞争力。分析结果表明,出口农产品、食品遭受绿色壁垒的影响明显大于其他类别产品,其中农产品出口遭遇绿色贸易壁垒的主要表现形式有农药残留限量标准、检验检疫措施、绿色标签和包装要求等(许海清,2009)。特别是中国加入世界贸易组织后,发达国家对我国农产品出口的绿色标准不断提升,出口难度增大。土壤污染往往具有滞后性、累积性和不可逆转性,治理难度大、成本高、时间长,严重影响农业农村的发展,直接影响居民身体健康。因此,如何有效保护土壤生态环境,切实加强土壤污染防控和治理修复,保障农产品质量安全,已成为当务之急。

第三节　农民生活环境改善任务艰巨

一、农村生活污水治理形势较为严峻

农村生活污水与城市生活污水相比,具有流量小、浓度低、收集困难等特点,加之农民环保意识较差,造成这些有害污水往往随意流淌,集中管理存在较大困难,一直是农村人居环境整治提升的难点。江苏省采取多种措施,统筹推进农村生活污水治理工作,农村生活污水治理水平有所提升,但农村生活污水治理形势依然较为严峻。截至 2021 年,江苏省 1.54 万个行政村中已有 1.28 万个开展了生活污水治理,覆盖率达到了 83.12％,建有治污设施 6.2 万台(套),覆盖农户近 400 万户,农村生活污水治理率达到了 37％(江苏省生态环境厅,2022)。根据《中国城乡建设统计年鉴 2021》,全省乡、镇污水处理厂分别有 34 个、685 个,每日可处理污水分别为 3.81 万立方米、386.19 万立方米。截至 2021 年,全省除 1 个镇乡级特殊区域未对生活污水进行处理,其他的 697 个乡镇(镇乡级特殊区域)全部对生活污水进行了处理。建制镇的污水处理率和污水处理厂集中处理率已经由 2015 年的 67.14％、60.15％分别增长至 2021 年的 86.53％和 81.47％(见表 6－5);虽然污水处理有了明显改善,但 2021 年江苏省城市的污水处理率和污水处理厂集中处理率分别为 96.97％、91.73％,农村与城市分别相差 10.44％、10.26％,城乡仍存在一定差距。部分农村地区受环境条件限制,基础设施未能配套健全,还有少部分农村地区难以建立生活污水处理系统。截至 2022 年,全省农村生活污水治理率达 42％,有待于进一步提升(孟德富,2023)。

农村生活污水处理难度相对较大,污水处理不仅对技术要求较高,而且一次性投入和维护运营成本都较高。2021 年,江苏省村庄污水处理投入资金 40.76 亿元,占村庄建设投入总额的 6.60％,较大的资金缺口在一定程度上影响了污水处理设施水平的提高。农村生活污水治理资金一般由中央专项资金、地方政府配套资金、社会资金三部分组成(王登山,2023)。在农村生活污水治理中,中央专项资金只能承担一部分设施建设、维护的费用,而地方政府配套这部分,根据当地的财政状况,财政收入高的地区一般治理率就相对高,治理效果也较为理想。社会资金作为政府投资之外的重要补充,其逐利性大于公益性,目前仍需进一步完善社会资本投入机制,充分发挥市场的带动作用,提高各类主体的资金投入和效率。与此同时,农村生活污水治理的管理机制仍需不断改进,目前仍存在权责边际模糊、参与主体责任意识不强、运行管理制度不完善等问题。目前农村生活污水治理技术与产品较多,技术与产品的维护要点各不相同,在经费相对短缺的情况下,难以有专业人员进行合理的维护,很难达到预期的治理效果。各地的污水排放标准还有待进一步完善,设备设施标准、建设验收标准、管理管护标准等都或多或少存在缺失的情况,需要尽快补齐补全。农村生活污水治理还涉及多个部门的工作,相应的协调工作及衔接工作繁多,缺乏有效的协同与整合,影响了农村生活污水的治理进程。

表 6-5　江苏农村生活污水处理率

年份	污水处理率(%)			污水处理厂集中处理率(%)		
	建制镇	乡	镇乡级特殊区域	建制镇	乡	镇乡级特殊区域
2015	67.14	27.26	37.28	60.15	22.46	27.23
2016	73.00	35.70	57.56	66.48	30.54	47.24
2017	76.05	47.18	72.06	68.94	38.63	54.61
2018	81.79	54.00	78.11	76.72	48.39	63.10
2019	83.19	70.15	79.18	78.47	58.32	65.73
2020	85.29	78.29	75.87	80.60	67.15	55.38
2021	86.53	79.57	78.08	81.47	67.02	60.64

数据来源:中国城乡建设统计年鉴。

农村生活污水治理农户参与程度不高、积极性不高。部分地区对农村生活污水治理的政策和意义宣传力度不大,而农村居民生态环保意识又较为淡薄,使得农村居民对农村生活污水治理的认识不够深入,导致农村居民参与程度不高。农村生活污水治理与农村居民的生活息息相关,如果农村居民参与积极性不高,建成之后也觉得没有明显受益,会使农村生活污水治理项目的成效大打折扣。只有农村居民认识到农村生活污水治理及生态环保的重要性,积极参与农村生活污水治理项目的建设和后期维护,才能使农村生活污水得到更加有效的治理,否则就会使农村生活污水的治理难度倍增,甚至阻碍生活污水治理项目的有效推进。

二、农村生活垃圾治理任务较为繁重

传统的农村生活、生产方式能够自我消化绝大部分的生活垃圾,从而达到生态环境内部循环的均衡。进入 21 世纪以来,由于受到各种外在因素的综合作用,虽然农村人口数量大幅减少,但农民传统生产生活方式的改变使得农村垃圾产生量不断增加,生活垃圾乱丢、乱倒的现象时常发生,农村的环境问题日渐凸显。分析结果表明,农村生活垃圾已成为农村地区最主要的污染源之一,污染了农村地区的生态环境,使耕地资源环境质量和农村地区的水资源质量进一步恶化,甚至威胁到农村居民的身体健康安全(韩智勇等,2017;王维、熊锦,2020;邱小燕等,2022)。

近年来,江苏通过加快构建"户分类投放、村分拣收集、镇回收清运、有机垃圾生态处理"的农村生活垃圾分类收集和处理体系,并不断扩大对农村生活垃圾进行治理的乡镇(街道)的覆盖面,结合物联网、大数据等信息技术,探索"互联网+"和智慧环卫等新型治理方式,取得了良好的治理效果,农村生活垃圾治理力度加大,治理水平不断得到提升(刘大威、曾洁,2021)。到 2022 年,江苏省共建成运行生活垃圾处理设施 106 座,日处理能力约 10.4 万吨;共建成规模化餐厨垃圾处理设施 51 座,日处理能力达到 8 100 吨;共建成厨余垃圾处理设施 18 座,日处理能力达到 4 000 吨,主要集中在南京、无锡、徐州、苏州等城市(江苏省住房和城乡建设厅,2023)。根据《中国城乡建设统计年鉴2021》,2021 年江苏省乡镇两级的生活垃圾处理率都超过 99%,乡镇生活垃圾无害化处理率也分别达 97.48%和 96.66%(见表 6-6),全省建制镇垃圾中转站、行政村生活垃圾收集点实现全覆盖,乡、镇生活垃圾中转站分别有 34 座和 1 303座,环卫专用车辆设备分别有 175 辆和 8 123 辆。但由于生活垃圾成分相当复杂,全面进行生活垃圾分类处理的乡镇还较少,只有 300 多个乡镇开展全域生活垃圾分类工作。

表 6-6　江苏农村生活垃圾处理率

年份	生活垃圾处理率(%)			生活垃圾无害化处理率(%)		
	建制镇	乡	镇乡级特殊区域	建制镇	乡	镇乡级特殊区域
2015	98.59	95.94	99.33	82.21	77.66	30.87
2016	99.22	97.16	99.32	86.93	79.77	52.70
2017	99.30	99.04	99.97	89.88	88.15	93.24
2018	99.43	98.80	99.97	92.41	89.06	94.10
2019	99.56	99.90	99.96	94.44	89.84	94.85
2020	99.61	99.88	99.49	96.59	96.42	56.25
2021	99.52	99.95	99.36	96.66	97.48	55.98

数据来源:中国城乡建设统计年鉴。

　　江苏省在推动农村生活垃圾治理技术和工艺改进上取得了一定的成效,但还存在不少问题。首先,农村生活垃圾治理技术亟须提高。部分农村地区照搬城市生活垃圾分类处理模式,导致农村生活垃圾治理效果不佳。部分农村地区由于缺乏垃圾分类的基础和方法,建设、推广人员对农村生活垃圾的成分、特点了解不足,直接照搬其他地区生活垃圾分类机制,缺乏区域适宜性和针对性,致使农村生活垃圾分类流程过于繁琐,难以持续推进。其次,农村生活垃圾资源化利用技术亟须提高。部分地方政府存在问题化思维,重治理但轻资源化利用。对于农村生活垃圾治理而言,生活垃圾资源化利用产品在市场上竞争力较弱,企业积极性不高,生活垃圾资源化利用水平较低。在农村生活垃圾治理过程中,还存在"重前端分类、轻中后端处理"的现象,生活垃圾末端处置的设施相对不足且分布不均,很难实现农村生活垃圾的资源化利用。再次,农村生活垃圾处理厂的建设对地区的经济条件依赖性较强,维护成本较高,地方财政压力较大。截至 2021 年,江苏省村庄环境卫生投入达到了348 480.77 万元,村庄垃圾处理投入达到了 164 296.59 万元,村庄垃圾处理投入占比达到了 47.15%,但仍面临较大的资金压力(中华人民共和国住房和城乡建设部,2022)。最后,农村生活垃圾分类治理在从初次分类点转移到二次集中处理点的过程中容易出现液体泄漏、混乱掺杂等情况,特别是农村生活垃圾转运站没有做防渗处理,在对农村生活垃圾压缩时产生的渗滤液会流到附近的土壤和水体中,进而造成污染(于法稳,2021)。农村生活垃圾成分较为复杂,如果作为有机肥料的原料,生活垃圾中的一些杂菌、有害物质,直接应用到农业生产中可能会导致耕地土壤污染。与此同时,农村生活垃圾无害化处理技术较为滞后,降低了农村生活垃圾的无害化处置成效,亟须改进农村生活垃圾无害化处理技术。因此,农村生活垃圾无害化及资源化利用技术的研发、创新和推广有待进一步加强。

农村生活垃圾源头分类,直接关系着中端处置效果和后端处置成效,是整个农村生活垃圾收运处置体系的起点(王登山,2023)。农户是实施农村生活垃圾源头分类的第一执行者,也是农村生活垃圾治理的直接受益者。因此,农户生活垃圾分类的积极性和垃圾分类能力直接关乎农村生活垃圾治理效果的好坏。但农户往往因为农村生活垃圾治理的公共物品属性而缺乏积极性,参与生活垃圾分类的程度不高。与此同时,农户难以改变长期形成的生活习惯,而且对农村生活垃圾分类的方式方法并不熟练,农村生活垃圾分类意识较为薄弱;有的地方即使分类,后续也不能保证分类运输、分类处置,打击了农户在投放时进行垃圾分类的积极性。此外,部分地区尚未制定合理的农村生活垃圾分类方案,现行方案并不符合农村生产生活的现实状况,与农民思想意识存在一定的差异,没有让农村居民产生较为强烈的参与感,制约着农村生活垃圾分类治理的高质量发展。

农村生活垃圾治理的专项法律不太完善,导致农村生活垃圾治理的相关政策难以真正落地实施。虽然有些地方制定了农村生活垃圾分类治理的激励和奖惩政策,但仍存在政府相关部门的责任不清晰等问题,农村生活垃圾分类治理政策的落实情况有待进一步商榷,很难直接看到农村生活垃圾分类治理的成效,后续推进也较为乏力。在有些农村生活垃圾分类治理试点地区,虽然颁布了较完善的制度政策,但也未能真正落实实施。监督机制有待进一步完善,政府在推行农村生活垃圾治理过程中重道德约束,轻法律约束,对农村居民的生活垃圾分类行为缺少有效的监督,对农村生活垃圾治理的中后端运输处置及资源化利用缺少有力的监督。总体来说,目前农村生活垃圾分类的决策、实施和监管主要还是遵循政府主导的原则,亟须进一步发挥市场带动作用。

三、农村厕所革命任重道远

农村厕所革命是农村人居环境整治的重点任务,厕所革命是改善农村卫生条件、提高群众生活质量的一项重要工作。厕所革命与广大农村居民的生活息息相关,与乡村全面振兴和农村生态文明建设密不可分(于法稳,2021)。农村厕所革命的推进充分体现了改善民生、提升群众福祉的理念,江苏省推出一系列政策措施治理厕所粪污,厕所革命取得了初步成功,全省的卫生无害化厕所普及率不断提升,但还存在一些问题有待解决,部分已改厕所的质量不高,"不能用、不好用"问题较为突出。根据《中国城乡建设统计年鉴 2021》,截至 2021 年,全省建制镇、乡分别建有公共卫生厕所 7 863 座、210 座,农村户用无害化的卫生厕所普及率 95%以上,居全国前列,农村改厕防病效益明显,农村如厕环境得到了极大改善。当前全省使用旱厕或无厕所的家庭比例虽然较少,但是户厕整改时间的跨度较长,部分整改后的户厕也因时间问题导致厕所设施损坏后无法正常使用;有些厕所设施建设中使用了质量不高的劣质产品,出现了化粪池开裂、变形等问题导致的渗漏,污染土壤和水源;还有部分化粪池的隔板存在缝隙较大、密封效果较差等问题,无法进行彻底的厌氧发酵处理,达不到标准的无害化处理水平。部分农村厕所建设质量不达标的现象,导致农户使用率较低,直接用起了老厕所,使厕所革命失去原本为民办实事的意义,成了政府为绩效考核目标而做的面子工程。与此同时,原来改厕的标准相对较低,部分户厕的质量标准不过关,各地区村庄经济发展水平也不一样,而大多数地区几乎都采取相同的改厕方式,没有在充分考虑人口、使用率以及后期管理等因素的基础上做出合理的选择,使得农村厕所革命情况表现出明显的区域差异性,资金的投入不太均衡,苏北地区与苏南地区的厕所改造和建设差距较大。

农村厕所革命"重建设、轻管理"的问题在不少地方仍然存在,改厕工程的后续管理维护难以落到实处。通常厕所革命由各乡镇政府主导,然后交给具体的施工队来建设,政府往往将上级的任务目标完成就不再进行后续管理,也没有对户厕使用情况进行调查,缺乏问题反馈途径和管理机制。苏北地区还有不少村庄没有建立污水管网系统,厕所的粪污不断积累,而户厕的粪污主要靠农户自己处理或由村级卫生员有偿服务处理,这不仅增加农户的经济负担,还会影响农户的积极性,缺乏市场化的管理维护手段。此外,农村公共厕所在建成后由于没有专门的管理单位,而村委会往往疏于监督,导致厕所长时间没人清洁,厕所里面恶臭难闻,更容易引发卫生疾病,甚至有的村庄为了减少管理、维护的费用,直接把公共厕所关停。

江苏省通过设置改厕资金专门账户,确保专款专用,增加资金投入,全省进行改厕以来,共投入 44.48 亿元,改建农村户厕 963.78 万座,卫生户厕普及率提高 42 个百分点,农村改厕省财政补助标准也从每户补助 150 元提高到每户补助 800 元(江苏省卫生和计划生育委员会,2018)。投入资金整体上来说是在持续增加,但资金缺口仍然较大,存在市场力量参与投入的动力不足,社会资本的投资活力和积极性不强等问题。根据《江苏省第七次全国人口普查公报》,2020 年,江苏农村居民家庭使用水冲式卫生厕所的比例为73.54%,农村仍有 21.65%的家庭使用旱厕或无厕所,而城镇水冲式卫生厕所的比例则达到 93.69%。江苏农村改厕工程普遍采用化粪池模式,与传统旱厕相比具有一定的优越性,但相较于城镇还存在差距;部分地区厕所革命与生活污水治理尚未做到协同推进,农村卫生设施条件仍需完善,厕所革命仍需扎实推进。

四、村容村貌有待进一步提升

村容村貌是农户日常生产生活的直接体验,事关农户的幸福感、获得感,但农户的环保意识较差,传统生产生活习惯往往不注重卫生整洁,部分乡村给人的印象仍然是贫穷落后。除此之外,村庄规划建设、村容村貌改善、传统村落保护也有待提升。村容村貌的整治提升涉及房屋风貌、公共空间、道路设施、水体绿化、公用设施等多方面内容,涉及的范围大,建设的难度大,需要以科学规划和技术支撑助力其落地。然而,由于一些基层领导和农民的规划意识缺乏,同时也缺乏专业的技术指导和相应的经济支持,导致村容村貌方面存在着一些问题(张远新,2022)。

首先,村庄整体规划水平有待进一步提升。根据《中国城乡建设统计年鉴2021》,截至 2021 年,江苏省建制镇个数达到 663 个,有总体规划的建制镇个

数达到 648 个,占比达到了 97.74%,本年规划编制投入达到 20 392.7 万元;乡
个数 27 个,有总体规划的乡个数 26 个,本年规划编制投入达到 395 万元。江
苏农村人居环境整治提升相关的规划编制多集中于生活垃圾治理、生活污水
治理、农业生产废弃物治理等领域,专项的村容村貌规划较少,且整体规划编
制投入有所减弱。部分村庄建设规划缺乏特色,造成绿化与村庄风格不太统
一,重复建设较多,还存在宅基地违规乱占、农房随意乱建、公共场地乱设等不
符合当地实际情况的现象,缺乏对空间布局的统筹安排,建设时序安排不太合
理,对乡村土地、植被、水系等整体环境造成了破坏。

其次,缺乏对村庄原貌的重视和继承。部分村庄在开展村容村貌整治提
升行动时,盲目追求所谓"现代化",试图将城市地区建设经验简单地复制到农
村地区,大拆大建,挖山砍树,填塘拆房,新建居民住宅的颜色、格局、样式千篇
一律,更有农宅的建筑风格与当地风俗习惯格格不入(王登山,2023)。部分村
庄在建设中过度追求传统特色,大规模建造仿古景观与建筑,但缺少文化内
涵,极易让人审美疲劳。忽视对具有特色和文化内涵的原始村容村貌的保护,
不仅使这些宝贵的村落遭到破坏或损毁,使村庄失去了原有的乡土特色,而且
偏离了与农村生产生活条件相适应的要求。与此同时,农村建筑垃圾造成的
影响不容忽视:在美丽乡村建设中,旧房拆迁不再是零星的、独户的行为,而是
全村的统一行为,整村拆迁产生大量的建筑垃圾。农村建筑垃圾的分布范围
遍布全省农村,成分也较为混杂,不仅有砖瓦、泥土等,而且还有钢筋混凝土
等。根据《中国城乡建设统计年鉴 2021》,2021 年江苏省村庄硬化道路达到了
109 065.87 千米,占村庄内道路长度的 76.04%;新增道路 2 277.43 千米,更新
改造道路 3 440.27 千米。未硬化的道路多是石子路、泥土路,路况不太平整,
晴天尘土较多,而雨天则泥泞难行,部分村内硬化的道路,也是质量参差不齐,
又缺乏维护,容易损坏。农村电网不太完善,设备较为落后,线路随意拉扯问
题依然存在,不仅会对农村居民安全造成威胁,还十分影响村容,制约乡村生
态文明建设。

最后,村庄空心化和衰退问题较为严重。随着城乡流动的不断加大,大量
农村人口,特别是中青年劳动力,继续外流到机会更多、条件更好的城市,农村
常住人口持续下降。根据《江苏省第七次全国人口普查公报》,全省农村人口
2 251 万人,占常住总人口的 26.56%,比 2010 年第六次全国人口普查减少 878

万人。2000 年,江苏省农村人口仍有 4 352 万人,占总人口 58.51%,超过江苏省总人口的一半以上。20 多年来,江苏省农村人口一直处于持续下降的状态,农村留守人员大多是老人、妇女和儿童。这部分群体大多缺乏劳动能力,整体受教育水平偏低,"缺资金、缺培训、缺技术"成为制约其发展的关键因素,无法聚焦改善村容村貌的政策措施。此外,农民的主人翁意识有待加强,缺乏有效措施引导农民转变生产生活观念,改变不良习惯。在许多村庄,出现了人走房空的现象,人口空心化逐渐演变为住房、产业、教育和基础设施空心化,导致村庄衰落甚至消失(张远新,2022)。根据中国城乡建设统计年鉴,从 2011 年到 2021 年,江苏省的自然村从 15.11 万个骤降至 12.35 万个,10 年内减少了 2.76 万个。村庄的空心化和衰落正在破坏农村的人口和生态平衡,并对农村生态文明建设产生负面影响。

五、农村能源建设有待加强

农村能源涵盖了农村地区的能源生产和消费,涉及农村工业、农业和生活多个方面(吕文林,2021)。目前,江苏省农村的能源主要有生物质能、太阳能、风能、地热能、水能等可再生能源,还有电力、煤炭等商品能源(孙若男等,2020)。随着国家实施的农村"四通"工程以及乡村振兴战略,农村地区生产生活方式不断变化,使农村的能源消费和生产也出现翻天覆地的变化,农村能源建设也取得较快发展。但从农业农村绿色发展的需求来看,农村能源建设还存在着许多亟待解决的问题。

首先,农村能源消费水平不高,结构性矛盾依然存在。根据《中国统计年鉴 2022》,2021 年,江苏省农村用电量为 520.22 亿千瓦时,占全省用电量的7.33%,较 2020 年下降 0.19%,农村用电水平明显较低。2021 年,江苏农村居民人均可支配收入为 26 791 元,不到城镇居民人均可支配收入的一半,村庄燃气普及率为 86.36%。部分农村家庭因收入水平不高,多采用廉价的柴草或者购置价低但质劣的散烧煤作为家庭燃料,而散烧煤质量差、灰分硫分高,又多是超低空直排,对空气质量造成严重污染。少数燃气供应已经到位的地区,有部分低收入的家庭不愿或较少使用价格较高的燃气。根据《江苏省第七次全国人口普查公报》,2020 年,江苏农村居民家庭户使用燃气和电等清洁能源作为主要炊事燃料的比例为88.16%,而城镇的这一比例则达到了97.51%;可以看出,农村居民的绿色环保的意识逐渐提升,但是农村仍有11.84%的家庭使用煤炭、柴草等非清洁能源,使用非清洁能源会导致森林和植被等生物质资源的再生产减少,从而制约农村生态文明建设,而且相较于城镇清洁能源的使用,农村清洁能源有待进一步推广普及。

其次,农村新型能源利用效率较低。传统生物质能在农村能源消费中一直占据主要地位,新型能源的利用比例逐渐加大但仍然较低。传统生物质能不仅利用效率低,仅为10%—20%,远远低于城市商品能源的利用效率,而且还会污染生态环境(吕文林,2021)。近年来,新型能源对薪柴、秸秆等传统能源的替代进一步加快,生物质汽化、地热能、沼气、风能、太阳能等都已逐步在农村得到开发和利用。根据《中国农业农村统计摘要2022》,2021年,江苏省户用沼气池数量达到61.93万个,较2020年的69.8万个,减少7.87万个(中华人民共和国农业农村部,2022)。在农村地区,粪便大部分直接用作肥料,用于沼气开发的数量占总量较少,开发力度也有待提升。农业光伏发电是农村扶贫工程的重点项目,指的是通过相关技术将太阳能转变为方便农户生产生活使用的电能。太阳能资源具有良好的清洁性特征,使用太阳能代替不可再生能源,可以在满足广大农民能源需求的同时,有效控制能源消耗成本,且不产生任何污染,保护农村生态环境,但总体来看其推广力度和开发力度仍相对不足,村民对光伏政策的认知与接纳程度仍有待进一步提高。根据《中国农业统计资料》,2017年江苏省农村能源经费投入达到3.11亿元,相较2016年3.41亿元,减少了8.80%。可见发展技术及资金投入有待持续加强,农村能源基础设施相对落后,从而遏制了新能源在农村地区的应用推广。农村很多地区由于自身资金短缺或者资金链在运行过程中出现问题,以及技术和服务支撑能力不足,能源建设难以进行,不仅需要政府给予大力扶持,还需要引入社会资本,积极鼓励企业对农村能源建设进行投资,为农村能源未来发展创造良好的基础条件。总之,针对农村能源建设中存在的问题,要积极优化农村能源结构,提升农村能源综合利用水平,进而助力农村生态文明建设。

第七章　农村生态文明建设的典型案例

第一节　溧水区 S 村:协同治理助力生态文明建设

南京市溧水区 S 村从十多年前的闭塞村庄,成为现在的网红村、富裕村,走出了一条生态富民路。溧水区 S 村大力推进农村生态文明建设,坚持绿色低碳发展,以党建引领乡村生态振兴,激发了农村居民参与生态文明建设的主体意识,形成了多元主体合作治理格局,"美丽庭院"项目成为农村生态文明建设的典范,先后荣获全国"一村一品"示范村、江苏省特色田园乡村、江苏省传统村落等荣誉称号。然而,溧水区 S 村在生态文明建设中仍然面临垃圾分类意识较弱、基础设施维护欠缺、长效机制有待完善等现实挑战。对此,本书提出溧水区 S 村生态文明建设的优化路径,以期进一步推进农村生态文明建设,助力乡村全面振兴。

一、农村生态文明建设发展历程

溧水区 S 村,位于溧水区晶桥镇西北部,距离溧水城区约 15 千米,距离晶桥镇区约 4.5 千米,西邻石臼湖,北接傅家边科技园,属圩区(富财圩),距离341 省道 1 千米,交通便利。溧水区 S 村辖区面积达到 12 平方千米,含 12 个自然村、43 个村民小组,总户数达到 1 700 户,总人口达到 5 680 人。2007 年组建水晶水产专业合作社,现有养殖水面 8 000 多亩,是溧水区规模最大的螃蟹养殖基地。2009 年注册河蟹商标"晶湖"牌并于 2014 年被认定为江苏省著名商标。2017 年 8 月,S 村获评全国"一村一品"示范村,2018 年 3 月拥有"富财圩螃蟹"国家地理标志产品,带动 200 多户农户走上致富之路,户均增收十多万元。2011 年,溧水区 S 村成立了"溧水区 S 村农民草绳加工协会",成为南京市首批农民创业基地,草绳销售全国各地,供不应求。目前溧水区 S 村已发展草绳编织户 300 多户,每户一年消耗秸秆 35 亩左右,通过草绳编织,户均净增收入 2—3 万元,既解决了农村焚烧秸秆污染环境难题,又为农民致富铺设了平台,增加了农民收入,实现了变废为宝。

溧水区 S 村因水而生,境内水系主要是新桥河,从晶桥镇秋湖灌区流至枣树巷,河道全长 14 千米。溧水区 S 村有着悠久历史,该村庄形成于宋朝,因码头而兴起,新桥河上游可达新桥,下游直通渔歌、洪蓝,进入石臼湖。溧水区 S 村因水而兴,连通石臼湖和秦淮河的新桥河改道前流经南京市 S 村,因河面开阔,港湾较深,货运繁忙。在村北面的丘陵山岗上,建有好几家窑厂,砖瓦销路广,故称水晶山窑。溧水区 S 村村委会主任任根林介绍,老街就是以前的"水晶山窑市",是沿河物资集散中心,也是当时的行政管理中心,盛极一时。20 世纪 70 年代新桥河改道后,水晶山窑码头的繁华渐渐褪去,但南京市 S 村村民找到一条绿色发展的新道路,实现产业发展与生态文明建设的齐头并进。

1. 初探绿色产业:产业发展助推生态理念形成

20 世纪 80 年代,溧水区 S 村农民将秸秆收起来,编成草绳卖,一盘 12 斤大拇指粗的绳子,能卖 18 元。58 岁的村民朱斌和老伴用空闲时间编草绳,一年能用掉约 50 亩稻田的秸秆。溧水区 S 村在 2011 年成立草绳加工协会,并因此成为了南京市首批农民创业基地,目前溧水区 S 村编织户已达 300 多户。草绳编织的发展不仅给农村居民带来了额外的收入,还缓解秸秆焚烧带来的环境问题,也为之后生态文明建设奠定了良好的基础。2001 年,溧水区 S 村在西面富财圩区开启了螃蟹养殖业。2017 年,溧水区 S 村螃蟹被农业部评为全国"一村一品"示范村。2018 年 3 月,"富财圩螃蟹"又获国家商标局颁发的"地理标志商标注册证"。溧水区 S 村进行特色田园乡村建设的前提正是不可替代的优良水质环境:富财圩水域面积约 1 万亩,水系直通石臼湖。溧水区 S 村重视水源保护和治理,杜绝污染下塘,村民也自发每天守在蟹塘关注水质情况,不敢有半点疏忽。溧水区 S 村农民一方面因为螃蟹养殖业获得了更高的收入,另一方面也逐渐养成生态保护的习惯,关注并参与到溧水区 S 村水域的生态保护中。与此同时,溧水区 S 村还尝试引进具有观赏性、能够互动的渔业产品,想要将螃蟹养殖业与休闲旅游业结合起来,实现第一产业与第三产业的衔接配合,促进螃蟹养殖业可持续发展以及旅游业的不断开发。

背靠青山的溧水区 S 村还有一个特色产业是苗木种植,43 岁的徐孝彬是村里最早一批苗木种植户,苗木面积近千亩,年收入逾百万元。几年前,他投资 300 多万元引进 10 万株"百日红"美国紫薇,并通过自主学习,培育出适合本地气候的品种,将价格降到原来的三分之一,很快成为明星产品,订单不断。在徐孝彬的带动下,很多村民也开始种植苗木。2012 年,在溧水区 S 村党总支和村委会的引导下,徐孝彬组建溧水金晶苗木合作社,带领村民共同致富,全村种植规模达 1 500 亩,每亩年收入超过 5 000 元。

农村在进行生态文明建设时,不能忽略的重要前提条件是把农村作为一个有机体,而有机体的建设需要一种系统性思维。系统性思维能够关注到有机体各部分的关联性,实现治理的协同性。农村产业、农村基层治理、农村生态文明、农村社区等部分需要系统性地统筹规划,在实现产业发展的同时兼顾生态文明建设,以基层治理的稳定为产业与环境保驾护航,真正实现农民增收、农村美丽、农业复兴。溧水区 S 村运用了系统性思维,有效的生态文明建设带来的优良生态资源为第一产业夯实基础。乡村产业发展壮大的同时,带来第三产业的发展机会,为农村生态建设带来市场与资金的支持,溧水区 S 村实现生态建设与经济建设的积极互动。

2. 人居环境整治:宜居环境提升村民幸福感

溧水区 S 村在 2017 年进一步对村庄的人居环境开展了专项整治。2017 年溧水区 S 村进行了美丽乡村的打造工作,完成村内 82 户房屋的收储。与此同时,溧水区 S 村落实了为民服务的专项资金,在 7 个自然村新建 10 个公厕、5.2 公里的太阳能路灯,并在各个自然村中配备了共 230 个垃圾桶。同年,溧水区 S 村完成了道路提档工作与新桥河埂消险加固工作。农村人居环境质量提升的同时,溧水区 S 村农民的幸福感也在逐步提升,农村居民在目之所及、触之所及中感受到美丽乡村的意义,也意识到生态环境建设的必要性。2018 年,溧水区 S 村辖区的山下徐自然村开展美丽乡村的打造。溧水区 S 村对于人居环境的重视伴随着晶桥镇"三口三化"("三口"即村口、塘口、门口,"三化"即洁化、绿化、美化)行动持续深入,并取得一定成效。2020年,溧水区S村辖区内的前李、后李、圩西埂自然村也随即开启了宜居村的打造工作。

3. 生态保护工程:治水造绿造就水美乡村

溧水区S村的生态文明建设与晶桥镇的治水造绿工程息息相关。十多年前,溧水区S村水域内的新桥河曾受到上游化工企业的严重污染,导致河水黑臭,水质为劣V类。党的十八大以来,溧水区把绿色发展作为区域发展战略,晶桥镇积极践行绿色发展理念并开始转变经济发展方式。晶桥镇关闭了化工园区,以水环境建设为重点,大力实施河、湖、水库以及塘坝水环境综合治理,通过"百村千塘""河塘清淤""水库生态修复"等工程,对境内126个村庄河塘和24条县、乡级河道进行了全面清淤整治;同步实施了水环境整治提升工程,改善了全镇水环境品质,最终实现全域Ⅲ类水质。2020年,晶桥镇投入2 400万元,实施了集镇水环境提升、枫香岭河水环境整治等工程,对水库、塘坝实行全面禁养。同年,晶桥镇又投入4 953万元,对全镇108户塘坝养鸭户鸭棚进行了拆除,努力实现"水中有鱼,岸上有绿,绿中有景,人水相亲"的总体目标。晶桥镇严格落实河长制,建立健全河道整治管护长效机制,实行网格化管理。2020年,全镇镇级河长巡查400多次,村级河长巡查2 000多次,以常态化、严要求实现"河长制"为"河长治"。创新河道管护机制,由笪村为民服务合作社专门管养河道,组织专业队伍对水库、堤坝、河岸进行养护,确保长期无杂草、无垃圾,水清岸绿。晶桥镇治水工程的显著成效使得溧水区S村的螃蟹养殖业拥有坚实的环境基础,也为农村的人居环境提升起到重要作用。溧水区S村生态文明建设的成果在2020年得到了体现,2020年溧水区S村被评为"特色田园乡村",辖区内的山下徐自然村被评为南京市"水美乡村"。

二、农村生态文明建设主要成效

1. 农村人居环境整治成效显著

晶桥镇以"三口三化"撬动农村人居环境整治,晶桥镇聚焦农村垃圾治理、农村污水处理、厕所革命、村容村貌提升等重点环节,推进全镇农村垃圾分类网格化建设,垃圾分类实现了全覆盖,新建三类以上公厕 57 座。溧水区 S 村也紧随晶桥镇环境整治的步伐,努力营造优美的村庄环境。2019 年以来溧水区 S 村根据晶桥镇党委、政府关于开展针对农村人居环境提升和"三口三化"工作的指导,结合"三清一改"村庄整治的工作要求,针对 12 个自然村情况,因村制宜,制定整治方案,对村民进行宣传发动,号召村民共同参与环境整治。目前溧水区 S 村共发放两分类垃圾桶 1 497 组,建成四分类垃圾亭 39 个,新建二类、三类公厕各 6 座,填埋露天粪坑 244 个,填埋及改造通水旱厕 41 个,溧水区 S 村范围内各自然村均全部用上三格式户厕,溧水区 S 村卫生厕所普及率为 100%。溧水区 S 村目前一共清理建筑垃圾 3 200 吨、生活垃圾 10 750吨、乱堆乱放及卫生死角 5 500 处,清淤整治河塘沟渠 40 个,整治清理畜禽养殖点 22 处,集中清理外运处理农业生产废弃物 3.6 吨。溧水区 S 村 12 个自然村全部通过镇人居办验收。其中前李、后李更是其中的典范,溧水区 S 村的环境整治成果吸引了溧水区其他社区、溧水电视台、南京市有关部门、南京市栖霞区、南京市八卦洲街道等到村宣传、学习。

晶桥镇和溧水区 S 村,在 2018 年 12 月,分别获评第二批江苏省生态文明建设示范乡镇和示范村。溧水区 S 村正在逐步建立村庄生态文明建设的长效管理机制,村庄内一共有 23 名环保与卫生保洁人员,协助镇政府、村委会开展生态环境监管工作。保洁人员主要由村民担任,保洁人员的比例超过溧水区 S 村常住人口的 2‰,符合国家生态文明建设示范村的标准。溧水区 S 村正在尝试建立生态文明建设工作小组,公开生态文明建设等内容的村务,努力实现生态文明建设的民主管理。目前,溧水区 S 村的环境质量符合功能区标准并在不断改善,域内河塘得到综合治理,水源得到严密保护,域内水质良好,水循环正常。优质的生态环境也使溧水区 S 村的人居环境优良,村容村貌整洁有序,村民的幸福感逐步提升。

2. 村庄基础设施逐渐完备

目前,溧水区 S 村的垃圾收集点、分类垃圾桶、生活污水处理、公共卫生厕所等公用基础设施已全部投入运行。2020 年,晶桥镇对店塘头、祝家等 31 个自然村的农村生活污水处理设施项目建设投入 8 100 多万元,全镇 82 个规划保留村全部实现了生活污水管网全覆盖。溧水区 S 村则投入 2 000 多万元,实施了集镇雨污分流改造提升以及 3 个自然村的污水处理设施改造工程,村庄内部的生活污水治理成效显著。在排水设施方面,溧水区 S 村中的水晶、山下徐、浮桥头、前李和后李 5 个自然村目前已建成 6 座污水处理池,处理工艺为 A/O 工艺法,现村内每天排放污水 360 吨,污水处理站和改厕三格式化粪池处收集及处理率为 72%,有较强的农村生活污水收集和处理能力,溧水区 S 村的人居环境得到保障。在环卫设施方面,溧水区 S 村垃圾收集点共有 9 处,根据"组收集、村运输、镇收集、市处理"的处理原则,溧水区 S 村每天产生的生活垃圾都会被运送到晶桥镇的垃圾中转站进行中转,不会在村内焚烧。因此溧水区 S 村生活垃圾无害化处理率为 100%。溧水区 S 村目前已开展生活垃圾分类收集试点工作,开展生活垃圾分类收集的农户数比例为 76%,村庄内的垃圾收集点都十分整洁,保洁人员会定期对垃圾桶进行清洁与维护,溧水区 S 村各家各户没有乱扔垃圾的现象。

3. 主导产业绿色发展

溧水区 S 村作为传统的农业村,主导产业是第一产业,没有大规模工业生产项目,是以螃蟹养殖为特色,苗木种植业与草绳编织业为辅的现代农业示范村。溧水区 S 村区域内的资源开发符合生态文明建设的要求,该村农业基础设施较为完善,不断加强基本农田建设,没有滥砍滥伐,绿色农业、循环农业和有机农业发展效果较为显著。溧水区 S 村区域内的工业企业向园区集聚,达标排放工业污染物,妥当处置工业固体废物、医疗废物。溧水区 S 村的生产生活环境得到合理分区,河塘沟渠得到有效的综合治理,村民各家各户则努力建设美丽庭院。实地调查结果显示,溧水区 S 村的水体、大气、噪声、土壤环境质量符合功能区标准。溧水区 S 村村域内的水系拥有优良的水质,田园拥有环保与可持续的种植方式,村庄环境则拥有村民们共同的维护。

4. 生态文明教育深化

溧水区 S 村主要通过宣传栏、横幅、墙面画、道德文化园、便民手册、村规民约等进行生态理念宣教,增强村民参与生态文明建设意识,宣传生态环保理念,垃圾分类、节约用水等科普知识。村委会依托"地球日""六五"环境日等重要节日,开展科普宣传周和环保主题宣讲活动,普及农村环境保护知识,倡导生态环保理念,增强群众生态环保意识。目前溧水区 S 村已制订村规民约,在溧水区 S 村的村规民约中,与节约资源和保护环境有关的条款的比例为 97%,条款主要包括"绿化环境、美化环境,搞好家庭和个人卫生,防止疾病的流行""积极参加卫生活动,参与和支持农村环境卫生改造,形成良好的卫生习惯""落实门前'三包'(包卫生、包秩序、包绿化)的责任制,农村生活垃圾定点存放,禁止农村生活垃圾乱扔、畜禽粪便乱排、柴草杂物乱堆等现象""保持河道清洁,不得将垃圾、农药瓶等杂物倒入河塘""严禁焚烧秸秆"等内容。

三、农村生态文明建设的成功经验

农村生态文明建设的复杂性决定了它不可能是政府或者市场单个主体所能承担的,只有多元主体共同参与,才能推动生态文明建设的顺利进行。溧水区 S 村建设生态文明的时间虽然不长,但已取得了显著的成效,这在很大程度上是因为其形成的以党建引领、政府主导、村民参与、企业助力、新乡贤为活力因子的多元主体协同治理格局。

1. 党组织:党建引领农村生态文明建设

S 村党总支现有党员 162 人,下设 5 个支部。2021 年换届后村两委成员共 9 人,其中党总支委员 5 人。村党总支认真开展党组织建设活动,把党建工作同经济建设、生态建设结合起来,打造党建富民链,助力乡村振兴。村党总支建立和落实好生态文明建设的长效机制,履行支部书记抓党建工作第一责任人职责,主动帮助河道边 4 户严重危房申请改造;完成水晶、周庄三类公厕建设,建立健全有稳定机制、有统一标准、有坚实队伍、有充足经费、有督查的人居环境管护机制。溧水区 S 村配备了 20 名保洁员,确保村庄干净整洁,提升溧水区 S 村村民的环境满意度和幸福指数。

近年来,溧水区 S 村结合水产等产业特点和党员实际,将同一产业的党员聚集在一起,在产业链上建立党支部,采取"支部＋党员示范户＋基地＋农户"的运行模式,充分整合资源,发挥党组织的政治优势和党员示范作用,促进产品销售和技术推广。溧水区 S 村党总支还在品牌特色方面下功夫,将淡水养殖、草绳编织等特色产业通过建设合作社与公众号进行宣传,坚定走生态富民的道路。溧水区 S 村党总支结合溧水区 S 村村庄和产业特色建设生态文明,打造水晶老街民俗风情游览区、蟹文化馆、蟹田景观,搭建一个集蟹文化传播、生态保护、旅游体验、产业展示、互动交流等多重功能的主题展示场所。

2. 政府:主导农村生态文明建设方向

溧水区委、区政府坚持把生态文明作为核心价值追求,溧水区晶桥镇、溧水区 S 村认真学习《论"三农"工作》《习近平关于"三农"工作论述摘编》《论坚持人与自然和谐共生》等著作,认真贯彻党中央、国务院关于加快推进生态文明建设的决策部署和习近平总书记"绿水青山就是金山银山"的重要论断,严格落实《中共中央国务院关于加快推进生态文明建设的意见》《生态文明体制改革总体方案》等文件精神。在溧水区编制的《溧水区生态文明建设规划》和晶桥镇编制的《溧水区晶桥镇生态文明建设规划》的引领下,溧水区 S 村编制了《南京市溧水区晶桥镇 S 村生态文明建设规划》,该规划是溧水区生态文明建设规划体系中的基层规划,也是溧水区 S 村生态文明建设的具体措施。

3. 农村居民:唤醒生态文明建设主人翁意识

生态文明示范村的建设是一项面广量大的工程,需要溧水区 S 村居民积极参与创建工作,使农村居民享受到生态建设的切实益处。溧水区 S 村环境整治取得的初步成效,让村民切身体会到建设卫生村给村民带来的好处。农村居民卫生意识不断加强,环保理念不断提高。越来越宜居的社区环境和越来越美丽的家乡,增强了农村居民的幸福感,也提高了农村居民的参与热情。在溧水区 S 村中,农村居民齐动手、家家户户共参与,共同建设"美丽庭院",用"美丽庭院"留住乡村的诗意,形成一院一景的乡村新景象。走进溧水区 S 村山下徐村的赵水英家,干净整洁的院落里,不同品种的花卉争奇斗艳,散发着清香,农家小院里生机盎然。在溧水区 S 村山下徐村、前李村等自然村看到,许多庭院里利用废旧的砖瓦砌成了花墙,利用竹篱笆编出各种花样,利用瓶瓶罐罐插花种绿,打造了独具特色的乡村景观。村里的妇女们充分发挥才智,就地取材,进行花坛、菜园、果园等微景观创作,使小小的庭院变得多姿多彩,充满活力,呈现特色之美。评选"美丽庭院"涉及外部条件和内部条件,外部条件主要包括农村居民庭院整洁、居室干净、厨房厕所清洁等,内部条件主要包括农村居民家庭和睦、邻里团结、尊老爱幼等。溧水区S村从"美丽庭院"中选出文明家庭,让"美丽庭院"带动文明乡风。"美丽庭院"示范户陶秋凤这样介绍自家庭院:"就在自家的屋子里,花坛和菜园也没啥成本,姐妹们还可以一块坐在这里聊家常,既不耽误照顾家庭,还能让家里更美观,何乐而不为呢?"

近年来,溧水区S村把"美丽庭院"创建与乡村振兴、"最美家庭"评选相结合,坚持原汁原味、有表有里,留住乡村的传统文化。通过"晾一晾"庭院美景、"晒一晒"良好家风、"比一比"创建进度、"推一推"经验做法,形成了户户踊跃参与"美丽庭院"创建的浓厚氛围。农户踊跃参加"美丽庭院"创建网上评比活动,参与农户达9 800多户,参与率达98.5%,形成了人人动手清洁家园的氛围。目前,溧水区S村"美丽庭院"创建市级示范户达到6户,区级示范户达到14户,实现了"一村美"到"村村美","一处美"到"一片美","美丽庭院"成为绽放在美丽乡村中的独特风景。

4. 企业:市场助力农村生态文明建设

从"都市田园"到"健康溧水"核心区、民革中央康养产业实践基地,晶桥镇坚持践行"两山"理论,聚焦"健康"五个产业方向。2020年,中国中医健康养生示范区项目在晶桥实施,该示范区以建设中医药产业为核心,打造"健康中国"中医康养的品牌。该项目预计为晶桥镇带来超100万人次的旅游人数,导入约2万产业人口,每年可为晶桥镇带来税收约2亿元。晶桥镇的经济效应会辐射到域内的村庄中,溧水区S村作为晶桥镇的重要部分,溧水区S村旅游业与蟹产业会得到有效促进。

近年来,晶桥镇健康制造业高质量发展,晶桥镇围绕健康产业核心区进行打造,建设了安意达医疗设备智能制造园区。该园区以AI、机器人产业为核心,医疗器械、生物医院为辅助,融合高校资源,打造产学研一体,形成研发、孵化、产业化生产系列产业链生态圈,打造以医疗机器人为主导的高科技智慧医疗产业园区。此外,晶桥镇还发展健康旅游,目前晶桥镇已建成枫香岭-石山下、望悠谷-水晶、曹庄富硒生态园等远近闻名的旅游片区,创成省级以上各类乡村旅游品牌十多个,年接待游客120多万人次。溧水区S村拥有的忘忧谷旅游片区带来的客流,为村内新兴产业的发展奠定基础。

5. 新乡贤：农村生态文明建设的基层力量

近年来,晶桥镇积极探索新乡贤统战工作新模式,积极引导广大乡贤共同参与,助力农村环境建设。晶桥镇在美丽乡村建设、农村人居环境整治提升工作中,从全镇乡贤人才信息库中筛选具有设计、园艺、绘画等方面特长的乡土人才,充分发挥他们的特长,倾心打造具有乡土气息、留住乡村记忆的宜居环境。晶桥镇各村充分利用村民废旧的砖瓦,共砌花墙 5 600 余米,打造了独具特色的乡村景观。溧水区 S 村的乡贤朱林道选择用竹片编织围栏,竹片围栏美观环保,摆放在庭院内不仅成为一道美丽的乡村风景,还使得乱糟糟的柴草得以归拢,使乡村环境越发整洁美观。溧水区 S 村在美丽乡村建设、生态文明建设的工作中,挖掘村庄独有的风俗。溧水区 S 村实施了非遗入户、文化符号上墙、传统礼仪进家、文化景观进村等一系列传统文化回归计划,全方位打造乡村传统文化感和体验系统。溧水区 S 村试图唤起在这片土地生长、从这片土地上走出去的人们那份独特的集体记忆。晶桥镇与 S 村还试图通过党支部领办合作社吸纳当地乡贤专业人才,组建专业管理维护队伍。晶桥镇将市场化管护与村自行管护相结合,降低管护成本,提升管护效能,晶桥镇新桥社区综合社承接全镇生活垃圾清运业务。生活垃圾专用清运车每天都会到溧水区 S 村,将当天产生的生活垃圾运送到晶桥镇垃圾中转站进行中转,溧水区 S 村生活垃圾实现日产日清的目标。

四、农村生态文明建设的现实挑战

农业生产方式与农民生活方式在农村生态文明的建设过程中得到根本的改变,但这个改变并非是一蹴而就的。在建设过程中,农民作为生态文明建设的重要主体,自身的行动理性会影响其在生态文明建设过程中的参与程度,因此生态文明建设的过程会面临人与自然的现实挑战,体现在农业清洁生产、村民绿色生活、生态文明教育以及生态文明建设的制度与人员等方面。

1. 农业生态环境改善压力依然较大

虽然溧水区 S 村农民对于生态文明建设的认知水平有所提升,但农业与养殖业的清洁生产情况还有待提升。实现农业清洁生产需要农民基于经济理性与生态理性,平衡好个人利益与生态利益。然而农民们在化肥、农药的使用上更多考虑的是自身的经济理性,造成了化肥与农药的过量使用。村内苗木种植与传统粮食作物种植的化肥施用中存在肥料结构不合理现象,化肥利用率不高、流失率较高的问题成为困扰溧水区 S 村向清洁生产进发的一大问题。化肥的流失污染了溧水区 S 村的农田土壤,降低了土壤环境质量,化肥还会借助农田径流对水体产生有机污染,导致水体的富营养化污染,对养殖业产生较大的危害(赵予新、张庆,2013)。溧水区 S 村农业面源污染物排放对水质与水系造成较大隐患。与此同时,溧水区 S 村村内水产养殖产量与饲料需求仍存在较大差距,生态农业的建立时间不长,以往的习惯仍在发挥作用,粗放式水产养殖一方面导致水资源浪费,另一方面受到污染的水体侵蚀清洁的水质与土壤,对生态公共产品形成了损害。目前溧水区 S 村存在池塘尾水处理不合理的问题。

2. 垃圾分类意识较弱与基础设施维护欠缺

溧水区 S 村目前垃圾分类收集率不高,村民的垃圾分类意识仍有待提高。在垃圾分类的认知方面,农民目前并没有充分理解垃圾无害化处理的含义,更多停留在垃圾能否卖作废品,因此在垃圾分类的实践中农民更多倾向于捡拾塑料水瓶、纸箱等有经济价值的垃圾,而非对产生的所有生活垃圾进行有序的分类。农村居民的生活观念与习惯难以通过有限的几场活动得到根本改变。与此同时,农村人居环境整治中的基础设施随着时间的推移会出现老化及损坏的情况,需要后续不断进行维护与更新。如今部分设施已经出现故障,有部分村民反映路边的垃圾桶已经损坏,也未得到更换。村内生活污水处理设施及配套的雨污分流管网还未全面建成,村内排水仍是雨污合流,这对域内的水系造成不小的清洁压力。

3. 生态文明宣传方式较为单一,村民积极性不高

溧水区 S 村生态文明宣传方式停留在标语、宣传栏等形式上,农村居民难以深入了解生态文明知识。宣传教育强度和深度不够,针对广大农村居民的宣传活动较少,农村居民参与活动的积极性不高。目前,溧水区 S 村设置了信息公开栏,但村民群众对公告栏的关注程度不高,导致信息公开栏公告效果不

佳。在农村人居环境整治的参与过程中,不少农村居民较为明显地表现出经济理性的一面,即他们的行为选择更多基于经济利益的考虑,具体表现为对参与有可见利益活动的积极性很高,而对参与其他活动的积极性明显不足。另外,农村居民行为常常受习惯的支配,较少主动对自身行为进行调整。最后,溧水区 S 村空心化较为严重,村庄中的年轻人对社区缺乏认同感与归属感,较少基于他人及社区整体利益进行行为选择。

4. 生态文明建设长效机制有待完善

生态文明建设的体制机制仍待完善,溧水区 S 村党总支和村委会的绩效考核体系中缺乏科学的绿色发展绩效评估机制。溧水区 S 村党总支和村委会的工作人员长期以来的工作重心在于社区行政工作以及解决老百姓日常生活中的各种问题,由于年龄分布、专业水平、经验不足等各种原因,对村庄生态文明建设过程中遇到的新问题、新情况缺乏解决应对的专业知识与经验,存在管理水平不足、凝聚力和号召力不足等问题。

五、农村生态文明建设发展路径

1. 完善监督管理制度,改善农业生态环境

进一步完善农业生态环境监管制度,构建合理的农村生态环境监测体系,加强农村生态文明管理机制建设,科学合理设置县镇两级生态环境机构,强化农村环境监管执法制度安排,进而有效促进农村生态文明建设。结合农村环境综合整治工作,统筹农业生产及农村生活废弃物资源综合利用,村庄需要建立生产过程清洁化、产业链接循环化、废弃物处理资源化的生态治理系统,综合治理农业面源污染,并配套雨污分流管网工程。村庄需要努力控制农业面源污染,减少农药、化肥、鱼药和农膜的使用,推广生物防治病虫害技术,防止粮食等产品受到污染,合理使用鱼饲料打造健康绿色产品。在农业方面,推行耕地轮休,采取种一季小麦再种一季绿肥的方式让耕地得到休养;同时推广实施连片种植绿肥。溧水区 S 村党总支和村委会引导农民正确选择农药,推广低毒、低残留的化学农药和生物农药,保护病虫害天敌,减少盲目用药、乱用药,确定科学合理的用药量和用药次数。乡镇政府与村委应当对实行生态农

业的农民进行一定的经济鼓励,对于价格较普通化肥高的生物无污染肥料、农药等进行一定的补贴,维持农民经济支付成本与生态收益回报的平衡,平衡农民的经济理性与生态理性,比如推广使用新型自分解农膜、回收型聚酯薄膜,依托废品回收站进行废旧农膜回收,方便农民交售。在水产养殖方面,溧水区S村应当推广名优品种养殖和品种更新换代,实行轮流养殖;鼓励养殖户进行无公害生态养殖,尽量减少施用甚至不施用药;提高养殖用水的循环使用率。村委与乡镇政府应当引进先进的污水处理设施,使用物理化学与生物化学两种方法结合处理养殖用水。

2. 改善村内基础设施条件,加大生态文明建设投入

溧水区S村应当持续完善农村道路、农村给水排水、绿化环卫、农村清洁能源等村庄基础设施,有效强化村庄公共管理、科技教育、医疗卫生、文化体育、社会保障等配套服务设施的建设。通过配套设施的完备建设绿色生态的文化环境,为农村生态文明建设提供精神支持与文化动力,加强生态观念的培育,引导农民绿色生活。溧水区S村也需要提高开展生活垃圾分类收集的农户比例:在目前试点开展垃圾分类收集的基础上,加大资金投入,购置一批分类垃圾桶,同时在村内开展垃圾分类收集宣传教育活动,全面推广垃圾分类收集,使垃圾分类收集理念深入人心。溧水区S村党总支和村委会还需要增加生态环境保护与建设的投入,村庄要充分熟悉国家、省、市、区有关生态环境建设有利优惠政策,多渠道争取资金补助,增加在生态文明建设方面的资金投入,建立生态环境补偿专项资金机制。溧水区S村党总支和村委会要积极开辟群众监督评议生态文明建设的渠道,建立起"四位一体"的立体监督机制,即权力、行政、媒体、社会的共同监督。生态文明建设需要作为溧水区S村党总支和村委会考核的重要内容,进行考察、监督。对任务完成较好,生态文明建设突出的村民小组给予表彰。溧水区S村党总支和村委会需要及时公开村内生态文明建设相关工作内容,接受公众的监督,并通过现场走访等形式听取公众建议和意见,及时解决村民反映的生态问题。

3. 创新生态文明教育方式,完善生态文明建设机制

乡镇政府应当通过报纸、电视、网络等新闻媒介开展多层次、多形式的生态文明科普宣传。溧水区S村党总支也需要重视户外标语和广告的宣传作

用,将生态文明理念和精神,浓缩提炼成通俗易懂、耳熟能详的口号和宣传语,在村庄人流密集的公共场合,如广场、学校等地方进行宣传。政府也应当加强基层干部的生态文明教育培训,将生态文明教育培训作为深入开展主题教育的重要内容,聘请专业培训人员,每半年集中组织一次对溧水区 S 村党总支和村委会工作人员的生态文明建设教育培训,使村干部熟知生态文明建设的精神和内涵,助力全面开展生态文明宣传工作。

村庄应当开展村民群众生态意识教育,使用标语、展板和挂图等,积极开展生态文明宣传活动,开展"生态文明村"等评选活动;加强环保宣传教育,普及环保知识,提升公众环保意识,确保各村民点每年度环保宣传教育活动至少4 次。农村生态文明建设作为一项长期的系统工程,需要建立一种激励村民参与的活动机制来测评生态建设工程的实施程度,从而了解村民的想法与存在的问题。村庄建立激励机制后需要定期检查考核村民的活动情况,做出合理评价,设置相关奖项,对参与生态文明建设活动次数多且积极性高的村民给予奖励与表扬。优化农村生态文明建设长效管护机制,制定村庄长效管护方案,优化农村生态文明建设标准体系。

4. 完善村务公开内容,加强基层民主建设

溧水区 S 村党总支和村委会实行民主决策,建立合理规范的村务公开制度,并将财务情况进行公开报告。生态文明建设离不开资金的支持,因此需要把生态资金等财务款项作为村务公开的重点,收支逐项公开。溧水区 S 村党总支和村委会需要及时让群众了解、监督村集体资产的使用、分配情况和财务收支情况。溧水区 S 村党总支和村委会根据村内生态建设、村务发展、集体经济的新情况,及时丰富和拓展公开内容。溧水区 S 村党总支和村委会应当设立农村生态文明建设监督小组,该监督小组的成员经过全体村民大会或村民代表大会在村民代表中选举产生,负责监督生态文明建设资金公开制度的落实。村庄中有关生态文明建设项目的情况都应当向村民进行公开,使村民充分了解生态文明建设与村庄的关系,尊重村民的知情权、决策权、参与权和监督权,加强基层民主。

第二节　昆山市 J 村：党建引领推动生态文明建设

多年来，昆山市 J 村始终以"村强民富百姓乐"为核心任务，不断壮大村级经济，改善村民生活质量。党的十八大以来，昆山市 J 村紧抓时代机遇，积极贯彻"绿水青山就是金山银山"的发展理念，以生态产业强经济、以环境整治靓家园、以文化赋能促发展、以和谐乡风聚民心，探索绿色发展新模式，逐步走出了一条生态经济协调发展、人与自然和谐共生之路。昆山市 J 村生态文明建设持续取得显著成效，成为远近闻名的"明星村"，先后荣获全国文明村镇、中国美丽宜居村庄示范村、江苏省生态村、江苏省文明村、江苏省生态文明建设示范村、2022 年度江苏省生态宜居美丽示范村等多项荣誉称号。当前，在大力推动绿色发展和生态文明建设的背景下，"J 村模式"是否可以被其他村镇有效借鉴，其发展的条件是什么，采取了哪些有效的治理方法，具有哪些经验，这是值得关注探讨的问题。

一、农村生态文明建设发展历程

昆山市 J 村，位于昆山市张浦镇北侧、吴淞江南岸，昆山主要交通干道江浦路贯穿其中，交通便捷，区位优越。2001 年 8 月由原来金华村、北村村 2 个行政村合并而成，目前，保留南华翔村、北华翔村 2 个自然村。昆山市 J 村，村域面积 3.4 平方千米，共有 14 个自然村落，26 个村民小组，1 003 户村民，户籍人口 4 150 人。2022 年全村稳定性收入达 2 350 万元，村民可支配收入高达 5.7 万元，经济实力强劲，名列昆山市前茅。如今的昆山市 J 村，秀美如画、绿荫笼罩，走进昆山市 J 村，一条条平整通达的道路、一栋栋简洁明亮的房屋映入眼帘，村庄干净整洁、环境优美、生态宜人、景色盎然。然而，30 多年前，这里曾是四面环水、交通闭塞的"孤岛村"，村民只能靠摆渡出行，道路泥泞、房屋破败、田地凌乱，村庄经济不发达、基础设施落后、村民生活艰辛，是人尽皆知的贫困村。穷则思变，1992 年，汤仁清接任昆山市 J 村党支部书记，他上任后着手的首个项目，便是修桥，时隔 1 年，横跨吴淞江的金华大桥建成，结束百年来

J村人摆渡出行的历史,村庄与外界逐步建立起联系。路通了,接着就是谋发展。2003年,汤书记带领村民建造3万平方米的标准厂房,不仅解决了500多人的就业问题,还投资建设了1.3万平方米店面,成立富民合作社,号召470多户村民入股,2005年7月,合作社举行分红仪式,入股村民分得红利100多万元,累计分红达1 500万元。此外,合作社每年还会拿出村级收入的30%左右用于回馈村民。早在2017年,昆山市J村农民人均分红便达到1 300元左右,位列昆山市第一。

经济得到发展,村民生活水平有所提高,村干部逐渐认识到幸福美好的生活,不仅要让村民的"钱袋子"鼓起来,居住环境更要美起来。2012年,昆山市J村相继完成南华翔村、北华翔村两个村庄的村庄规划。2014年在张浦镇政府的指导下,昆山市J村农房翻建工作正式开展。与其他村庄不同的是,昆山市J村在全面落实"五个统一"翻建工作要求的同时,结合地方特色,保留了住房"白墙黑瓦、清清爽爽"的江南水乡风韵,并搭配景观植物初步营造了自然田园风光。农房翻建工作的成功开展一方面使村庄面貌发生明显变化,另一方面,村民打扫卫生的积极性逐渐被激发出来,很多村民开始自觉保持自家房前屋后的干净整洁,环境卫生观念显著增强。2017年,北华翔村被正式列入省级特色田园乡村建设试点,与此同时,江苏省城镇与乡村规划设计院对村庄规划进行修编,由此为昆山市J村制定了特色田园乡村建设试点规划设计方案,成为后续村庄建设工作的主要依据。这一年,"绿水青山就是金山银山"的理念开始冲击J村人的发展观念,之后,结合陆续出台的农村人居环境综合整治相关方案,昆山市J村村委会抱着"生态账也是发展账"的态度,以"一控二改三清"为抓手,积极开展村庄环境整治行动,先后投入近4千万元,大力实施生态工程,扎实推进村庄亮化、净化、绿化工作,加快建设公共厕所、垃圾收储站、污水处理站等环境卫生公共设施,持续提升村民居住环境质量。

村庄不仅要"面子"靓,"里子"也要美,乡村建设行动的大力实施让村干部意识到文明是一个乡村最真的幸福底色,也是村民最实的美好依靠。2011年,昆山市J村率先在全市范围内建立起慈善工作站,组建爱心志愿服务队,帮扶村内弱势群体,十几年来累计募集善款近263万元,救助困难家庭250多户,在全村营造起"人人为我,我为人人"的良好氛围。之后,为丰富村民精神文化生活,增强群众幸福感,昆山市J村从民生服务方面入手,打造市民驿站,承接

57 项与村民密切相关的民生类服务,成功打通村民办事"最后一公里"。此外,昆山市 J 村为提升村民思想觉悟、文明素养和道德水平,陆续开启组建党群服务中心、新时代文明实践站等平台。昆山市 J 村从昔日贫穷落后的"摆渡村"蜕变成经济强劲的全国文明村、中国美丽宜居示范村,与其独特的发展方式密不可分,在生态文明建设的探索历程中,昆山市 J 村取得突出成绩,也有很多建设经验值得借鉴推广。

二、农村生态文明建设成效分析

1. 绿色产业引领高质量发展

在推动经济增长的同时,昆山市 J 村着力保护和改善村庄整体生态环境,注重转变传统农业发展方式,大力推进产业融合发展。2018 年,通过承包村民土地,盘活低效农田资源,昆山市 J 村成功引进首个生态农业项目,社区合作社与常州薰衣草现代农业发展有限公司达成合作,成立菁华生态农业发展有限公司,将位于江浦路西侧的 230 亩荒地全部用于种植香草及特色花卉。自2019 年金华花海正式开园之后,一年便吸引游客 6 万人次,获取近 130 万元门票收入,村庄经济进一步提高;如今金华花海已成为长三角地区规模最大的香草园区。"合作社十企业"的运营模式,不仅使农村居民获得了土地租金、股份分红方面的收入,同时也带动了民宿、农家乐以及文创、文旅等产业的发展。

借助花海的辐射带动效应,金华桃园通过增设亲子采摘、农事体验等活动快速打开了销路。这些年,依托自身资源优势,昆山市 J 村突出培育各种特色产业,大力发展现代化观光农业和生态养殖业,先后引进并创建 200 亩特色果品基地、180 亩金华农庄和 300 亩阡陌农田蜂花港。有了观光旅游这一对外展示窗口,昆山市 J 村农副产品品牌建设成效显著,通过与企业合作,充分利用自身优势,文旅产业增收显著,发展势头良好。此外,村内 474 亩农作物播种面积中有 290 亩被认证为绿色农产品种植面积,生产的水稻由中国绿色食品发展中心审核认定为绿色食品 A 级产品,并成功创设"昆牌大米"品牌。美丽的自然景观、独特的品牌文化、经典的生态产业,吸引了一批又一批游客前来打卡体验。农文旅融和发展之路，不仅为昆山市 J 村带来了经济效益和社会效益，最关键的还有生态效益。

2. 村庄环境面貌明显改善

近些年，昆山市 J 村以村庄规划为依据，狠抓人居环境整治，汇聚合力，多管齐下，加快建设生态宜居美丽乡村，不断完善各项基础设施，改善农村居民居住条件及生活环境。以农民最关注的住房来说，昆山市 J 村早在 2014 年便着手旧房改建工作，党员干部以身作则，率先带头示范，力促村庄面貌脱胎换骨。2018 年，昆山市 J 村便已基本完成翻建工作。昆山市 J 村共计拆除 380 平方米、4 处违章搭建，遗留违章问题得到有效解决，村庄建设井然有序，格局自然。为了巩固美丽乡村创建成果，昆山市 J 村于 2017 年完成生活垃圾处理站的建设并投入使用，2018 年发放 500 个垃圾分类桶，2019 年昆山市 J 村积极响应《苏州市生活垃圾分类管理条例》要求，加大宣传发动力度，推进生活垃圾分类各项工作有序进行。目前，村内设有 5 座垃圾分类亭，其中包括 1 座智能垃圾分类亭，12 名垃圾分类专项保洁员，3 个垃圾分类宣传栏，1 处垃圾分类宣传阵地，累计向村民发放 1 000 余份宣传资料，垃圾分类工作在昆山市 J 村不断取得更多实效。2022 年，昆山市 J 村对村内破损道路进行集中修复、提升，实施健身步道工程，加装太阳能路灯，点亮生态金华，并完善运动广场、文化活动中心等公共服务配套设施，建设生态型停车场，进一步改造提升村内公园基础设施建设，在原有金华园增设葡萄棚及休憩亭子，增加绿植面积，村民幸福感、获得感不断提升。

自 2019 年北华翔村入选江苏省特色田园乡村建设示范地以来，昆山市 J 村便紧紧围绕《昆山市特色田园乡村建设实施方案》，结合百姓实际需求，引进基础设施、生态环境、景观完善、污水处理等 16 个建设项目，共投资 5 650 万元加快推进村庄建设现代化。根据方案中对河道水质的要求，陆续开展河道生态修复、水环境整治、水利建设等项目，当前，村内河塘、沟渠均无淤积情况，无垃圾漂浮问题，水体清洁，河道驳岸自然。村民饮水安全得到有效保障，自来水入户率达 100%。对于生活污水的处理，通过铺设管网、建设小型处理设施等措施，村内绝大多数农户已连接污水管网，南华翔村、北华翔村已完成 4 座污水处理站的新建工作，生活污水处理率达 90% 以上。结合厕所革命专项工作,全村户用卫厕普及率已达 100％。同时,昆山市 J 村对村内老旧公厕进行了改造升级,结合周边环境、村庄风貌建造完成 1 座 3A 级厕所,1 座 1A 级厕所,并配备专业保洁员,保持公厕的清洁、无污染,另外还有 3 座公厕仍在建设中,村民满意度显著增强。实地调查结果显示,昆山市 J 村在农业绿色发展方面取得的成绩亮眼,一是化肥农药减量使用明显,二是昆山市 J 村秸秆综合利用率、农膜回收利用率均达 100％。截至目前,昆山市 J 村已连续 6 年荣登市级农村人居环境整治"红榜",被认定为 2022 年度江苏省生态宜居美丽示范村。

3. 生态环保理念深入人心

昆山市 J 村多次荣获全国文明村、江苏省文明村等称号。十多年来,昆山市 J 村深入推进生态文明建设,倡导健康环保生活方式,营造文明和谐乡风,在村干部号召下,全村居民都已签订垃圾分类承诺书,垃圾分类的有序开展,标志着村民传统生活习惯的改变。随着乡村旅游业的发展,农村居民生活条件不断改善,越来越多的农村居民对宜居宜业环境的需求更加迫切,并逐渐外化于行,村里生活垃圾乱堆乱放乱烧、无人清理,污水直排乱排现象基本"清零",更多村民自觉参与到环境整治行动中。2017 年,昆山市 J 村老年活动中心入选江苏特色田园乡村试点建设名单,乘此良机,昆山市 J 村建立起集宣传教育、养老服务、健身娱乐等多项功能于一体的百姓会堂,在丰富居民文化生活的同时,也将各种健康科普知识、生态文明理念融入其中,村民环保意识不断增强,绿色低碳生活方式日益流行。通过向村民开展生态文明教育,绿色环保知识宣传,定期组织村民自编自导文化节目,村民的参与感、使命感和自觉性逐渐被激发,昆山市 J 村生态文明建设的民心基础更加坚实。另外,昆山市 J 村生态产业持续发展所带来的红利让更多村民切身体会到"绿水青山就是金山银山"的真谛,村民对生命共同体的认识不断深入,保护生态环境,绿色发展的理念的吸引力、影响力显著增强。昆山市 J 村生态文明建设取得的成就,不仅得到村民的衷心拥护,也获得社会的广泛称赞,成为昆山生态环境治理样板。

三、农村生态文明建设主要经验

1. 党建引领推动生态文明建设

党组织是与群众联系的纽带，基层党建在促进农业农村绿色发展和生态文明建设中发挥着举足轻重的作用。昆山市 J 村在张浦镇党委、政府的领导下，认真学习贯彻习近平生态文明思想，充分发挥村党委领导核心作用，大力实施生态保护、环境整治、生态产业工程，依托村委会、群团组织和经济合作社团结带领全村党员、干部群众，将绿色发展、生态保护作为村庄发展的重要基础。

一是实施"党建＋生态保护"工程，积极落实村两委班子生态环境保护责任，以村党委书记、村委会主任为责任河长，进一步加强村域内河道管理与保护，提升水安全保障能力，推进水生态文明建设。同时，设立"生态环境保护岗""环卫监督岗""垃圾分类岗""文明新风岗"等岗位，做好耕地、种植园、景区、基础设施、村庄道路、建设用地等区域的环境监督，实行"党支部分片＋党员联户包干"模式，由全村近 150 名党员担任义务生态管护员，轮流进行"突击式""地毯式""拉网式"巡查，对发现的问题及时汇报，迅速采取整改措施。

二是开展"党建＋环境治理"工程，昆山市 J 村不断完善"支部领导＋党员带头＋村民自治"治理模式，坚持把生态环境保护作为党员"两学一做"学习教育的重要内容，发挥党员先锋"十带头"作用，每名党员以自身实际行动宣传生态环境保护的重要意义及相关措施，由党员组成网格小组，每天 8 点在村内开展巡逻防控工作，检查村里是否存在安全隐患、公共设施是否损坏等问题，提升群众安全感，营造和谐稳定的村庄环境。另外，由党支部成员带头参加"美丽菜园""美丽庭院""美丽家园"三美行动，引导村民共建生态宜居美丽乡村。

三是推进"党建＋生态产业"工程，昆山市 J 村采取"党总支＋合作社＋公司＋农户"生态产业致富模式，依托资源优势及区位优势，大力发展特色文旅产业，抓好合作组织的党建工作，使基层党组织和广大党员成为发展生态环保产业的带头人和骨干力量。通过"党建＋产业"形成强磁场，推动产业融合发展，精心培育特色产业，助推 J 村生态产业持续健康发展。

2. 产业发展助力生态文明建设

产业兴旺是乡村振兴的基石。在绿色经济时代，单一发展经济或是单纯保护生态环境已不再适应当前快速发展的社会，只有加快推动乡村产业绿色化、生态化转型，切实将生态优势转变为经济优势，才能促进昆山市 J 村持续健康发展。相比于其他村镇，昆山市 J 村能实现良性发展的秘诀之一就在于其产业发展与生态环境保护形成了一种互促共进关系，有着共同的目标。

首先，遵循市场经济规律，紧抓绿色产业发展机遇。昆山市 J 村充分发挥自身土地资源相对丰富的优势，以土地规模经营为抓手，通过"合作社＋公司"发展模式，将种植香草花卉作为突破口，大力发展生态旅游业，积极稳妥推进农业生产结构转型，通过统筹实施生态环境整治与配套设施建设，提升乡村旅游公共服务功能，充分发挥旅游业在生态文明建设中的优势，从"荒凉土地"到"百亩花海"，昆山市 J 村切实实现"土地掘金"。

其次，打造特色品牌，提升文旅开发价值。一是通过引入田园东方集团，依托"田园客厅"载体项目，为传统腊肉产业吸引投资，完善其品牌包装，并搭建特色农产品展示、销售平台，进一步丰富旅游产品内涵，通过引进香溪文旅投资建设腊肉主题文化餐厅，在配套产业服务的同时，提升 J 村旅游业的整体形象。二是依托较为成熟的花海产业和便捷的交通区位优势，大力发展富有地域特色的黄桃、梨等果品产业。瞄准市场消费需求，转变传统耕作方式，种植优质水稻，积极申请绿色食品认证，培育打造具有地方特色的稻米品牌，提升农产品附加值，推进农业绿色发展。

最后，推动产业融合发展，构建生态产业价值链。昆山市 J 村积极发展"生态＋"模式，引入产业运营单位，着力构建集特色农产品培育、加工、销售、教育、体验于一体的特色生态产业链发展策略，以田园为课堂，以农教为契机，以文化创意产品为载体，拓展农业多种功能，拓宽村民收入渠道，为推动生态文明建设提供新动能。

3. 乡贤参与助力生态文明建设

乡贤助乡兴。乡贤长于乡土，奉献于乡间，是乡村建设过程中宝贵的人力资源。近年来，昆山市 J 村在推动生态文明建设过程中，深入挖掘本土乡贤资源，大力推进乡贤文化建设，主动邀请本土有德行、有才干、威望高的老教师、老党员、退休干部、致富能人、外出创业返乡人员加入乡贤队伍，并择优选拔巾帼乡贤、青年乡贤，激励广大乡贤自觉参与环境治理工作。村委会通过组建微信交流群，利用新时代文明实践站，为各类乡贤提供集宣传、服务、建言、互动等功能为一体的线上线下平台，不断加强对乡贤的思想引领和组织引领，潜移默化中增进乡贤对村庄的情感认同，带动更多乡贤为村庄环境整治、绿色发展出谋划策。

为了进一步运用昆山市 J 村的乡贤资源，凝聚昆山市 J 村乡贤力量，充分发挥乡贤的带动作用，昆山市 J 村利用春节、清明节、中秋节、国庆节等传统节日，抓住乡贤回乡的有利时机，积极举办乡贤恳谈会、乡情茶话会等活动，为传递家乡信息、弘扬乡贤先锋事迹、加强乡贤之间联络打造重要窗口。此外，通过讲述"乡贤故事"，让村民通过生动的乡贤故事，走进乡贤，培养文明乡风，凝聚民心力量。与此同时，昆山市 J 村通过开展乡贤共治系列行动，建立健全乡贤参事议事制度，不断优化重大事项乡贤征询制度，有效拓宽乡贤参与家乡建设的渠道。

通过"乡贤＋"模式，昆山市 J 村将"最美乡贤""五个好"等评比活动结合起来，切实发挥好乡贤在生态文明建设和乡村治理中的示范带动作用。依靠乡贤的知识、技能、威望，积极宣传推广生态文明理念，提升农村居民环保意识，引导农村居民自觉践行绿色生活方式，动员广大农村居民投身美丽家园建设。

4. 有效激发农村居民内生动力

农村居民是乡村的守护者，也是村庄环境和村落文化的守护者。乡村发展的本质是人的发展，只有尊重农村居民发展意愿，激活农村居民内生动力，才能更好地建设宜居宜业美丽乡村，推动乡村高质量发展。昆山市 J 村在建设特色田园乡村的过程中充分利用广播、宣传册、微信公众号、短视频、网页新闻等多种形式，加快信息传播速度，建设乡风文明等各类文化墙和宣传标语，生动形象地向农村居民宣传生态文明建设的内涵、意义及重要性，并积极开展各类生态文明教育活动，如绿色低碳讲堂、环保科普课堂等活动，村干部定期对生态文明相关政策进行解读，为大众答疑解惑，潜移默化中增强村民的道德素养和环保意识，唤醒村民责任意识。昆山市 J 村推行激励与约束并行机制，结合村规民约,实施家庭积分制,用以量化考核党员以及村民家庭日常行为,采取"以劳积分、以分换物"原则,激发村民参与环境整治的热情。此外,在全村范围内开展"五个好"评比活动,通过发动全体村民推荐、评议身边的模范人物和先进事迹,适时推出一批看得见、摸得着、学得到的优秀代表,让村民学有榜样、赶有目标,为村民建设美丽家园提供动力。

通过优化公开监督机制,建立项目明示公告栏,引导农村居民积极参与生态项目的建设过程和项目设施的长效管护,充分保障农村居民的知情权、决策权与监督权。村庄设立专门的投诉信箱,开通热线电话,广泛接受农村居民咨询、反映问题,对农村居民提出的问题及时进行核查及整改,建立起农村居民的价值自信。在村民守则中明确村民维护公共环境的责任与义务,鼓励农村居民合理施用化肥农药,摒弃乱扔乱堆、私搭乱建等不良行为习惯,充分发挥村民自治作用,动员广大村民主动实行自我教育、自我约束、自我监督,激发村民共同呵护生态环境的内生动力。

四、农村生态文明建设的现实挑战

目前,昆山市J村生态文明建设过程中,在发展绿色产业、改善人居环境和树立生态文明理念等方面均有显著成效,但在生态产业持续增收、长效管护监督、环保法治宣传、人才队伍建设等环节上仍有提升空间。

1. 绿色产业链延伸不足,产品附加值不高

昆山市J村绿色产业链延伸不够充分,从产地到餐桌的产业链条还不够完善,产品加工转化率较低,例如桃、梨等果品产业初加工意识不强,精深加工不足,目前仅停留在鲜果采摘、市场零售层面,产品档次和附加值不高。冷链物流体系建设相对滞后,直接影响产品的品质保障和流通效率,导致购买昆山市J村绿色农产品的忠实消费者并不多,产品知名度不高,难以形成品牌效应。金华花海、果园农庄、画匠文化等一系列生产经营活动虽然客观上促进了文旅产业的发展,一定程度上增加了产品附加值,但这些产品的可复制性较强,特色不够突出,缺乏创意,在市场上竞争力不强。同时,对比其他旅游重点村,由于昆山市J村生态旅游发展时间较短,缺乏经验,有很多地方仍不完善,

存在着经营、管理、服务比较粗放,市场定位不明确,旅游产业绿色配套设施较为匮乏,餐饮住宿同质化等问题,严重影响游客的体验和满意度,制约昆山市 J 村文旅产业的进一步发展。

2. 生态文明建设长效管护监督机制有待完善

农村生态文明建设不可能在一朝一夕间完成,需要付出长期艰苦的努力。建立长效管护监督机制是保障建设效果必不可少的工作。然而,现阶段昆山市 J 村污水处理设备的日常维护与保养、垃圾分类配套设施的定期检查与维修、生态保护修复工程的监测与监管、人居环境的巡查与考核等工作仍需进一步完善,由于缺少相应的条例与准则进行规范,也没有相应的参照物,这些工作进行起来非常困难。一方面,昆山市 J 村现有的环境治理考核标准细则中并未将长效管护监督纳入其中,奖惩措施尚未落实到实处,遇到问题通常只是口头警告,告知及时处理,执行威慑力不足,导致村庄中各项基础设施极易出现管护不及时、管护不到位、管护方式方法不合理的现象。另一方面,村庄未能结合村民代表、广大民众以及社会组织等监督主体建立起完善的环境监督体系,从而全过程监管私搭乱建、占用绿地、乱排污水等破坏环境行为。纵然昆山市 J 村建立了党员及村干部常态化巡查机制,但是随着村庄各项工程的落地实施,仅仅依靠党员及村干部有限的时间和精力难以做到有效监管。

3. 环保法治宣传力度薄弱,多数村民缺乏相关认知

目前,昆山市 J 村存在环保法律意识较为淡薄的问题。村委会对环保法治宣传工作的重视程度有待提高,存在着不作为或少作为现象,导致村庄中大部分村民对于环境保护法以及与农村生态环境相关的法律法规、实施细则了解不多,很多农户认为这些规章制度、政策文件仅仅是具有号召性、村委会需要遵守的文书,与自己无关,无法落实也落实不到位,缺少学习的主动性和保护生态环境的积极性,也缺乏运用法治方式维护自身生存居住环境权益的意识,制约了农村生态文明建设的实际效果。另外,尽管昆山市 J 村设置了"生态环境保护岗""环卫监督岗"等岗位,但并没有成立专门的环保法治宣传岗位,宣传工作的不足导致很多岗位上的人员整体素质不高,法治意识较为薄弱,监管能力与监督力度不够。不少村民难以认识到污染环境是违法行为,更不可能运用法律武器维护村庄生态环境。

4. 生态文明建设人力资源缺乏

农村生态文明建设需要大量专业人才提供技术支撑和智力保障。由于缺乏生态环境保护方面的专业人才,导致目前村内环境保护技术相对落后,生态文明建设难以取得新突破。一方面,村庄中常住人口老龄化严重,即使是村委会成员年纪也偏大,文化水平不高,生态文明意识水平不高,责任意识较为淡薄,缺乏处理工作与解决问题的能力,难以真正理解生态文明建设政策文件的精神,更难形成绿色思维从而推动生态文明建设。部分村干部观念较为陈旧,容易安于现状,工作积极性不高,生态文明宣传教育工作只停留在表面,并没有付诸实际行动,最终影响村庄生态文明建设的进程。另一方面,村内人才培养机制不太健全,缺乏科学、系统的环保人才培养规划及管理方案。由于村庄建设需要投入大量经费,村委会往往选择减少用于人才培养的资金来解决财政短缺问题,这在一定程度上挫伤了青年人才的积极性,导致人才队伍建设缺乏后劲,最终造成人才外流的局面。

五、农村生态文明建设优化路径

1. 提升产品附加值,增强生态产业竞争力

立足昆山市J村特色农业,结合村庄文化,塑造品牌形象。昆山市J村可以通过聘请专业人士进行产品的研发与设计,加强与高校、农科院的合作交流,打造农产品精深加工龙头企业,提高现有产品的附加值和综合效益。搭建绿色农产品信息平台,提升消费者对产品的信任度、认可度。同时,加大在抖音、微博等互联网媒体上的宣传力度,通过与知名品牌进行联名合作提高特色产品的知名度。增加资金投入,完善旅游业基础设施建设,鼓励外来投资主体及村民开办不同主题的民宿、农家乐,推动生态旅游高质量发展,增强生态产业竞争力。

2. 健全长效管护机制,加大日常监督力度

在生态文明建设过程中,长效管护和监督机制作为一种外部约束力必不可少,在保障设施长效运转、巩固建设成果等方面具有显著效果。因此,完善农村生态文明建设长效管护监督机制十分必要。长效管护机制方面,一是要

结合村庄实际情况,明确不同项目的管护主体,划分管护任务,确定其相应的职责及管护范围,做到分工明确,责任到人。二是管护人员的配备既要包括基层党员干部,也要包括普通村民、社会组织,定期开展管护培训,打造一支专业性强、精干高效的管护队伍,形成上下联动的管护体系。三是要制定管护实施细则,并且依据不同的项目形成相应的管护标准。四是建立专项经费制度,明确规定专款专用,确保资金使用效率。

在监督管理机制方面,首先,建立符合实际、完善的监督机制,对监督内容进行细化,邀请市场主体、社会组织、普通民众参与制订,保障监督机制的有效性。其次,为保障监督常态化、精准化,开通村民监督和举报渠道,赋予村民参与监督、提出建议的权利。最后,建立考核奖惩制度配合监督机制有效运行,激发多元主体参与监督的热情,成立专门的考核工作小组,制定民主公开的评比规则,每季度进行一次评比,得分最高的组织或个人给予奖励,作为先进典型,通过微信公众号、宣传栏等方式进行广泛宣传,形成监督与接受监督的浓厚氛围和良好习惯,进一步激发农村生态文明建设活力。

3. 加大环保法治宣传力度,强化农村居民认知

从多方面广泛宣传环保法律法规的知识,不断推动环保法治化信息公开,保障农村居民获取法律信息渠道的多元化。昆山市J村应进一步重视开展环保法治宣传活动,针对本村生态文明建设现状及农村居民特点,采取符合实际、贴近村民的宣传形式,将环境保护法律法规送到村民身边,通过建立生态环境法律法规宣传平台,为村民提供环保法律咨询与服务,提升居民的环保法治意识。鼓励慈善工作站、新时代文明实践站为农村居民提供环保志愿服务,组织村民定期学习环保法律知识,让农村居民认识到环境污染对农村及自身环境权益带来的危害,提高农村居民对生态文明建设法规的认知水平,推动农村居民积极参与农村生态环境保护,有效维护自身的环境权。村委会可以聘请专业人员,每季度开展一次法治教育培训;充分利用各种新闻媒体,加大对依法治污成就经验的宣传力度,讲好法治故事,积极宣扬先进典型,营造良好的环保法制宣传氛围。

4. 重视人才培养,完善人才队伍建设

首先,加强培训,提高村干部综合素质和工作水平,定期邀请省市县各级

环保专家来村举办生态文明专题讲座,教育引导村干部转变工作态度,适应时代变化,学会运用绿色发展理念抓好农村工作,增强服务群众的意识和本领。强化对昆山市 J 村村党委和村委会人员的管理考核,及时了解昆山市 J 村村党委和村委会人员的思想状态,不断熟悉村干部的工作情况,加强对村干部日常工作的监督,促使村干部全力以赴履职。其次,充分发挥农村居民主体力量,培育本土优秀人才,完善生态文明教育培训体系,积极发挥高校、科研院所、互联网等平台的作用,向农村居民普及生态文明知识。积极挖掘村内生态环保方面的人才资源,对于对生态文明建设具有突出贡献的村民,给予精神和物质奖励,或纳入村级后备干部,促使他们在推进农村生态文明建设中发挥更重要的作用。最后,做好人才引进工作。借助公众号、小视频、专题片等,围绕农村生态文明建设的重要性展开宣传,鼓励创业能人、青年学生回乡发展乡村生态产业,通过提供信息服务、技术指导、开辟绿色通道等措施,吸引优秀人才回乡发展,自觉参与到农村生态文明建设中。在重视人才培养和人才引进的同时,也要营造惜才尊才的良好氛围,解决好人才的后顾之忧。

第三节 溧阳市 G 村:三元统合助力生态文明建设

溧阳市 G 村山水秀丽,民勤物丰,是"溧阳 1 号公路"全域旅游发展轴上的重要节点。经过多年的农文旅产业融合发展,溧阳市 G 村先后获得 50 多项荣誉,如"江苏省康居示范村""江苏省文明村""江苏省卫生村""全国生态文化村""江苏省最美乡村"等。2006 年,溧阳市 G 村被评为首批省级社会主义新农村建设示范点。2023 年 5 月,溧阳市 G 村被设为全国第 8 个"乡村振兴观察点"。在农业农村部公示的 2023 年中国美丽休闲乡村名单上,溧阳市 G 村是常州市唯一一个入围的村庄。溧阳市 G 村围绕"特色"树差异、"田园"建场景、"乡村"做体验,让这座历史悠久的古村落再次焕发出新的生机。作为一个以村落自然山水为基础,以文旅体验、田园生活、文化彰显为纽带,带动一二三产业协同融合发展的村落,溧阳市 G 村实现了生态文明与经济发展的同步。对溧阳市 G 村的成功案例进行深入研究并从中总结经验,能够为江苏省农村生态文明建设提供有效经验。

一、农村生态文明建设发展历程

溧阳市 G 村,位于天目湖镇中西部,沙河水库与大溪水库之间。溧阳市 G 村下辖 19 个自然村,总面积达到 22.31 平方千米,在籍居民 1 069 户,人口 3 369 人,党员 123 名。2022 年,溧阳市 G 村接待游客 72.36 万人次,乡村旅游总收入达到 3.05 亿元,村集体经营性收入达到 422.25 万元,人均纯收入 65 000 元。溧阳市 G 村的经济、政治、文化等方面都与生态文明紧紧嵌合在一起,这使得经济社会与生态环境协调发展,形成了资源可持续利用的生态安全格局。

1. 培育绿色产业:绿色产业带来绿色红利

在 20 世纪 70 年代,溧阳市 G 村兴建村集体茶场,以生产队入股的方式创建了目前华东地区仅存的村集体茶场,如今村民每年都可以享受分红福利。1974 年,溧阳县"知青办"在桂林茶场建立"桂林知青点",一批批知识青年成为茶场垦荒种茶、采茶制茶的主要成员。1984 年,桂林茶场推出"沙河桂茗"品牌。1991 年,"沙河桂茗"通过国家级名优茶鉴定,之后接连荣获"第二届中国农业博览会"金奖、"中茶杯"特等奖和"陆羽杯"特等奖等 20 多项荣誉。"沙河桂茗"的制作工艺和风格特征,奠定了天目湖系列名茶的发展基础,也被载入江苏省绿茶制作"非遗"名录。近年来,溧阳市 G 村始终恪守"绿水青山就是金山银山"这一理念,按照"产业兴旺、生态宜居、乡风文明、治理有效、生活富裕"的总要求,充分挖掘生态优势,释放生态红利,农村环境不断改善,村庄更加宜居。溧阳市 G 村现有茶场 50 多家,年销售额 1 亿元左右,是典型的一二三产融合发展的乡村;5 000 多亩茶园还形成了一个天然氧吧,每年吸引百万人次游客前来度假康养。

2. 保护村庄风貌:加强生态修复与统一布局

2017 年 6 月,江苏省委、省政府印发《江苏省特色田园乡村建设行动计划》,决定以"生态优、村庄美、产业特、农民富、集体强、乡风好"的总体要求启动江苏省特色田园乡村建设。溧阳市 G 村保留了古村落的传统风貌,没有选择重新翻修,而是将村落布局统一,加强综合治理。在建设过程中,溧阳市 G

村对房前屋后环境综合整治 140 处,清理垃圾 160 立方米,打通宅间道路 50 处,恢复自然生态林地 1 000 余平方米。溧阳市 G 村对于村庄的规模进行了适度的调整,没有大修大建,只在合理的范围内进行了扩张,村庄与周围的自然环境保持着正常且自然的边界。溧阳市 G 村新建部分与老村保持了统一,保持了传统的建筑风格,其新建部分也没有使用机械化的行列式与兵营化布局。老村延续了古典乡村田园的风光,村庄与周边自然环境和谐共生。改造过程中使用溧阳市 G 村特有的"四方砖",配以闲置的石磨、旧水缸等老物件进行景观设置,形成了具有地域特色的乡村空间景象。

溧阳市 G 村在改造过程中根据本地的自然资源条件,采用本地出产的材料,比如在建筑材料中采用本地生产的石材、木材、竹子等。溧阳市 G 村在传统建造中还进行一系列精细化的设计处理,在村庄中打造出溧阳市 G 村特有的田园景观。溧阳市 G 村还将闲置的传统建筑和一些新型公共空间合理运用,充分发挥文化空间的功能,用来展示溧阳市 G 村特有的传统文化,文化展示馆与文化体验馆的设置为村庄第三产业发展提供了文化元素,村民们也能在场馆中享受到村庄的公共服务。村庄内新建建筑均使用新型墙材和商品混凝土,尽最大限度节约资源和保护生态环境,同时溧阳市 G 村党总支积极组织开展普法宣传工作。新建建筑采用绿色节能技术和装配式建造技术,建筑屋顶采用太阳能集热系统对太阳能进行有效利用,并大量运用太阳能灯进行夜晚照明,部分村民还在屋顶安装太阳能发电站。

溧阳市 G 村村内的绿化带种植的都是适应本地气候的植物品种,在溧阳市 G 村还创新地使用田间的瓜果蔬菜和农户自家的花卉品种来设计绿化带。溧阳市 G 村的街道两旁都是传统的田园景象,并没有落入乡村景观"城市化""公园化"的窠臼,也没有产生过度"布景化"的现象。溧阳市 G 村通过土地整治、流转低产农田 367 亩;2019 年度河塘清淤 6 座,清淤量超 3 800 立方米;河塘生态驳岸 280 米;绿化补种和更换 8 000 平方米。通过退耕还林、土地综合整治和林茶收储等生态修复措施,溧阳市 G 村在保持村庄原有风貌的基础上,将荒山变茶山,河塘变湿地,田园变公园。

3. 完善配套设施:建设生态宜居农村

溧阳市 G 村先后共计投资 800 多万元,提升和完善了村庄道路、停车场、路灯、标识标牌等公共基础设施,新建三类水冲式公厕2座;完善垃圾收运体系,共建立垃圾分类亭8座;新建和疏通雨水明沟520米;翻建村委便民服务中心1 056平方米。全村自来水、燃气入户率均达到100%,电力、电信、有线电视已全部覆盖。采用线杆输电和地下线网相结合的模式,输电线杆架设有序。溧阳市G村采用青石板、碎石、压模等施工工艺对村内1 550米主道路进行拓宽修整,铺装宅间路600米,对主干道路灯进行线路维修和维护。新建生态型公共停车场9个,可同时供56辆车停放。村庄道路宽度适宜,道路标志、标线、标识设置合理,道路临水临崖路段完善安全防护设施。溧阳市G村具备条件的农村公路实现了路田分家、路宅分家。农村居民住宅间的道路和人行道都使用环保的生态材料铺设,溧阳市G村在主干道配备有路灯,保障村民与游客的夜间出行,溧阳市G村为保障村庄的旅游发展还建有9处规模适度的生态型公共停车场。

溧阳市G村根据村庄的布局与自然环境,实施雨污分流改造。溧阳市G村完善村内雨水排放体系,疏浚沟渠120米,新建或修缮雨水沟400米,保证了村内雨水排放体系完整通畅。溧阳市G村采用接入城镇污水管网、建设小型污水处理设施集中处理等方式处理村庄的污水。污水收集网覆盖溧阳市G村所有农户,接入江家湾污水提升泵站,通过天目湖镇污水处理厂处理后达标排放,村庄生活污水得到有效治理,溧阳市G村还建立了村庄生活污水处理设施运行维护的长效机制。溧阳市G村拥有先进的垃圾收运设施,村庄内的生活垃圾能够实现日产日清,村内无暴露垃圾和积存垃圾。溧阳市G村还建立"有制度、有标准、有人员、有资金、有检查"的村庄环境卫生长效机制,不断开展实践,每日可减少垃圾1吨多。溧阳市G村在每个区域都至少配建1座水冲式公共厕所,村庄的建筑风格与自然环境相协调,溧阳市G村无害化卫生户厕普及率达到100%,没有设置旱厕。村内新建2座三类水冲式公厕,共有厕位17个。

二、农村生态文明建设的主要成效

1. 美丽生态转化美丽经济

生态振兴是乡村振兴的重要支撑,溧阳市G村一直坚持"绿水青山就是金山银山"的生态文明理念,以绿色低碳发展为引领,将乡村生态振兴与社会效益、经济效益有机结合,实现"绿水青山"的最大效益。溧阳市 G 村大力推动生态价值转化,以美丽乡村发展美丽经济。溧阳市 G 村依托天目湖旅游度假区地缘优势,形成以茶文化为特色的"旅游+茶产业"。溧阳市 G 村还打造了"桂客"文创产品引领富裕之路。桂花产品是溧阳市 G 村村民生活不可或缺的一部分。溧阳市 G 村的建村就与桂花有不解之缘。悠久的桂花历史让溧阳市 G 村 22.31 平方千米的富硒土壤里长出了"金子"。作为溧阳市 G 村的特产,桂花变为桂花饼干、桂花茶叶、桂花酒、桂花糕等;各种各样的桂花产品和智慧农业的生态有机果蔬、板栗、竹笋等应有尽有。溧阳市 G 村重点打造"桂客"这一文化品牌,"沙河桂茗"制作技艺入选江苏省绿茶制作"非遗"名录,围绕桂花元素,溧阳市 G 村打造桂园、桂花民宿、桂花铺子、桂花研学中心、耕读民宿等多个文化景点,全面展示溧阳市 G 村的文化传承、文化特色,并带动相关产业发展,解决村民就业,引领村民创业,走出了一条强村富民的新路子。

溧阳市 G 村村民搭上了民宿发展的"快车",村民们用心经营的精品民宿,很受游客欢迎。如今,溧阳市 G 村村民自发开办的民宿、农家乐已超百家。涵田度假村旅游综合体、中国再生医学健康管理中心、桂林山居古村落、安悦天目山居、苏园康养体验馆等一批总投资近百亿元的项目纷纷在溧阳市 G 村落地,这个昔日的山间小村已经成为天目湖镇发展乡村生态旅游业的排头兵。2014 年,溧阳市 G 村乡村旅游协会成立,在协会的带动下,从村里走出去的 20 多名大学生、退役军人和企业家纷纷返乡创业。2020 年,溧阳市 G 村的乡村旅游经济体壮大到 150 余家,全年接待游客 42.86 万人次,村民人均纯收入达 45 000 元。

2. 积极推广垃圾分类四分法

溧阳市 G 村是江苏省村庄垃圾智慧分类示范村,推广"四分法",坚持网上宣传键对键、集中宣传面对面、入户宣传点对点,设置绿色积分兑换,定时定点分类收运和定岗定员分类指导。村委会在每户村民门口放置了装有射频卡且颇具乡村特色的大容量"易腐垃圾+其他垃圾"组合桶;村内的垃圾收运车带有称重照相系统进行智能识别,每家的垃圾重量和分类后的图片可实时传输到大数据平台,根据评分规则给予村民积分奖励,村民可到村头的垃圾分类体验馆兑换食盐、酱油等奖品,农村垃圾分类与村庄环境整治完美结合,简而言之，只要根据垃圾分类指导员的要求去做，家里的日常用品几乎不用花钱。垃圾分类标准简单易懂，易于农户进行操作。村民在感受到自身的重要性之后，也积极投身于环境整治中。部分村民利用空闲时间，自发参与到河塘清淤等劳动中，为环境整治贡献自己的力量。溧阳市 G 村充分运用信息化、市场化手段，有效促进了农村垃圾分类。

作为常州地区首批农村垃圾分类示范点，溧阳市 G 村配备完善的垃圾收运设施，生活垃圾日产日清，无暴露垃圾和积存垃圾，建立健全"有制度、有标准、有人员、有资金、有检查"的村庄环境卫生长效机制。溧阳市 G 村还聘请无锡市金沙田科技有限公司对全村卫生进行高标准长效管理。保洁员单人配车每天 8 小时车轮式巡查，垃圾落地 5 分钟内必须清除，垃圾桶内保持长效干净清洁。村民与保洁员之间较为熟悉，这种纽带使得部分村民会自觉为保洁员着想，为了减轻保洁员的负担，他们会尽可能地维护好房前屋后的环境卫生。有些村民还会每天自觉冲洗自家的垃圾桶，除了保持干净卫生以外，村民也希望为保洁员减轻负担。

3. 生态修护实现"山水田林人居"

溧阳市 G 村拥有得天独厚的地理优势，背靠天目山余脉的桂林森林公园，常年翠绿葱葱，森林覆盖率高达 73%，是不可多得的天然氧吧。溧阳市 G 村人格外珍惜大自然的馈赠，深知保护好生态是全村可持续发展的重要保证，因此在发展过程中妥善处理好乡村发展与生态保护的关系。注重生态修复，绘制碧水蓝天平湖画卷。溧阳市 G 村通过退耕还林、土地综合整治和林茶收储生态修复等措施，截至 2020 年，土地综合整治 100 多亩，生态修复 200 多亩，对房前屋后环境综合整治 240 处，形成了美丽的滨水景观带，极大地改善了村庄的生态环境。溧阳市 G 村注重智能管理，拥抱数字节能低碳生活，作为生活垃圾分类重点建设村，全村推广秸秆禁烧还田综合利用，是常州地区首批农村垃圾分类示范点，同时注重设施提升，创立美意田园村落布局。

溧阳市 G 村加强生态修复，实施改种加退耕，提高乡村生态系统的生产力、恢复力和活力，让田园变"公园"，农田变"景区"。溧阳市 G 村积极通过国土整治、环境治理、生态修复等综合措施，逐渐恢复了传统且自然的乡村景象，达成了"山水田林人居"的生活目标。溧阳市 G 村对村内河塘进行集中清理，清淤量超 3 800 立方米,清除有害水生植物、垃圾杂物 60 立方米,新建生态驳岸 4 个,与此同时将村庄范围内的水系贯通,形成美丽的滨水景观带。目前溧阳市 G 村范围内的河道、沟塘水系连通,岸坡适宜;村庄水体清洁,无黑臭水体,没有有害水生植物、垃圾杂物和漂浮物;河塘淤积也得到了适时疏浚。溧阳市 G 村推广秸秆禁烧、还田综合利用等举措,溧阳市 G 村将农业生产产生的秸秆、农膜等农业废弃物进行了有效的回收与利用,还将养殖畜禽形成的粪污进行了资源化利用。溧阳市 G 村通过缓释方式对畜禽养殖废弃物进行处理,形成有机肥,这些有机肥用于茶叶种植及联创有机农业生产基地的肥料供给,农民得到了实惠又保护了生态环境。

三、农村生态文明建设的成功经验

乡村社会呈现复合型的治理机制嵌入:建设事务的行政化运作,塑造农村的科层组织;建设事务的政治域统筹,凸显乡村党委的作用;建设事务的自治性回应,构建乡村自治协商。复合型治理结构体现为"政治—行政—自治"三元统合的模式,而且提升乡村实质治理能力,实现规则之治、稳定生态与治理有效。溧阳市 G 村的发展与生态文明建设离不开各方力量的贡献:政府搭台并进行政策扶持,委托村委建立公司进行现代化管理。溧阳市 G 村依托天目湖旅游度假区地缘优势,走乡村文旅产业化道路,因地制宜发展现代农业、生态农业和乡村旅游等主导产业,以度假康养为核心,以禅茶文化为特色,充分挖掘农业,走出了一条"生态生产生活"相融、"全景全时全龄"共享的文旅产业融合发展之路。坚持以发展为主线,产业为主体,党支部的领导为主导,发展村庄的特色产业,提升农民收入水平,打造活力乡村,优化农村生态环境,彰显特色文化。

1. 政府与村党组织:党建引领基层治理

溧阳市 G 村以习近平新时代中国特色社会主义思想为指导,全面贯彻党的二十大精神,着力培育绿色低碳的文明乡风、良好家风、淳朴民风,焕发乡村文明新气象,不断加强乡村建设和乡村治理,取得了显著成效。在生态文明建设的实施过程中,地方政府积极履行责任,加强政策引导。近年来,溧阳市制定了《溧阳市农村人居环境整治村庄垃圾清理专项行动方案》，天目湖镇制定了《天目湖镇农村环境卫生长效管理考核细则》，明确了农村生态文明建设的目标与实施方案。政府还通过各种活动进行宣传，引导村民观念与行为的转变。政府还建立起完善的监督考核机制，对项目实施、建设成效与工作推进进行严格监督，确保相应工程能够按时按质地完成。天目湖镇由农村环境综合整治办公室对村庄环境卫生工作进行考核，进行"以奖代补"资金的拨付，年度考核优秀的村足额拨付，不合格的村不予拨付；对村庄环境治理进行评选并给予适当奖励。

溧阳市 G 村坚持贯彻党建引领基层治理，坚决落实支部建在网格上，确保一网格一支部，形成农村基层社会治理的新局面。溧阳市 G 村充分发挥党组织堡垒作用，以网格化社会治理为基础，探索"党建＋网格"的新模式，开展以党员为先锋，网格员为骨干的网格联动"六步闭环法"。溧阳市 G 村下设 4 个网格，村党总支书记为总网格长，每个网格设 1 名支部书记和 1 名网格长，村民小组长为专职网格员。网格员每天走村入户，遇到小问题立马解决，如果不在自己的权限范围内，立马将信息采集上报给网格长，网格长核实立案后，通过专属的"社会综合治理平台"进行分流交办，支部书记在这个过程中负责督查督办，直至老百姓对这个事件结果反馈满意方可核查结案，最终形成闭环。除此之外，溧阳市 G 村党总支还会定期召开双周例会和信访矛盾排查会等，加强网格内的日常走访和矛盾排查力度，做好矛盾纠纷处置上报工作，截至目前，共上门 2 690 次，处理土地纠纷、青苗归属、违章搭建、柴禾乱堆等各种矛盾及问题 480 多件。

在政府的大力支持下，村两委工作积极性高，村党总支、村委会召开村民代表会议、村民小组长会议，宣传带动村民参与乡村生态环境建设，有效调动村民的积极性，农民群众都能自觉自愿地投工投劳参与到乡村生态环境建设中。村党总支多次组织村民代表、党员代表、户代表到附近特色田园乡村参观学习，进一步提高居民的认知水平。溧阳市 G 村基层党组织坚强有力，村两委工作积极性高，配置有村级带头人，对特色田园乡村的目标内涵宣传到位。在制订村庄规划设计、工作方案的过程中，村委注重农村居民的意愿调查和意见搜集，充分调动农村居民的积极性。村庄建设以"景中村，夜花园"为目标，完成村庄环境的设计方案。

政府与村党组织注重各方力量作用的发挥,积极发动农村居民、乡村技能型人才主动参与村庄建设、设施维护和运营管理,有效引导乡贤、能人积极参与乡村治理,增强乡村经济发展与生态环境建设的内生动力。溧阳市 G 村积极开展新时代文明实践工作,常态长效运行新时代文明实践站,开展富含生活气息和情感温度的理论宣讲活动。溧阳市 G 村对村内的体育设施进行了更新,对文化设施进行了完善,这些举措有效地丰富了乡村的休闲活动,农村居民能够在广场上开展具有浓郁乡土气息的乡村文化建设活动,积极进行体育锻炼,村民的凝聚力、向心力不断提高。

2. 村委与企业:行政资源与市场资源转化村治资源

建设生态文明的基础是乡村产业振兴,溧阳市 G 村村委会为壮大农村集体经济,注册了江苏桂客文旅发展公司。溧阳市 G 村村委会还同某咨询服务公司进行签约,共同打造特色村庄运营策划,积极邀请国内外知名品牌加盟民宿运营,管理运营实行前置。严把规划设计关,严格管理施工单位。溧阳市 G 村制定完善的项目建设管理制度,通过工程监理、跟踪审计等部门进行联合监管,保证建设全过程的规范高效。同时,溧阳市天目湖镇纪委不定期对各部门工作进行督查,确保资金使用合理规范。溧阳市 G 村对政府的财政资金做到专款专用,管理规范,严格按照财政要求编写预算,进行项目推进与支付。与此同时,溧阳市 G 村还建设游客接待中心,为乡村旅游提供配套服务。溧阳市 G 村村委会通过经营性土地集体入市的举措,盘活了村内闲置空房,出租村集体建筑,改造成民宿及乡村旅游配套设施,带动村民就业,促进村民增收。溧阳市 G 村先后引进某有机农业有限公司、桂林山居、安悦天目山居等项目,促进农庄、民宿的兴起,促进农民增收,溧阳市 G 村目前已建成家庭民宿 5 家,家庭农庄 1 家,已申报"共享厨房"1 家。在经济发展的同时,溧阳市 G 村开展农村人居环境整治提升,加快绿色低碳转型。

此外,溧阳市 G 村加大招商引资力度,举办 IP 品牌发布会,对入驻的企业给予统一培训、推广宣传等,吸引了优秀年轻人才返乡创业兴业。溧阳市 G 村村委会建立了村民股份合作制度,并发放股权证书,确保了村民从村庄建设中得到应得的收益。溧阳市 G 村成立茶叶协会、旅游协会,这些协会定期举行农业技术培训,确保农村居民获得绿色高效的种植技术与栽培技术。根据溧阳市出台发展农业农村电商的政策措施,溧阳市 G 村形成适合网络销售的特色产业,吸引了一批从事电商的经营主体与个人,溧阳市 G 村农产品网络销售额明显增长。溧阳市 G 村的某有机蔬菜生产基地,搭建网络销售平台,并与村内农家乐合作,将有机蔬菜作为品牌销售给农家乐店主。农家乐店主也将有机蔬菜作为店内品牌在网上进行推广,吸引了大批游客前来消费并得到一致好评。有机蔬菜带动有机生活,形成有机产业链,给农户增收。溧阳市 G 村以村落自然山水为基础,以生态田园和乡村本底为载体,以乡村"夜色、夜游、夜(业)态"发展为核心,彰显溧阳市 G 村"夜花园"的经济业态特色,打造了以山水度假、禅修康养、文旅休闲为特色的"景中村"。在"不夜村"建设过程中,溧阳市 G 村村委会专门设立"乡村振兴"基金会,基金会对村庄集体经济产生了积极作用,方氏宗祠和临水商业均由基金会出资建造,溧阳市 G 村引入社会资本进入农村经济循环,农村居民与企业通过合作社、村企等平台参与乡村产业建设发展。溧阳市 G 村逐渐探索出乡村建设与运营的创新模式,提高了农村经济的市场化运营程度,能够真正地带动当地村民就业创业,实现增收,让每个农户都能拥有较稳定的收益来源。

3. 村民自治:建设美丽乡村与庭院评比

溧阳市 G 村通过完善村民自治机制,健全村规民约,不断引导农村居民树立正确价值观,提升乡村社会文明程度,促进乡村文明建设。溧阳市 G 村推进乡村自治,道德大讲堂、百姓议事堂、三官一律站、信访接待室、心理咨询室等发挥了不可替代的作用。溧阳市 G 村积极打造新时代文明实践站,推行"厚养薄葬、丧事简办,崇尚节俭、婚事新办,破旧立新、倡树新风"等移风易俗和典型宣讲,发挥红白理事会和乡贤顾问团德高望重的"五老人员"的影响力优势,持续开展文明家庭创建,深入推进移风易俗,大力弘扬时代新风。在溧阳市 G 村的自治实践中,农村居民的归属感、获得感与幸福感不断增强,这使得农村居民越来越愿意参与自治,也提升了溧阳市 G 村的乡风文明。

农村居民在溧阳市 G 村村委会组织下开展"五好文明家庭""五最"评比活动,设置"百姓议事堂"和"道德讲堂"等,农村居民的主人翁意识不断增强,对村庄的生态环境也有了不一样的认识。庭院评比 1 年举办 4 次,在"最美庭院""最美堆放"等评比中,村民们积极参评。村内挂牌的各级各类"美丽庭院"

"美丽家园"示范户的比例达到 60％以上，溧阳市 G 村获评省级"美丽家园示范点"称号。

四、农村生态文明建设的现实挑战

在农村生态文明建设的过程中，农民生活方式和农业生产方式可以得到充分的改变，但这个改变并非是一蹴而就的。在这一过程中，农村居民作为农村生态文明建设的重要主体，其自身的行动理性会影响农村居民在生态文明建设过程中的参与行为，因此在农村生态文明建设的过程会面临人与自然的现实挑战，具体表现在以下几个方面：

1. 乡村人口外流，缺乏生态建设活力

溧阳市 G 村现辖 19 个自然村，1 028 户，3 342 人。村庄人口密度相对较低，自然村规模不大，空心村现象初现。村庄内部的人口结构也出现了老龄化的特征，村庄中 72.22％的人口都在村外务工。因此乡村未能充分发挥人口集聚功能，功能活力不足。老年农户收割下来的秸秆无法处理，田间地头房前屋后秸秆乱堆放现象较为严重，有的自然村甚至出现了撂荒的情况，不利于农业绿色化发展，也造成了自然资源的浪费。

2. 绿色产业的业态单一，乡村发展方式亟待转变

目前溧阳市 G 村以第一产业为主，第三产业为辅。但第三产业的发展还处于初期阶段，缺乏整体规划，旅游设施以民宿及农家乐为主，总体发展水平不高，产业的业态较为单一。在特色田园乡村建设全面铺开的大背景下，需要对当前过于重视乡土的设计方向进行一定的改变，逐步引入绿色产业的业态。乡村自我造血功能尚未激发，产业普遍缺乏持久活力，没有产业持续的高效发展，生态文明建设则如无根之萍，难以持续。

3. 生态文明建设体制有待完善，干部生态素养有待提升

溧阳市 G 村党总支和村委会的绩效考核体系中缺乏科学的绿色发展绩效评估机制。溧阳市 G 村党总支和村委会的工作人员长期以来的工作重心在于社区行政工作以及解决老百姓日常生活中的各种问题，对农村生态文明建设过程中遇到的新问题、新情况，缺乏解决应对的专业知识与处理经验，存在管理水平不

高、凝聚力不够和号召力不强等问题。溧阳市 G 村 18 个自然村生活污水全部接入污水总管,但是缺乏专业工作人员日常管护,经常会接到农村居民投诉管网堵塞致使居民家里空气不好等各种问题。与此同时,溧阳市 G 村作为全国乡村振兴观察点,来自各方的政务接待比较多,政府对村里的要求也非常高,导致村庄长效管理方面投入的小型基础设施、绿化美化等维修维护费用较高,并且居高不下。

4. 生态文明宣传方式较为单一,村民认同感不强

目前溧阳市 G 村生态文明宣传教育强度和深度有待提高,针对广大农村居民的宣传活动较少,农村居民参与活动的积极性不高。如在生活垃圾分类的参与过程中,不少农村居民较为明显地表现出经济理性的一面,即他们的行为选择更多基于经济利益的考虑,具体表现为对有可见利益活动的参与积极性很高,而对其他活动参与的积极性明显不足。另外,农村居民行为较多受习惯支配,较少主动对自身行为进行优化、调整。最后,溧阳市 G 村空心化现象较为严重,村庄中的年轻人对社区缺乏认同感与归属感,较少基于他人及社区整体利益进行行为选择。

五、农村生态文明建设的发展路径

1. 留住乡村人口,重视人才引进

人口变化与乡村发展依存关系一旦形成并产生效果,改变则需要较长的时间。溧阳市 G 村老龄化与少子化并存的趋势越来越明显,因此溧阳市 G 村应该加快建立人才引进的相应制度,加快产业的业态升级。用丰富的就业机会、完善的基础设施、优越的服务理念将农村年轻居民留在村庄内,也形成对返乡精英的"拉力",甚至是对城市优秀人才的"吸力"。没有新的农民人口补给进来,农村发展将缺乏人口支持,农村的生态环境建设也缺乏保障。

2. 推动城乡融合多元联动的乡村新业态

溧阳市 G 村应当加强农业运营策划,培育特色产业体系。农业绿色低碳发展是一项综合性的工程,需要详细分析其中的核心问题。溧阳市 G 村应尽快建立以农作物生产为基础的生态循环农业产业体系,重塑种植业与旅游业

二者之间的关系。依托区域资源优势,大力发展绿色休闲农业,加快乡村生态旅游业发展。与此同时,村庄需要构建与其他村庄进行信息共享与资源互助的网络大数据平台。通过大数据的演算,村庄科学地集中经济资源与人才资源,对乡村的特色产业开展技术的升级研发与产品的创新开发。积极利用大数据系统为农企的技术研发提供可靠支撑,推动村庄内的农业生产技术向更加环保低碳的创新型技术升级,用创新的科技推动生态农业的持续发展。

3. 提升村干部的生态文化素质,完善生态文明建设机制

政府也应当重视基层干部生态文明教育培训,将生态文明教育培训作为深入学习贯彻习近平新时代中国特色社会主义思想的重要内容;聘请专业人员,每半年集中组织一次有针对性的对溧阳市 G 村党总支和村委会工作人员的生态文明培训,使其熟知生态文明建设的内涵外延、主要目标和具体内容,助力全面开展农村生态文明宣传工作。溧阳市 G 村村委会需要及时公开村内生态文明建设相关工作内容,接受公众的监督,并通过现场走访等形式听取公众建议和意见,及时解决农村居民反映的生态问题。

4. 多层次、多形式开展生态文明科普宣传

溧阳市 G 村村委会可以通过报纸、电视、网络等媒介对农村生态文明建设进行多层次、多形式的生态文明科普宣传,促进农村居民了解生态文明建设。农村生态文明建设作为一项长期的系统工程,需要建立一种激励农村居民参与的活动机制来测评生态建设工程的实施程度,从而了解农村居民的想法与项目实施的问题。溧阳市 G 村村委会则在建立激励机制后需要定期检查考核农村居民的活动情况,作出合理评价,设置相关奖项,对参与生态文明建设活动次数多且积极性高的农村居民给予奖励与表扬。

第四节　江宁区 P 社区:"五治融和"推动生态文明建设

近年来,南京市江宁区 P 社区经济发展水平不断提升,居民人均可支配收入超过 4.1 万元。在上级党委、政府的领导下,江宁区 P 社区党总支和居民委员会坚持从实际出发,以居民生态需要为导向,以"三美一高"为建设目标,着

力探索"五治融和"助力农村生态文明建设模式,推进共建共治共享,充分激发村庄内生发展动力,加快农村人居环境规划及整治进程、农业绿色转型发展和农村精神文明建设,取得了显著的成效,实现了社区从"穷脏差"到"绿富美"的转变。江宁区 P 社区获得了"江苏省百佳生态村""江苏省文明村""全国农业旅游示范点""江苏省文明社区""江苏省农村现代化先行示范村""国家级生态村"等荣誉称号,并于 2021 年获评"江苏省生态文明建设示范村",2022 年成为区级科普教育基地。

一、农村生态文明建设发展历程

江宁区 P 社区,位于南京市江宁区禄口街道东南端,是江宁南部田园片区的重要区域,社区共下辖 8 个自然村,8 个村民小组,区域总面积 2.34 km²,种植面积 1 738 亩,水面积 454 亩。截止 2022 年末,社区户籍人口 1 440 人,共524 户,社区常住人口 1 204 人。谈及江宁区 P 社区生态文明建设的快速发展,该村居民都会说起社区党总支书记、全国劳动模范——沈庆喜。早在 20世纪 70 年代初,当选村党支部书记的沈庆喜便下定决心,要让江宁区 P 社区居民过上好日子,以沈庆喜为代表的村党支部首先带领 1 000 多位农村居民利用本地自然、人力资源,共同发展一、二、三产业,齐头并进,壮大了村级经济的同时,也为该村居民建设现代化新生活奠定了坚实基础。具体而言,可以把改革开放至今江宁区 P 社区生态文明建设发展历程划分为初步探索、持续发展、稳步推进、全面深化四个阶段。

1. 初步探索阶段

江宁区 P 社区在沈庆喜书记的带领下,对现代化村庄建设格局做出通盘考虑和长远规划,邀请江苏省农科院现代化所开展了《1995—2010 年 P 村农村现代化综合规划》。江宁区 P 社区党总支和居民委员会按照"实用、经济、绿色、美观"的建设方针,建立中心村,对现有居民住房逐年分批进行别墅式重建,在住宅区以及村庄周边主干道路上安装 300 余盏路灯,修建水泥路1.34 万米,实现了道路"户户通"、居民住房"家家美"。这一规划的实施对江宁区 P 社区生态文明建设起到了积极的促进作用。

2. 持续发展阶段

1996—2004 年,江苏省贯彻落实国务院下发的《全国生态环境保护纲要》,并依此编制《江苏省创建国家环境保护模范城市"十五"实施计划》,要求大力推进生态示范区和环境优美村镇建设。这一阶段,江宁区 P 社区紧跟政策导向,抓住发展机遇,将村庄经营与村庄整治进一步结合起来,持续推进村庄基础设施、人居环境的改善。村里常年开展"结对子、一帮一"的脱贫致富活动,组织"致富带头人""模范示范户"等各项评比活动,特别是江宁区 P 社区启动的"文明家庭"和"党员模范户"的评比活动,至今已进行了 20 多年,有力地促进了文明乡风、良好家风、淳朴民风的形成。在此阶段,江宁区 P 社区于 2001 年获评"江苏省百佳生态村",并成功入选 2003—2004 年度江苏省文明村。

3. 稳步推进阶段

2005—2011 年,江宁区 P 社区聚焦十六届五中全会提出的"生产发展、生活富裕、乡风文明、村容整洁、管理民主"的建设社会主义新农村的具体要求,发展经济的同时注重生态环境保护,以发展生态观光农业为目标,对农田进行改造提升,将全村 1 738 亩土地全部平整成方,发动村民广植花木,绿化植树 3.5 万株,修建农灌站 8 座,排涝站 2 座,基本实现了土地平整化、排灌标准化、农田林网化、布局科学化,荣获"绿色江苏建设模范村""全国农业旅游示范点"等称号。改善生产环境的同时,江宁区 P 社区党总支和居民委员会也着力提高农村居民的生活质量,邀请南京大学的专家进村进行科学考证及可行性分析,对村庄低洼地实行改造,建成 30 万立方米蓄水库,通过铺设自来水管道,建造净水池,解决居民清洁水源的问题,自来水接户率达 100%。在现代化进程中,江宁区 P 社区党总支和居民委员会充分意识到绿色人居环境的营造和维护对村庄可持续发展的重要性和必要性,先后动员组织农村居民采取搬猪圈、迁禽棚、改茅厕、配套修建下水道、放置垃圾箱、建造公共厕所、对农村生活垃圾和生活污水进行收集处理等措施,整治村庄脏、乱、差现象,如今,江宁区 P 社区的改厕率及人畜粪便综合利用率均达 100%。与此同时,建立了一支 20 人规模的专业队伍,积极开展村内的卫生清洁监督、苗木养护管理、村庄基础设施维护,有效改善了村庄的生态环境,向着"花园式"村庄,步步皆是风景的目标迈进。

4. 全面深化阶段

2012年至今,江宁区P社区党总支和居民委员会在优化农村居民生活居住环境的同时,注意到丰富农村居民文化生活、提升农村居民素质同样重要。为此,江宁区P社区投入324万元建设村民文化活动中心,修建1.04万平方米的农民休闲广场;成立青少年活动中心、职工周末学校、老年学校等;2018年,江宁区P社区开启创建美丽庭院工作,引导农村居民主动参与,帮助农村居民建立健康文明的生活方式。此外,江宁区P社区围绕农村生态文明建设工作,制订了《禄口街道P社区环保长效管理制度》《禄口街道P社区生态村环境保护村规民约》等,从而保证社区生态文明建设工作有章可循、有序开展。2019年,江宁区P社区紧扣《江苏省生态文明示范村镇指标》的标准要求,制定了《P社区生态文明建设规划(2019—2021)》,为社区创建生态文明建设示范村指明了发展方向,并结合村庄基础条件及发展现状明确了重点任务。同年,江宁区P社区制定了《P社区垃圾分类长效管理方案》《P社区污水处理长效管理方案》《垃圾分类示范工作方案》等,引导农村居民广泛参与,持续加强农村人居环境整治工作,着力补齐基础设施配套短板。2022年,江宁区P社区加大"四清一治一改"村庄清洁行动力度,推进美丽乡村共谋共建共治,社区生态环境持续向好。

二、农村生态文明建设成效分析

1. 绿色基础设施建设不断完善

完善健全的基础设施是美丽乡村和生态文明建设的基石,也是沟通人与自然的有效载体。在公共设施方面,江宁区P社区全面落实"路长制"工作,自然村道路、村内主道路硬化覆盖率皆达100%。持续推进"三线"专项整治行动,确保村内"电力、通信、广播电视"等线路架设有序、安全美观。围绕重点领域和区域特色,2022年,江宁区P社区投资250万余元,用于11项基础设施工程建设项目的实施,其中土地平整、农田灌溉、路灯维修、沥青摊铺、自然村维修、停车场建设等7个项目已基本完成,无障碍设施、池塘清淤及维修、环境综合整治等3个项目稳步推进。江宁区P社区全面推进生活垃圾、污水治理及厕改工作,共建有垃圾收集站 8 座,完成 450 组、900 个分类垃圾箱的摆放,完全覆盖自然村垃圾分类工作,并配有垃圾压缩转运车、分拣用具等一系列完善的垃圾收运设施。分类分区在村中心建设 3 座污水处理站,覆盖周边 3—5 个自然村,平均日处理量 40 吨。在厕所改造方面,2019—2022 年整改户厕 386 户,拆除旱厕 15 处,目前江宁区 P 社区无害化厕所普及率达 100%。辖区内共建设 8 座公厕,实现常住人口 1 000 人以上自然村内公厕全覆盖要求。建有居民活动文化广场 9 个,图书阅览室、篮球场等文化体育设施健全,大大丰富了群众文化生活,特别是江宁区 P 社区还将无障碍环境建设与基础设施建设有机结合,在党群服务中心、综合文化活动中心、公厕等公共场所,共安装 20 余处无障碍设施,切实提升了居民的生活满意度。

2. 村庄生态环境全面提升

生态环境质量直接决定着民生质量,良好的生态环境是造福群众、普惠民生的底线。江宁区 P 社区始终高度重视村庄生态环境的全面提升,大力开展村庄清洁行动,每年均按时完成江宁区下达的节能减排任务。在空气质量方面,江宁区 P 社区大气污染排放物主要由村民日常烹饪及取暖等产生,通过大力实施"煤改气、煤改电"工程,居民使用液化气、太阳能等清洁能源的比例已达 100%。江宁区 P 社区近三年无较大(Ⅲ级以上)环境污染事件,在秸秆焚烧遥感监测日报和卫星遥感监测信息列表中,社区内皆无露天焚烧秸秆火点。在水环境方面,江宁区 P 社区按照"属地管理、分级负责"的原则,全面落实河湖长制,对辖区内河道、坑塘、沟渠进行治理,同时派专人定期对自然村水体进行拉网式排查,因地制宜、一河一策,先后完成辖区内江宁区 P 社区中心沟、王家渡中心沟、张敏村四夹子沟共计 4 800 米沟渠的护坡修复、绿植恢复、漂浮物清理工作。在农业生产方面,近年来,江宁区 P 社区广泛宣传化肥、农药减量政策,社区内无土壤污染事件发生,土壤环境质量良好。通过与街道相关部门、专业回收机构建立合作机制,对农业生产废弃物、残留农膜进行回收处理,8 个自然村农药包装废弃物回收率、无害化处理率均达 100%,农膜回收率达 95% 以上。另外,8 个自然村都建立了秸秆临时堆放点,由社区统一回收运送至街道处理,农作物秸秆综合利用率达 99.02%。江宁区 P 社区内现无规模养殖场,农户圈养畜禽产生的粪便 100% 用于周边农田施肥,未对生态环境造成影响,这些指标均达到江苏省生态文明示范村的考核要求。2019—2021年,江宁区P社区投资45万元用于绿色、有机农产品基地建设工程,主要目的是提高主要绿色有机农产品种植面积。此外,现有村庄绿化1.14平方千米,占村庄总面积42%,达到《江苏省绿美村庄建设工程标准》要求,实现村容村貌整洁有序,生产生活合理分区,庭院精致优美的目标。2022年,抽样调查结果显示,江宁区P社区居民对本村人居环境满意度达到96.6%。

3. 美丽乡村建设长效管护不断落实

长效管护是巩固美丽乡村建设工作成果,确保设施运行常态化的关键举措。江宁区P社区深刻认识到建立美丽乡村长效管护机制的重要性,经江宁区P社区党总支和居民委员会研究决定,制定了《P社区环保长效管理制度》,各村民点制定了《村生态文明公约》《生态文明管理制度》,将各村民小组生态文明建设工作纳入年度考核,落实责任人公示牌上墙制度,形成了村民小组联动的工作格局。在生活垃圾处理方面,社区内各自然村均配备专业保洁人员,建立起"户收集、村集中、社区转运、街道中转站处理"的公交式垃圾收运处置网络,做到垃圾日产日清,无害化处理率达100%。在生活污水处理方面,坚持"建管并举、重在管理"原则,通过赋予村民检举控告直排、乱排、偷排污水行为的权利,基本消除了污水乱排乱放现象。通过建立完善的污水管网巡查制度及应急处理预案,基本消除了黑臭水体。在监督方面,社区实行环保质量负责制。以社区党总支书记、居委会主任为第一责任人,由环保联络员负责全方位督查,督查既包括环境整治、农业绿色生产,又包括文化宣教等方面,形成了完整的环保监督管理工作网。目前,江宁区P社区协助开展生态环境监管工作人员比例不低于常住人口的2%。在日常管护中,社区委托第三方专业管护机构,定期对村内路灯、娱乐健身设施、公厕、污水处理设备等环境配套设施做好检查、排障、维护工作,以确保设备安全运行、正常运转。

4. 农村精神文明建设不断深化

农村精神文明建设是进行生态文明建设的思想保障,为农村全面进步提供强大的支持和动力。江宁区P社区通过修建村史馆,将红色故事与农耕文明深度融合,在文化融合中重点将特色文化与居民生活有机结合,进一步提升了农村居民的文化和身份认同感。充分利用各自然村宣传栏制作特色文化专栏,增设电子宣传屏幕,及时总结先进典型,大大提升了农村居民的文化自觉。依托新时代文明实践站,江宁区 P 社区举办"我们的节日——匠心传承"系列活动,结合风俗习惯、传统节日,深入开展精神文明建设,持续推动移风易俗工作,将宣传教育内容做成农村居民乐于接受的文化活动,真正做到了深入民心,获得了辖区群众广泛认同,同时获得上级部门高度认可。江宁区 P 社区在广泛征集群众意见的基础上,将原有的村规民约改为"三字经"的形式,让农村居民记得住、看得懂,使得节约资源、保护环境的生态文明思想深入人心。另外,江宁区 P 社区十分重视领导干部能力的提升,特聘请专业人员,每半年集中组织一次有针对性的对村两委工作人员的生态文明教育培训,使其熟知生态文明的精神和内涵,能够做好生态文明宣传工作,提升工作质量。江宁区 P 社区利用村庄内横幅标语、展板和挂图等形式,积极开展生态文明宣传活动,加强环保知识的普及工作,确保各村民点每年度至少举办 4 次环保宣传教育活动,绿色生产生活方式被越来越多的村民所践行。如今,低碳节能、精神风貌积极向上、生活方式文明健康、社区治安良好,逐渐成为江宁区 P 社区的常态。

三、农村生态文明建设的主要经验

在农村地区生态文明建设的过程中,农村环境治理的长期性和建设任务的复杂性,决定了生态文明建设需要多方主体的一起努力、有效合作,才能切实保障农村生态文明建设的长效性。依托在农村生态文明建设方面取得的显著成效,江宁区 P 社区先后获得多项国家级及省级荣誉,在丰富地区生态文明建设经验方面提供了诸多有益启示和借鉴。究其根本,这与江宁区 P 社区推进"五治融和"创新、坚持共建共治共享理念、不断激发村庄生态文明建设内生动力这一发展模式密不可分。

1. 政治引领:凝聚"党建＋生态"建设合力

党组织是联系群众的重要纽带,在农村生态文明建设中扮演着引领者、贯彻者、实践者的角色。一是江宁区 P 社区坚持"党建＋生态"一体建设的思路,充分发挥党组织引领、协调各方的领导核心作用,统筹推进基层协商议事等重点工作,将党小组建在网格内,形成"村党总支+片区党支部+网格党小组+党员中心户"的生态文明建设组织体系,推动党组织的工作动能延伸到基层治理的最末梢。2018年,社区立足社区特色,创建了党务、业务、服务深度融合的党建品牌"福禄里",集学习教育、联系群众、典型示范、志愿服务于一体,整合线上线下资源,以嵌入式方式不断提升党员群众生态文明教育的便利性及实效性。二是依托"福禄里"搭建"商量茶馆"平台,对事关社区生态环境治理和群众切实利益的公共事务进行广泛商议,将党的基层组织建设活力转化为推进生态文明建设的内生动力;设立"红色微网格",组建微网格人员队伍,每季度组织党员开展清洁家园、入户宣传等主题党日活动,充分发挥好党员绿色先锋模范作用,影响带动农村居民参与生态文明建设。三是为最大限度将党建优势转化为治理效能,江宁区P社区大力推行"机制下沉、项目领办、岗位认领"等模式,打造了两个党群微家阵地,每周开展一次"书记工作室"入驻接访,围绕农村居民关注的热点环境议题,制定整治项目,每名社工党员领办跟踪一个治理项目,江宁区P社区党总支和居民委员会每名成员认领一个片区,带头领办民生事项,推动村庄生态文明建设效能持续提升。

2. 自治强基:激发基层乡村生态环境治理活力

村民自治能够实现自我管理、自我教育、自我提升等功能,是保护和治理农村生态环境的重要基础。一是江宁区P社区在党组织领导下,按照"四议一报告两公开"工作法,坚持村务、财务两公开,制定了《P村协商议事规则》《P村负面清单》等自治规则,严格落实,为村庄有效治理提供制度保障。二是由村民代表负责村规民约的执行监督、公共事务的协商议定及村民行为的规劝引导,通过选举产生村务监督委员会,推选产生社情民意理事会,引导成立各类社区组织,围绕村庄生态文明建设进行有益探索的同时,充分保障了居民的知情权、参与权与议政权,提升了居民参与村级事务的主动性、活跃度及贡献率,为江宁区P社区生态文明建设打下了坚实的群众基础。三是江宁区P社区将生态文明纳入村规民约中,明确农村居民的义务与责任,通过灵活多样、居民喜闻乐见的形式加大宣传教育力度,改变农村居民落后的思想观念,促使村民加快形成绿色生产生活方式。在不断完善村民自治机制、健全村规民约的基础上,江宁区P社区还十分注重汲取先进模范及农村乡贤的智慧,大力弘扬生态环保典型事迹,深化乡贤引领作用,通过定期评选星级文明户,并对达标的星级文明户进行奖励,形成正向激励,有效激发了农村居民参与生态文明建设的积极性。此外,江宁区 P 社区全面进行农业产业结构调整,重视生态农业的发展,探索可持续发展模式,摒弃了高投入、低效率、不环保的生产方式,注重农业生态功能的开发利用,将乡村旅游、特色农产品、休闲农业有机结合,让居民共享绿水青山带来的经济效益,增进了广大居民的价值认同。

3. 法治保障:提高乡村生态环境治理效能

习近平总书记指出,加快推进农村生态文明建设,离不开法治的保驾护航。江宁区 P 社区在推进生态文明建设过程中,十分重视发挥法治的保障作用。首先,江宁区 P 社区成立了村综治中心,设立了人民调解工作室和全要素网格管理服务中心,将履行法治职责与为村民办实事紧密结合,不断探索农村生态环境提升新路径,并以乡村振兴学堂、老年学校、家长学校、百姓名嘴宣讲团为载体,引导农村居民尊法、学法、守法、用法,潜移默化中加强了生态文明普法宣传。其次,依托"政法网格员进社区"工作机制打通了信息传递通道,让生态环保政策、时政、法规等快速传遍村庄各地,强化了农村居民生态环境法治观念。通过书记工作室、社情民意理事会、村两委接待岗、"法润民生"公众号等实体和网络平台畅通村民诉求渠道,引导农村居民依法表达生态需求,从农村居民最关心、最现实、最迫切、最需要解决的环境问题入手,进一步明确村庄生态文明建设重点。最后,由社区法律顾问与南理工紫金学院人文学院开展"法润彭福"合作项目,利用"沉浸式课堂""模拟法庭"等方式培育了一批以专管员、村干部、基层党员为主的生态文明建设法治带头人,定期做好生态文明法治宣传教育,举办生态环境法治宣讲活动,真正将农村生态文明建设相关法律法规送到了田间地头、屋前屋后,夯实社区生态环境法治基础的同时,也提升了江宁区 P 社区生态环境治理效能。

4. 德治润心:夯实农村生态文明"软实力"

近年来,江宁区 P 社区着力培育、践行社会主义核心价值观,通过深化道德实践养成、开展志愿服务项目、弘扬先进典型,形成了崇德向善的浓厚氛围,以良好的德治涵养文明乡风、良好家风、淳朴民风的形成。一是打造了"一站四点八队"的新时代文明实践站,持续开展以弘扬节能低碳、保护环境、勤俭节约等为主题的生态道德讲堂活动,增强农村居民生态环保意识,推动农村居民自觉养成绿色低碳的行为习惯和消费方式。充分利用好宣传栏、宣传手册、宣传画、环保知识竞赛等形式开展多元化宣传,做到了宣传进村、进单位、进学校、进家庭。二是深入开展"美丽庭院"创建活动。江宁区 P 社区定期组织开展"五美家庭""最美生态环保人"评选表彰活动,充分利用各级媒体平台,依托文化活动中心、休闲广场等场所,宣传本村生态环境治理精彩故事、创新经验,充分发挥先进典型在农村生态文明建设中的引领作用,在全社区范围内营造出了生态文明建设"人人有责、人人可为"的良好氛围。三是江宁区 P 社区在生态宜居示范村建设过程中,将传统村落和乡村特色风貌保护作为重点工作,十分重视传承乡村传统生态文化的精神内涵,深入挖掘传统文化所蕴含的生态理念、生态价值,结合优秀民俗特色文化,创新生态文化载体、生态文化思维,并将其融入乡村生态环境治理过程之中。

5. 智治支撑:助力乡村生态文明高质量高效率建设

对于农村生态文明建设来说,用好数字技术,不仅能够对新产生的生态环境问题进行精准识别、及时追踪,也能够为加强农村生态环境治理体系和治理能力现代化水平提供新的途径。江宁区 P 社区深度融合大数据、互联网等现代科技,通过"多网融合",积极对接"互联网＋政务"下沉到社区,搭建智慧化平台,运用互联网技术和信息化手段确保村庄人居环境治理成效,在主要街道、垃圾收集点、居民主要活动场所等关键点位安装监控系统,实现区域全覆盖,满足了治安、卫生管理的要求。在污水处理站进水端、管网衔接点、污水排放口及饮水水源区布设监测设备,建设水质监测网络,一旦出现异常,系统预警将推送至智慧化平台,实时保障村庄水环境安全。另外,江宁区 P 社区利用CIM 地图、3D 图像等技术,绘制了关于乡村环境治理、民生、产业分布的地图,更加明确了村庄发展情况。通过 3 个专属网格群的建立,网格员围绕"生活服务在线办理、民事问题在线咨询、社会治安在线管控"不断推进智治融入村庄建设。实施"雪亮工程＋",目前社区内 1 个自然村已安装智慧小区系统,与社区、街道全要素网格服务中心联网,运用大数据,做好乡村生态建设工作分析研判。

四、农村生态文明建设的现实挑战

1. 资金投入不足导致农村生态文明建设支撑乏力

农村生态文明建设是一项内容多、任务重的系统工程,涉及农村人居环境整治提升、农业绿色低碳发展、乡村生态保护与修复等多个方面内容(张静、张博宇,2022)。当前江宁区 P 社区的建设重点是打造风景秀美的田园水乡,发展绿色低碳农业,建设社会文明程度高的全域生态文明乡村,然而这些项目的实施都离不开人力、技术及设备的投入,归根结底需要有足够的资金支撑。目前,江宁区 P 社区生态文明建设工作的推进主要依赖于村庄集体收入及上级政府资金补贴,但总体来说,由于村庄自身筹款能力有限、政府财政拨款不足,加上农村基础设施建设的维修更新、长效管护工作的推进也对财政资金投入提出更高需求,江宁区 P 社区对生态文明建设的资金投入仍有较大的缺口,增加了农村生态文明建设的难度。另外,农村生态文明建设周期长、见效慢,短期内难以吸收到社会资金的投入,很大程度上影响了江宁区 P 社区生态文明建设工程的实施。部分村办企业规模较小、自身融资困难,受客观条件约束无法进行资本投入,部分发展较好的企业虽有资本积累,但受到文化水平、信息不对称等限制,对农村生态文明建设的投资并不关注,处于观望状态,缺少投资活力。

2. 科技力量薄弱致使农村生态文明建设保障不足

长期以来,我国政府高度重视城市发展领域科技工作,农村生态保护科技投入相对较少,绿色科技支撑不够,常常将城市适用的生活污水、生活垃圾治理技术或模式搬移到农村,然而这些技术或模式大多难以符合村庄实际情况。目前,适宜江宁区 P 社区污水无害化处理、农业低碳环保技术、农业废弃物资源化技术仍有待创新突破。此外,很多农户绿色科技意识较为淡薄,村庄中仍存在着封闭守旧思想,部分农民对绿色科技的功能抱有怀疑态度,难以认识到低碳技术所蕴含的持久效用,部分农民不敢、不愿去尝试,这对推广绿色科技在农业生产中的普遍应用造成不小的困难。再者,江宁区 P 社区面临的技术人才不足的难题,直接影响到农村生态文明建设的持续性,很多实用技术人才多是村内种植农作物的能手,文化程度不高,难以满足农村生态文明建设的实际需要。尽管在政府的支持下,每年有部分青年人才被引入村庄,但由于村内文化生活较城市而言相对单一,以及考虑到家庭事业、职位晋升、收入水平等因素,很多人才选择返回城市,造成了人才的流失,村内招人难、留人难问题越发严重,导致村庄内生态文明建设出现技术性人才支撑不足的局面。

3. 外源污染有所增加制约农村生态文明建设推进步伐

近年来,江宁区 P 社区大力发展乡村旅游、休闲农业等第三产业。然而,旅游业并不是真正的无污染产业,其不合理的发展也会对生态环境造成一定程度的破坏和负面影响。一方面,个别旅游形式变味为"山水劫"。乡村旅游设施建在风景优美或生态环境独特的地方,前提是不能破坏自然生态环境,然而有的经营主体为获取收益,在观光点建烧烤摊,产生大量煤烟、煤渣、煤灰,对周边环境造成了污染;有的外来经营户开办农家乐,不太注意环保低碳发展,产生了大量的塑料垃圾。这些行为在富了老板、乐了游客的同时,也成为了破坏当地绿水青山的"山水劫"。另一方面,一些外来游客随地吐痰、乱扔垃圾废弃物、随意踩踏花草树木等破坏生态环境的不文明行为,也使当地生态环境面临严重威胁,阻碍了生态文明建设的持续推进。

五、农村生态文明建设的优化路径

1. 探索生态文明建设的多元化投入机制

首先,落实好政府下发的财政补贴,明确资金使用重点,优先考虑生态文明建设重点工程资金投入,加强资金监管,做到专款专用,将资金精准"滴灌"到生态文明建设需求终端,坚持资金跟着治理项目走,确保资金使用效率。其次,鼓励由村内专业施工建设队伍承接村庄环境治理、厕所清理维修等小型项目,降低项目实施成本。最后,构建市场化、社会化运作的多方努力、一起推进的生态文明建设投入格局。针对生活垃圾、生活污水等长效管护工作探索农村居民适当付费、村级组织合理统筹、政府投资补助的运维管护经费保障机制,采取政策扶持和自力更生相结合的推进策略。激活民间投资活力,设立奖励标准,对投资村庄生态文明建设的企业、社会组织,充分利用好各种宣传手段,加强其社会责任感,进而调动其参与积极性。

2. 在村庄内营造良好的科技创新氛围

一是促进科技与产业发展深度融合,定期开展主题培训,校村合作建立示范基地,引导新型农业经营主体积极采用绿色低碳农业技术,发挥其辐射带动作用,带动农业产业向绿色、循环、生态化发展。二是加快科技成果转化,通过创建微信公众号、抖音号,广泛利用各种平台,向农户推送绿色技术及生态环保知识,提高农村居民的绿色科技意识。除了提高村民的绿色科技意识外,应当建设更多的科技服务站,做好农业技术咨询、技术指导、技术服务工作,及时解决农村居民在采用绿色技术过程中产生的问题,解除农村居民的后顾之忧。社区应围绕乡村生态文明建设需求,积极与高校、科研院所合作,促进成果转化,把更多科技成果传递给农村居民。三是重点解决人才问题,建立起新型职业农民培训机构,加强社区实用技术人才的培养,激发农村居民参加培训的热情,营造良好的农村科技创新生态。以专业合作社、龙头企业等为载体,吸引大学生、专业技术人才、新乡贤等返乡参与科技创业。

3. 进一步提升生态环境监管力度

一是加强乡村景区和旅游线路的总体规划,在科学划分、合理开发、有效监督的前提下,正确协调乡村旅游中人与自然、旅游产业与其他相关产业的关系。不断加强生态环境监管力度,建立完善的生态环境管理监督体系。对于破坏生态环境的企业和乡村旅游经营者一经发现,严厉处罚,并要求这些企业和经营者进行治理。二是加强对乡村旅游经营者的教育,使其深刻认识到乡村生态环境与资源的珍贵性、独特性和稀缺性,唤醒其保护生态环境的责任意识和担当意识,积极参与生态文明建设。三是充分利用电视、广播、互联网等媒体资源,加强生态文明的宣传教育和知识普及,逐步规范公众行为,提高游客环保意识,对村庄生态环境造成破坏的游客要求惩罚性赔偿,加大消费者消耗环境资源的成本,使其更好的规范自身行为,进而助力农村生态文明建设。

第八章　农村生态文明建设的推进策略

　　党的二十大报告提出以中国式现代化全面推进中华民族伟大复兴,建设人与自然和谐共生的现代化是中国式现代化的重要特征,促进人与自然和谐共生是中国式现代化的本质要求。生态文明建设,是中国特色社会主义"五位一体"总体布局的重要内容,也是社会主义现代化强国的内在要求、重要表征。加强生态文明建设,既是我国改革开放的重要内容,也是我国高质量发展的重要方向。习近平总书记指出:"我国经济社会发展已进入加快绿色化、低碳化的高质量发展阶段,生态文明建设仍然处于压力叠加、负重前行的关键期。"农村生态文明建设作为我国生态文明建设的重要组成部分,不仅关系到美丽中国梦的实现,更关系到全面建成社会主义现代化强国目标的实现。本书根据农村生态文明建设的现实挑战,参考借鉴了农村生态文明建设典型案例的成功经验,从绿色农业发展、农村生态环境和农民生活环境三个方面提出了农村生态文明建设的推进路径,从有为政府、有效市场和有机社会三个方面探讨了农村生态文明建设的保障体系。

第一节　着力推进绿色农业发展

　　绿色农业是指在不破坏农业生态环境的基础上进行高效的农业生产活动,在提高农业生产力、增加农民收入的同时,实现农业生产过程中的零污染且确保农产品质量安全的现代农业发展类型(张远新,2022)。着力推进绿色农业发展,要基于绿色低碳发展理念,从过去依靠化学品投入和简单扩大生产面积的传统粗放式生产方式,转变为基于现代技术和绿色生产要素的绿色低碳生产方式,有效改善农业生产环境,完善绿色农业产业体系,优化绿色农业支持机制,健全绿色农业约束机制,实现农业高产、高效、绿色和安全的发展目标(曹立、徐晓婧,2022;于法稳、郑玉雨,2022)。

一、有效改善农业生产环境

有效推进化肥农药减量增效行动。首先,进一步开展实名制购买、定额制使用试点,大力推广肥药集采统配模式。加快转变施肥方式,有效推广科学高效的化肥施用技术,大力推广机械施肥、适期施肥和水肥一体化技术等,不断改进落后的施肥方式,持续研发农作物吸收效率高、环境污染小的新型肥料。进一步推动粪便还田再利用,加强商品有机肥生产,减少工业化肥施用,进行大范围有机肥替代行动。引导新型农业经营主体运用测土配方施肥技术,扶持农民专业合作组织,进行化肥统一施用等社会化服务。其次,进一步加强农药全产业链监管,有效推进生物农药产业发展。加快转变病虫害防治方式,不断推广绿色防控技术。在病虫害严重区域,研发生物防治、物理防治等绿色防控技术,并向其他地区进行大范围推广,进而减少农药使用量。研发农药喷洒使用技术设备,推广无人机喷洒、智能化喷洒等高效喷洒机械,提升农药利用率。进一步开展农药风险等级评估,研发、使用高效低毒低残留的新型农药,逐步禁止使用高风险农药。组织区域开展联合防治,构建病虫害监测预警体系,提高监测预警的准确性与时效性,进行统一防控、统一治理。完善农药销售、使用登记备案制度,优化农药包装废弃物回收体系,督促农药使用者将农药包装废弃物交回购买处,与农药生产者、经营者签订农药包装废弃物回收再利用责任书,制定政策鼓励企业与合作社开展农药包装废弃物资源化利用。

扎实推进农膜回收利用。进一步落实农膜生产者、经营者、使用者的回收主体作用,有效构建废旧农膜分类处置体系。进一步规范制定农膜标准,加强市场监管,禁止生产、流通、销售、采购不符合标准的农膜,积极研发推广生物可降解或便于回收再利用的环保型农膜。大力支持废旧农膜加工利用企业或合作社,给予财政资金支持和农业技术推广项目支持,创新机械化、自动化农膜回收方式,建立农膜回收激励机制,引导农民主动回收用过的农膜,建立农田残留农膜监测点,建设区域农膜回收储存加工网点,构建农膜废弃物集中处理体系,不仅要保证农膜全回收,更要加强对回收农膜的资源化利用,防止白色污染。

加强畜禽养殖综合治理。首先,进一步推进家禽养殖场规模化、绿色化发展,同时禁止在生态敏感区域建设家禽养殖场,普及安全高效饲料,实行精准饲养,加强兽药生产管理和饲料企业监督管理。其次,强化畜禽粪污资源化利用,建立健全畜禽养殖污染监督管理机制,将畜禽养殖污染防治与绩效考评挂钩,健全畜禽粪污处理设施设备,有效提高畜禽粪污收集、处理智能化、信息化管理水平,积极推广清洁养殖工艺、微生物发酵等实用技术,优化畜禽粪污资源化利用市场机制,政府相关部门要分别制定规模化养殖场与小型养殖场的粪污处理方案,推广种养循环、农牧结合模式,强化畜禽粪污资源化利用产业化发展。

二、完善绿色农业产业体系

绿色农业发展需要拓展延长农业产业链条,推动一二三产业融合发展。在鼓励新型农业经营主体积极采用绿色农业技术的基础上,引导各产业部门进行绿色低碳升级,形成相互依存、相互制约的关系,从而完善绿色低碳的农业产业体系。

首先,进一步推进农产品加工业向绿色低碳方向发展,优化生产设施装备条件,减少损失。通过农业品牌建设、精深加工、种养结合等方式,进一步提高农产品生态价值,进而提升绿色低碳农业的经济效益。进一步推进农产品加工副产物综合利用,不断开发新能源、新材料与新产品。构建完善的农产品流通体系,建设冷链物流基础设施,加强市场数字化信息体系建设,开拓农业产品销售渠道,实现市场需求与冷链资源高效对接。积极探索绿色低碳农业与"互联网＋"农业融合发展模式,有效提高农产品市场价值和经济价值。加强"三品一标"的认证管理,提升生态农产品的市场认可度,并引导企业和居民进行绿色消费。

其次,根据江苏省农业产业发展特点,统筹优化产地、园区布局,完善清洁能源供应、废弃物资源利用等基础设施,促进要素聚集,产业链条由单一向复合转变,进而形成功能齐全、布局合理的发展格局。进一步加快构建企业之间、产业之间的循环产业链,培育资源能源高效利用的绿色低碳产业体系,建立健全绿色农业发展经济机制。推动种植业、养殖业、农产品加工业、休闲农业等多种产业相结合,提高农业废弃物资源化利用水平,建立种养结合的循环体系,积极发展绿色种养循环农业。科学推进秸秆综合利用,积极培育高附加值的秸秆综合利用产业,因地制宜推广多种还田形式。根据江苏不同地区特征合理选择农业循环经济发展模式,建造绿色低碳农业产业园,并对已有的现代农业产业园区进行绿色化改造,逐步形成农林牧渔结合、一二三产融合发展的绿色经济产业体系,推动绿色低碳产业链向高端化、智能化、绿色化发展。

三、优化绿色农业支持机制

绿色农业发展需要结合江苏省的实际情况,建立具有较强针对性、适应性的绿色农业支持机制。

首先,进一步加强政府财政对绿色农业的支持力度,推进无差别的财政资金扶持政策向有重点、专项专用的资金扶持方向转变,强化资金使用监督制度,有效提高资金的使用效率。积极鼓励金融机构向绿色农业企业提供信贷、保险等金融服务,引导社会资本投入,与政府实施一批绿色低碳农业合作项目,形成政府导向、农业生产主体为主体、社会力量参与的多元投入机制。不断完善政府垂直管理、各部门协调配合的工作机制,形成上下联动、整体推进的合力,为绿色低碳农业的发展提供坚实的组织保障。

其次,进一步加强绿色农业支撑机制,完善科研单位、高校、企业等单位的协作机制,建立绿色农业技术创新平台,围绕江苏特色主导产业,重点在绿色养殖、农业面源污染治理、废弃物资源化利用、节本降耗技术等方面实现突破和创新,有效降低农业生产经营中的污染。进一步引导企业履行绿色发展责任,通过体制机制创新推动企业实现绿色转型,鼓励绿色农业龙头企业构建技术研发中心,积极承担国家重点研发计划。

最后,进一步完善绿色农业科技创新成果评价与转化机制,推动科技成果与绿色农业产业有效对接。开展绿色农业产业模式先行试点,根据江苏不同农村地区之间存在的自然条件、科技基础、经济状况等差异,科学引入符合区域实际的绿色低碳农业模式,并对现有的模式不断进行设备的配置和技术创新。优化基层农业公共服务体系,提供必需的试验示范条件和技术服务设备设施,加强落实农技推广责任制度。发展壮大新型农业经营主体,制定措施促使其发展绿色低碳农业,积极推广绿色农业模式,充分发挥其示范辐射作用。加强培养绿色农业高素质应用型人才,分类分级增加绿色农业技术培训课程,建设绿色农业科教基地,强化绿色农业理论教学和实践操作,大力推进技术创新、科技成果和专业人才等资源要素向绿色低碳农业领域聚集。

四、健全绿色农业约束机制

进一步完善法律法规体系,推进绿色农业领域立法,实施排污许可证制度、清洁生产审核制度等,建立健全农业生态补偿机制。完善农业生态系统损害监测评价体系,严格控制农业面源污染物的排放,严厉查处化肥、农药等化学投入品滥用,畜禽粪便超标排放等违法违规行为,将环境违法行为与优惠政策挂钩。进一步加强执法与监督力度,依法打击破坏农业生态环境的违法行为。进一步优化重大环境事件和污染事故责任追究制度及损害赔偿制度,有效增加违法成本,合理确定惩罚标准。结合"中国农民丰收节"等节日,开展与绿色低碳农业相关的普法宣传,增强农民资源节约、循环利用、生态保护的法制观念,宣传推广可复制的绿色低碳农业模式,逐步建立绿色低碳的生产生活方式,有效营造全社会参与绿色农业发展的氛围。

第二节　不断优化农村生态环境

良好生态环境是最普惠的民生福祉,是建设美丽中国的重要基础;生态环境保护既是重大经济问题,也是重大社会和政治问题(中共中央宣传部、中华人民共和国生态环境部,2022)。不断优化农村生态环境是由乡村的生态功能所决定的,也是农村生态文明建设的重要内容,更是实现中华民族永续发展的内在要求。优化农村生态环境要加强乡村生态保护和修复,实行严格的耕地保护制度,加快推进耕地质量提升;要加强水资源污染防治,强化水资源高效利用,确保农业生产水土资源基础;还要持续深化大气污染治理,扎实推进土壤污染治理,有效助力农村生态文明建设(魏后凯、杜志雄,2022;谢花林等,2021)。

一、持续加强耕地资源保护

严守耕地资源红线,强化耕地数量保护。首先,实行最严格的耕地保护制度,落实耕地资源保护党政同责,加强耕地资源调查监测,完善耕地资源数据库,确保国土空间规划明确的耕地和永久基本农田保护任务落到实处;编制耕地和永久基本农田保护图,积极建立监管和维护制度,建立健全耕地资源保护的长效机制,明确责任主体,做好耕地供水等基础设施的后续维护工作。其次,严格控制耕地资源转换为建设用地,确保耕地数量不减少,首要任务是加强耕地用途管制,坚决遏制耕地"非农化"、有效防止"非粮化",严控建设用地占用优质耕地资源,确保土地流转和农业结构调整不改变土地用途。鼓励和引导建设用地利用未利用地和劣质耕地,充分提高土地利用效率;各类建设项目应当严格执行准入标准,充分采用节地技术,通过现场踏勘、方案比选,做到不占或少占耕地,严控占用优质耕地。再次,全面实施耕地占补平衡制度,优化耕地进出平衡制度。在对耕地进行严格管控的同时也要加强对耕地的建设,采取多种举措同时推进耕地保护,依法加强耕地占补平衡规范管理。建立健全以数量为基础、产能为核心的耕地资源占补新机制,不仅要补充耕地资源数量还要兼顾耕地资源质量,通过落实占一补一、占优补优、占水田补水田的措施,有效保护耕地资源数量,提升资源质量(何向英,2023)。划定宜耕土地后备资源范围时,应以生态环境保护为前提,禁止违规开垦耕地。在开展国土整治时,不仅要充分发挥政府的作用,更要激励村集体、农民、企业等社会力量,多渠道落实补充耕地资源的任务。最后,进一步加强耕地保护督察,强化耕地资源执法监督,稳步推进农村非法占用耕地建房的专项整治工作。认真落实"责任+激励""行政+市场"的耕地保护补偿机制,有效提升农民种粮收益水平。加强农村一二三产融合发展,进一步拓展农业多种功能,提高农村集体经济组织和农村居民的收益,助力耕地资源保护。

推进耕地质量提升,加强耕地生态保护。首先,加强高标准农田建设,实行新增建设和改造提升并重,逐步将永久基本农田全部建成高标准农田。加大对整区域推进高标准农田建设试点的支持力度,鼓励探索提高高标准农田建设标准,开展生态化试点,持续推进耕地数量保护、质量提升和生态优化。加强高标准农田建设监管,进一步压实主体责任。其次,持续开展土壤改良、耕地土壤酸化和土壤盐渍化的综合治理;扩大耕地轮作休耕制度试点,开展轮作休耕规划,坚持轮作为主、休耕为辅,优化耕地休养生息制度,实现用地与养地结合。最后,加强保水增肥,推广保护性耕作技术,打破犁底层,加深耕作层,增强耕地资源保水保肥能力;通过增施有机肥、种植绿肥、实施秸秆还田等,有效提高土壤有机质含量;推进建设占用耕地耕作层土壤剥离再利用,有效提升土壤肥力。

二、强化水资源高效利用

加强水资源污染防治。一是根据水污染防治的实际情况,完善环境保护监督机制,加强水环境的监督管护,构建水环境改善长效机制,推动水资源保护方式转变;加大水污染治理的科研投入,引进先进的技术,持续深化水污染防治;进一步明确防治部门责任,有效加强队伍建设,强化水环境保护的宣传教育。二是严格水功能区监督管理,构建水功能区水质达标监测评价体系,加强工业污染源控制,提高污水处理率,严格控制入河湖排污总量,切实加强水污染防控;进一步改善重点流域水环境质量,防治江河湖库富营养化;全面开展黑臭水体治理,加强船舶废水排放监管。三是加强灌溉水源保护,相关部门要依法划定农业灌溉水源保护区;开发利用水资源应充分考虑基本生态用水需求,维护河湖健康生态;对生态脆弱河流和地区的水生态进行修复;进一步加强水土流失治理,防治农业面源污染。

加强水资源高效利用。在水资源供给压力持续增长的背景下,加强农业节水,强化水资源的高效利用是农村生态文明建设过程中必须破解的重要问题。一是开展农业用水精细化管理,推进农田水利设施产权制度改革。合理确定农业节水重点区域,加大对粮食主产区、生态脆弱区等重点区域的节水灌溉工程建设力度;推行农业灌溉用水总量控制和定额管理,推广工程节水、结构节水和农艺节水等措施。夯实农田水利工程基础,持续改善灌溉条件,提高农田灌溉水有效利用系数,促进农业用水效率提升。二是积极推动节水型乡村建设,优化农业节水长效机制和政策体系,完善农业取水许可证制度,严格管理地下水使用,专门整治地下水超采区,强化地下水水量和水位控制,实施江河湖泊地下水补给,对地下水动态进行实时监测;持续开展农业水价综合改革,探索建立农业节水精准补贴和节水奖励机制,提高农民节水意识。三是进一步优化基层节水农业技术推广服务体系,有效推广渠道防渗、低压管道输水、喷灌等农业节水技术,完善农田灌排基础设施建设;积极推广抗旱节水、高产稳产品种,以及深耕深松、保护性耕作等耕作方式,提升土壤蓄水保墒能力;充分利用天然降水,多样化选择作物种类、品种和种植方式,调节播种期,建设小型集水系统,积极鼓励发展雨养农业。

三、扎实推进土壤污染治理

完善土壤污染防治法,构建土壤污染防治体系。结合江苏省实际情况完善土壤污染防治法律体系,出台土壤污染防治行动计划,深入打好净土保卫战。进一步贯彻落实损害担责的法律原则,有效保护受害者的权益。土壤污染治理工作涉及政府多个部门,要明确政府各个部门的主要职责,健全不同部门之间的协调机制,强化各实施主体的责任。加大土壤污染治理的科研投入,巩固土壤质量监测体系,认真开展土壤监测,强化对农村污染区域的监测,加强对偏远地区中小企业污染排放情况的监管。进一步推进信息公开,充分保障公众的有效参与。

开展土壤污染系统防控,严格管控土壤污染。持续开展土壤和地下水状况调查与评估,有效强化成果引用;有效防范新增土壤污染,进一步抓好土壤污染重点监管单位土壤污染责任义务落实;优化地下水污染防控体系,构建监测预警网络。巩固提升农用地分类管理和安全利用,优先保护类农用地,加强严格管控类耕地监管,动态更新耕地土壤环境质量类别,加强受污染耕地安全利用。进一步强化建设用地土壤污染源头预防,严格建设项目土壤污染源头防控,有效推动实施绿色化改造,严格落实土壤污染重点监管单位责任,加强工矿企业拆除活动监管,有效强化拆解企业土壤污染预防,加强施工工地塑料防尘网回收使用。严格建设用地准入管理,加强国土空间规划管控,强化敏感用地建设项目环境影响评价,严格再开发利用准入管理。

加强农业面源污染和土壤重金属污染治理。进一步减少化学投入品使用,通过测土配方施肥等技术手段,减少化肥的投入,施用低毒低残留农药;强化养殖业污染治理,通过实施畜禽粪便无害化处理,防控重金属、有机物污染;通过规范农膜使用并开展残留农膜回收,控制农膜残留污染;加强农田灌溉水质监测,防止农田用水污染。加强重金属污染治理,实施重金属污染总量控制,严格涉重金属企业环境准入管理;深化重点行业重金属污染综合治理,优化尾矿库污染防治长效机制;对于受到重金属污染的土壤,可以采用植物修复的方式进行功能调整,降低土壤中的重金属浓度。

四、持续深化大气污染防治

加强宏观优化,推进大气污染防治。调整优化产业结构,推进产业绿色低碳转型升级,强化化工行业安全环保整治;逐步建立绿色制造体系,加强标准约束,打造绿色低碳工厂、绿色低碳园区、绿色低碳供应链等。进一步调整优化能源结构,推进能源绿色低碳转型,严格控制煤炭质量和燃煤消费总量,推广应用高效节能环保型锅炉系统;积极开展清洁能源改造,大力推行优质清洁能源,有序开发利用地热能、风能、太阳能、生物质能等;积极发展绿色建筑和加快发展节能环保产业,新建建筑要严格执行强制性节能标准,推广使用太阳能热水系统等。

强化中观治理,开展大气污染治理。实行环评前置审批,加强制度政策环评,强化节能环保指标约束,建立健全联合准入机制,在重点行业立项、技改、环评审批中,严把节能环保准入关。进一步推进工业污染治理,强化重点行业污染治理升级改造,积极开展工业园区循环化改造,有效提升区域污染防治能力。全面完成燃油锅炉清洁能源替代,全面淘汰污染工业锅炉;大力推进燃气管网建设,提高管网覆盖率。加强扬尘污染综合整治,加强施工工地扬尘污染管理,将扬尘防治措施列入文明施工检查重点内容,建立健全扬尘控制责任制度,着力推进堆场、码头扬尘污染控制。加强秸秆综合利用,强化秸秆禁烧管理。

加强微观自觉,推进大气污染治理。加快形成绿色低碳生活方式,贯彻落实《江苏生态文明 20 条》,积极开展绿色生活创建行动,建立快递包装产品绿色标准体系。推进信息公开平台建设,构建各部门协调一致的信息联合发布平台,规范大气信息发布模式,有效整合大气信息资源,提升大气信息公开的实效性、权威性;及时发布大气质量监测数据、环境违法案件和查处情况、主要污染物总量减排等信息,及时向社会公布大气环境质量、突发环境事件、应急处置情况等;深入开展大气污染治理宣传工作,普及大气污染治理科学知识,使人民群众认识到开展大气污染治理的重要性。进一步完善公众参与环保的制度,建立健全公众参与环保决策的机制,构建群众监督评议制度。

第三节 持续改善农民生活环境

良好人居环境是广大农民的殷切期盼,持续改善农民生活环境是实现乡村生态振兴、推进宜居宜业和美乡村建设的重要内容,也是有效加强农村生态文明建设的重要抓手。进一步推进农村人居环境整治提升行动,大力实施农村生活污水治理,不断加强农村生活垃圾治理,持续开展农村厕所革命,推动村容村貌整治提升,全面推进农村能源建设,全域整治提升农村人居环境,进而有效提升农村生态文明建设水平(张远新,2022;于法稳,2022;王登山,2023)。

一、推进农村生活污水治理

加强规划管理,强化宣传推广。一是科学制定农村生活污水治理目标任务,将农村生活污水治理规划与村庄规划和农民群众住房条件改善同步,建立农村生活污水治理工作台账,因地制宜、梯次推进农村生活污水治理。进一步明确农村生活污水治理中政府相关部门的权力责任,建立政府各个部门的权责清单,建立健全政府不同部门之间的协调机制,加强农村生活污水治理监督考核。进一步开展农村生活污水社会化治理试点,逐步优化多元主体合作治理(县级政府、乡镇政府、农村社区、农村居民、第三方机构等)的农村生活污水运维体系,逐步完善建设管护机制。二是加强农村生活污水治理推广宣传,强化典型示范带动作用。结合区域经济发展水平,有针对性地宣传推广农村生活污水治理政策,让农民知道农村生活污水治理的重要意义,提高农民的责任意识、参与意识,推动农民积极参与农村生活污水治理,有效提高农民全过程参与的程度。进一步丰富农村生活污水治理宣传形式,用农民听得懂的语言、可接受的方式进行宣传,优化农村生活污水治理宣传机制,多部门共同推进农村生活污水治理工作的宣传与推广。加强典型村或示范点的管理,强化治理设施的运行维护,因地制宜优化管理手段,建立健全农村生活污水治理运行维护机制,探索长效管理机制,进而有效促进农村生活污水治理。

提高资金利用效率,拓宽资金来源渠道。首先,江苏农村生活污水治理资金仍存在较大的缺口,在资金有限的情况下,进一步提高资金的使用效率。在农村生活污水治理技术选择上,当资金不太充足时,合理选择成本低、能耗低、维护易、效率高的技术,避免因为资金不足导致技术停摆;在农村生活污水治理项目建设上,分层次、分批次选择项目,先支持急切、必需的项目,再逐渐延伸到一般项目。持续推进城市污水管网向周边村庄延伸,加强城乡一体化的生活污水处理系统建设,提高资金的综合利用效率。其次,不断拓宽农村生活污水治理资金来源渠道。加大财政资金投入,根据农村生活污水治理实际情况,合理测算资金需求,进一步加大财政投入强度。积极拓宽资金来源渠道,统筹安排土地增值收益、占补平衡指标收益用于农村生活污水治理。建立健全融资机制,允许市场主体进入农村生活污水治理技术研发、设备投入、运营管护等,优化"政府投入为主、农民支持为辅、积极发挥社会支持"的多元融资机制。

加强技术模式创新,提升治理成效。首先,加快农村生活污水治理已有技术的推广应用。生态环境部、农业农村部、住房和城乡建设部等部门先后制定了《农村生活污水处理工程技术标准》《村庄整治技术标准》《关于推动农村人居环境标准体系建设的指导意见》等,这些技术标准、政策文件明确了开展农村生活污水治理的具体要求,为区域农村生活污水治理提供了技术支持。各地区科技管理部门要对当地的技术进行分类整理,与高校和科研院所深入合作,请专家学者分析所用技术特点和空间适宜性,选用适宜当地的技术、模式和方案,并积极宣传推广,推动农村生活污水治理技术有效应用。积极探索将个体企业成熟的治理技术纳入政府相关部门推广体系的路径,发挥个体企业参与治理的重要作用。其次,加强农村生活污水治理新技术的研发应用。针对农村生活污水治理的现实需求,重点开展基础性研究,积极抢占绿色技术发展的制高点,积聚优势科研力量,针对重点领域,推进核心技术集成。根据区域实际情况,研发农村生活污水治理所需技术,提高农村生活污水治理技术的区域适宜性。对农村生活污水治理难题进行技术攻关,强化在智能化、便捷化方面的探索,有效提升治理效果。针对探索型技术,在目标区域内开展小规模试点,根据试点结果改良、提升技术,然后在目标区域进行推广应用。

二、加强农村生活垃圾治理

完善政策法规,优化生活垃圾治理体系。进一步完善农村生活垃圾治理法律法规,优化制度政策,因地制宜制定农村生活垃圾治理分类标准、技术规范等。进一步转变政府治理理念,打造服务型政府,明确农村生活垃圾治理规划细则,健全生活垃圾治理监督管理考核机制。进一步明确农村生活垃圾治理责任主体,强化农村生活垃圾多元主体协同治理,发挥政府主导作用,引导市场积极参与,提升村级自治水平,发挥农民主体作用。进一步优化"组保洁、村收集、镇转运、县(市)处理"的城乡统筹生活垃圾收运处置体系,加强"户分类投放、村分拣收集、镇回收清运、有机垃圾生态处理"的农村生活垃圾分类收集处理体系建设,积极推进农村生活垃圾源头分类和资源化利用。根据区域经济发展水平、人口规模,按照生态宜居美丽乡村建设规划,合理布局农村生活垃圾治理基础设施,完善垃圾箱、垃圾车等配套设施,健全农村生活垃圾处置机制。农村生活垃圾治理本着就近原则,离县城生活垃圾处理设施较近的村庄,采用转运到县城统一处理的模式,离县城生活垃圾处理设施较远的村庄,采用转运到乡镇进行处理的模式。

强化资金保障,探索多元投入机制。一是健全财政资金投入机制,建立农村生活垃圾治理的专项资金,将农村生活垃圾治理费用纳入地方政府财政预算,不断加大投入力度,专款专用,实现生活垃圾治理常态化。二是完善市场运作机制,根据"政府主导、市场运作、社会支持"的原则,逐步将生活垃圾治理项目推向市场,通过市场化方式筹措治理资金;运用 PPP 模式引入社会资本参与农村生活垃圾治理,引导环卫企业参与生活垃圾分类处理、资源化利用,强化环卫企业工作职责,加强环卫企业监督考核。三是探索构建农村生活垃圾治理付费服务机制,根据农村生活垃圾治理成本补偿和适当盈利的原则明确具体的收费标准,以农村生活垃圾减量和分类为导向设计合理的收费方式,拓宽农村生活垃圾治理资金来源渠道。

实施科技创新,充分运用信息技术。一是进一步加强农村生活垃圾治理技术的研发、推广和应用。着力推进可堆肥垃圾资源化利用技术的开发和推广,采用堆肥法对农村生活垃圾进行分类处理,开展资源化利用。建立生活垃圾多元回收体系,制定回收标准,明确回收类别,促进可回收垃圾资源回收利用。深入开展农村生活垃圾无害化处理技术的研发和推广,在实施焚烧发电项目时,强化焚烧相关技术研发,研发适合区域实际情况的无污染清洁焚烧技术。在开展生活垃圾填埋时,严格按照技术规范进行处理,推广先进的渗液搜集技术、处理技术,将水污染风险降至最小。运用综合处理技术开展农村生活垃圾治理,根据生活垃圾类型,运用多种处理方式,最大限度提升农村生活垃圾利用率。二是运用信息技术,优化生活垃圾治理模式。将"互联网＋"应用到农村生活垃圾治理中,根据"多麻烦机器,少麻烦农户"的原则,建立数字化管理和监督平台,构建生活垃圾分类清运新模式,将农村生活垃圾治理工作智能化,充分利用信息技术手段,在垃圾筒外附二维码,明确该垃圾筒包含垃圾种类等,使用视频演示、图文解说等方式方便农村居民理解生活垃圾分类投放,从而降低投放难度,也避免因不知道如何分类从而随意投放的情况发生。

强化宣传教育,提高源头分类效果。一是加大对农村生活垃圾治理的宣传教育力度,充分运用电视、广播、报纸、期刊、网络等渠道宣传农村生活垃圾治理的重要意义,不断提高农村居民对农村生活垃圾治理生态价值、社会价值、经济价值的认知,让农村居民直观认识到农村生活垃圾治理与其自身利益之间的关系。进一步优化宣传教育模式,通过公益广告、宣传视频、宣传橱窗、宣传海报等方式宣传农村生活垃圾分类知识,采取张贴宣传条幅、开展分类知识竞赛、入户宣传分类知识等措施提高农村居民的认知程度,使农村生活垃圾分类深入人心,确保农村居民掌握生活垃圾分类方法。构建农村生活垃圾分类奖惩机制,加大积分奖励兑奖力度,通过"红黑榜"等形式对农村居民行为开展奖励或处罚。发挥村庄模范表率效应,在村内营造互帮互助的良好氛围,组织本地党员干部、乡贤、专业大户等,进行农村生活垃圾分类示范宣传,充分发挥其模范带头作用,引导更多农村居民参与生活垃圾分类。进一步发挥农村居民的主体作用,提高农村居民的文明卫生素质,有效提升农村居民的生活垃圾分类意识,引导农村居民积极参与生活垃圾治理,主动进行农村生活垃圾分类,有效提高源头分类效果。

三、扎实推进农村厕所革命

推进厕所革命巩固提升。科学制定厕所革命目标任务,建立工作台账、分类管理。在农村厕所革命中,统筹政府不同部门之间的合作,有效加强项目推进监督。农村厕所革命要符合当地实际需求,制定细化的建设标准和规定;建立相应的考核标准,对各地的厕所革命的工作进行"回头看"再考核,确保农村厕所革命任务的高质量完成。科学选择改厕技术模式,同步推进农村户厕改造与整改提升,根据农民实际需求选择适宜的改厕模式;有效加强技术支持与推广,积极采用新型环保材料、粪便资源循环利用等技术和设备;加强对不同类型改厕模式的科学评估,按照简单、干净的原则,合理确定改建模式,进而扩大推广范围。进一步加强农村公厕建设,在建设过程中要考虑到特殊群体,充分体现科技化和人性化。

加强厕所革命宣传引导。创新宣传引导的方式方法,通过农民愿意接受的方式宣传农村厕所革命的重要性,转变农民的思想观念,确保厕所革命工作顺利推行。丰富农民意见表达渠道,鼓励农民积极参与农村厕所革命。进一步提升镇村干部对农村厕所革命的重视程度,建立健全厕所革命评判考核机制,强化农村厕所革命的督导,优化农村厕所革命问责机制。进一步发挥典型示范作用,设置示范户,以点带面,稳步推进农村厕所革命。

优化资金投入机制,多渠道筹措资金。一是健全财政资金投入机制。逐步建立公共财政投入的稳定增长机制,设立农村厕所革命的专项资金,并加强对改厕专项资金的监管,防止资金被占用或挪用。二是拓宽金融资金支持渠道。通过多渠道的融资平台,争取政策性贷款资金。充分发挥社会资本的作用,给予厕所改造企业一定的政策支持,争取地方企业、相关公益基金会的支持。积极探索农民付费机制,鼓励农民自行进行自家的厕所改建,并积极宣传,吸引更多农民众筹改厕资金。

完善改厕管理维护机制。一是认真守好农村户厕建设质量关,保证建一个成一个。进一步加强农村户厕管护,有效协调厕所粪污和农村生活污水同步治理。二是进一步落实公厕管理维护的主体责任,每个公厕落实到人,不定期进行抽查,做好日常的管理和维护工作。对因使用年限比较长而自然损坏的池体及时进行修复,对原来标准较低而不符合使用要求的池体进行重建;对使用年限不长因农民使用不规范造成损坏的,可根据各地财力状况按比例共同出资维修。三是建立健全协作机制,促进改厕有效管护。通过政府牵头领导,协调各方、齐抓共管,推进管理维护市场化,引入企业进行改厕后的检查维修、粪渣资源利用等工作,逐步形成权责分明的长效管理机制。

四、全面推进农村能源建设

进一步优化农村能源结构,提高农村新型能源利用效率。一是以现代科技为基础,优化农村能源使用体系,合理解决当前的能源消耗问题,将节能、储能、能源管理等有效结合起来,持续优化能源使用方式,最大限度地实现可持续供给,努力实现碳的零排放。在农村能源建设过程中,结合大数据、互联网、云计算等先进技术,构建能源综合管控中心,进一步转换能源利用方式,保证各种优势能源相互合作,实现深度高效利用目标。二是引进先进能源技术,形成产业生态链。加强先进能源建设,可以将重点放在太阳能、生物质能、风能等可再生能源上面。如果确定能源建设采用沼气池的方式,可以先对旧型沼气池进行更新、改造、修复,制定和规范建设标准,引导企业安排专业人员通过专业设备进行沼气池建设、能源回收、填料等工作;沼气池中废料发酵后产生的沼渣还可以作为肥料,销往种植地区或直接应用到当地种植中。进一步应用发展分布式光伏发电,重点实施农村太阳能热水器、太阳能路灯、太阳能杀虫灯等能源利用模式。逐步建立起完整的产业生态链,实现清洁能源的全面利用。

进一步加大政府支持力度,积极推进农村能源建设。一是加强资金投入力度,对于农村重点能源建设项目,拨付专项资金进行重点支持。如引导规模化养殖企业参与建设沼气工程,既可以无害化处理粪便废污,还可以促进能源再利用;积极建设风车发电站等设施,最后通过生物质节能灶等将能源提供给农户使用,形成能源的循环利用。进一步扶持科研院所、企业研发生物质再生能源等技术,加大技术研发的科研投入。二是完善科学激励制度,在乡镇建立市场化农村能源技术服务站,建设清洁能源销售与流转的市场沟通机制。强化对专业能源建设技术人员的培训,充分发挥技术推广人员的职能,为农户提供技术指导和购买服务。充分考虑各个地方的能源使用方式,引导农村居民改变能源消费习惯,增强农村居民的低碳环保意识。三是进一步提升能源建设后续管理水平,建立健全沼气池后续服务专业化台账制度,采用市场化运作模式,解决沼气建设农户的后顾之忧,提高沼气设施的整体利用水平。对农户生产、生活中的粪便污水和垃圾进行收集、储存,为沼气池提供充足的发酵源,这样既减少了因原料短缺而导致沼气使用量不足的问题,又促进了以"三沼"为原料的循环型农业的推广。

五、推动村容村貌整治提升

强化规划引领,加强技术指导。首先,在开展规划编制时,根据和美乡村建设的总体要求,有效协调、多方参与、分类有序地推进村庄规划编制,不断优化村庄功能布局。村庄规划编制应该注重打造村庄特色,利用好自然景观,在保留乡村原有风貌的基础上推进现代化建设。有序开展村庄布局规划动态更新,加强重要节点、公共空间、建筑景观的详细设计。其次,在进行技术指导时,聚焦基础设施、农房风貌、水体绿化、村庄道路等内容,制定符合实际情况的技术指南。进一步加快农村道路建设,合理推进村内道路扩建,积极解决农村道路破烂、村民出行不便等问题。进一步完善村庄公共照明设施,积极推广使用太阳能节能路灯,亮化村主要道路和重要场所,建设农村电网、天然气管网、供水管网、信息网络等。充分保障农村居民基本生产条件安全和人身财产安全,合理改造农村危房、危路、危桥等。有效解决农村环境卫生问题,大力推进庭院环境和公共卫生整治,清除废弃建筑和乱堆乱放的垃圾。

充分挖掘特色乡村风貌。编制乡村风貌提升导则,挖掘乡村特色风貌元素,把保护原始风貌、强化地域特色作为推动村容村貌整治提升的重要内容,有效加强乡土元素与乡村文脉保护,持续重塑田园风光、田园生活。深入推进特色田园乡村建设,积极发挥示范引领作用,培育特色田园乡村片区。在推进农村现代化建设时,根据现代化水平的特征,加强基础设施建设和运营维护,有效发挥村落自然环境特色和农耕特色,进一步突出地域文化,有效保护村落环境,守住乡土气息,有效传承村落文化,唤起人们对村落的美好记忆和美好情感。在开展乡村绿化美化时,加强村庄森林、道路林网、水系林网、农田林网建设,充分利用荒地、废弃地、边角地等开展村庄小微公园、乡村湿地公园和公共绿地建设,积极建设美丽庭院、美丽田园等。在加强传统文化保护和传承时,深入挖掘传统村落文化价值,有效保护老宅院、老庙堂等,进一步开展活化利用,并使之充分融入和美乡村建设之中。有效发挥农民主体作用,提高农民的主观能动性,充分发挥农民责任意识,积极改善村容村貌。

第四节　农村生态文明建设保障体系

习近平总书记指出:"要从系统工程和全局角度寻求新的治理之道,不能再是头痛医头、脚痛医脚,各管一摊、相互掣肘,而必须统筹兼顾、整体施策、多措并举,全方位、全地域、全过程开展生态文明建设。"生态文明建设是一项系统性工程,它的复杂性决定了农村生态文明建设不可能是某个单一主体所唱的"独角戏",只有多元主体共同参与农业生产环境改善、农村生态环境优化和农民生活环境改善等,才能推动农村生态文明建设的顺利进行。农村生态文明建设是一项长期持久的工程,需要政府、市场、社会共同参与,发挥各自优势:建设有为政府,持续优化顶层设计,强化制度政策创新,切实转变政府职能;打造有效市场,激发市场主体活力,优化资源要素配置;营造有机社会,强化社会组织参与,提升社会资本,发挥农民主体作用。

一、建设有为政府,推进生态文明建设

有为政府是经济体具有竞争优势和可持续发展的制度前提,它可以克服外部性问题,降低交易成本(林毅夫等,2022;朱菊芳等,2023)。建设有为政府,重点在于加强党对农村生态文明建设的领导,打造生态型、服务型政府,坚持以人民为中心,持续优化顶层设计,推进制度政策创新,形成全面推进农村

生态文明建设的科学蓝图（高强等，2021；于法稳，2023；张云飞，2023）。

首先，加强党对农村生态文明建设的领导，严格实行党政同责、一岗双责，提升生态环境治理能力现代化水平。在农村生态文明建设过程中坚持思想发力和思想引领，以党的理论创新成果引领农村生态文明建设，坚持以习近平生态文明思想为方向引领和根本遵循；充分发挥基层党组织的引领作用，优化五级书记抓乡村振兴的工作机制，把农村生态文明建设作为重要任务，积极推进农村生态文明建设。在农村生态文明建设过程中坚持政治发力和政治引领，以党的政治建设促进农村生态文明建设，坚决担负起农村文明建设的政治责任，学习贯彻习近平生态文明思想，压实各级领导干部的农村生态文明建设责任。在农村生态文明建设过程中坚持组织发力和组织引领，以组织建设推进农村生态文明建设，明确涉及农村生态文明建设相关部门的责任范围，建立健全部门之间的协调机制，加强农村生态文明建设监督考核；建设生态型政府，打造服务型政府，完善人才队伍体系，优化科技创新体系，加强生态产业体系建设，实现政府行为的绿色化；科学制定农村生态文明建设规划，完善资金投入保障体系，优化多元投入的合作机制。

其次，合理规范行政权力的运行，创新行政方式，有效提升行政效能。进一步加强农村生态文明建设政策的统筹，持续加强人才、资金等方面的政策支持，深入推进农村产权交易，强化农村人才队伍建设，建立健全风险防范体系，积极推进农村市场化建设，助力农村生态文明建设。探索全面推进农村生态文明建设的具体政策和实施方案，充分发挥政府在规划引领和政策支持等方面的作用，努力构建一个能够满足人民需求的服务型政府。不断强化要素保障，设立专项资金用于支持农村生态文明建设，将专项资金的使用聚焦于弥补农村生态文明建设的短板，强化薄弱环节，以达到巩固提升、长期持续的效果。采取以奖励代替补贴、先建设后补贴等方式，根据各地建设进展、投入情况、管护绩效等因素进行差异化奖励。对符合江苏省生态文明建设示范标准的乡镇（街道）、村（社区）给予奖励，并对综合提升大的行政村提供补助。

再次，进一步转变政府职能，深化行政体制改革，减少政府对资源的直接配置，建立公平、开放、透明的市场规则，将市场机制能够有效调节的经济活动交给市场，不断优化营商环境，助力农村生态文明建设。进一步优化宏观调控体系，有效加强市场活动监管，持续优化公共服务，弥补市场失灵，有效促进社会公平正义和社会稳定,积极推进农村生态文明建设。进一步深化以产权制度和要素市场化配置为核心的农村综合改革,持续不断地探索行之有效的农村改革路径,有效推广农村改革中的成功经验,进而有效促进农村生态文明建设。

最后,在农村生态文明建设过程中坚持制度发力和制度引领,进一步完善农村生态环境制度,用最严格的制度、最严密的法治保护农村生态环境。进一步强化农村生态文明法治建设,健全生态环境保护法律体系,开展农村生态环境保护专项立法和农村生态环境保护地方立法,严格农村生态文明建设的有效执法,完善生态环境保护的法律监督机制,健全生态环境公益诉讼制度。进一步完善自然资源资产产权制度、自然资源用途管理制度,优化自然资源资产离任审计制度。进一步优化农村生态环境保护管理制度,完善环境影响评价制度,健全污染物排放许可制度,健全生态保护和修复制度。进一步健全自然资源有偿使用制度、排污权有偿使用和交易制度,持续优化农村生态补偿制度和环境信用评价制度。进一步健全绿色绩效考核和责任追究制度,科学设置农村生态文明目标评价考核指标,加强农村生态文明目标评价考核制度的落地执行,进而有效促进农村生态文明建设。

二、打造有效市场,助力生态文明建设

有效市场是指通过价格信号反映要素的稀缺程度,通过价值规模调节资源配置,进而实现帕累托有效配置的要素市场化机制(林毅夫等,2022;朱菊芳等,2023)。打造有效市场就是要让市场在资源要素配置中发挥决定性作用,给予市场充分发挥的空间,使各类市场主体能够在充满活力的市场环境中开展公平竞争,有效创造市场价值以满足人民日益增长的美好生活需要(高强等,2021;韩旭东等,2023;陈梓睿,2023)。

首先,全面推进农村生态文明建设,坚持并完善我国的社会主义基本经济制度和分配制度,坚持社会主义市场经济的改革方向,加速建立社会主义有效市场。持续优化产权制度,有效促进要素市场化配置,进而促进产权的有效激励,推动要素的自由流动,强化价格的灵活反映,推动竞争的公平有序,加强企业的优胜劣汰(王一新,2018)。积极利用现有的土地和集体资产,加强统一、

开放的要素市场建设;在此基础上,市场才能在实际运作中寻找出土地、劳动力、资本和数据等各种资源的最佳配置方案,有效提升各种要素的配置效率,积极推进农村生态文明建设。在有效市场的带动下,可以通过强化投资拉动、加强技术驱动、促进产业带动等方式,激活农村地区的资产和资源,积极推动农村地区经济的高质量发展,积极接轨发达的商品市场体系和健全的要素市场体系,进而有效促进农村生态文明建设。更加积极地运用市场机制来推动农村生态文明建设,专注于农村产业的发展、基础设施的建设以及公共服务的配套等。健全农村生态产品价值实现机制,推进生态产业化和产业生态化,加快完善生态产品价值实现路径。探索各种有效的方式,例如信贷、保险、担保、基金和企业合作等,以拓宽农村生态文明建设的资金来源。这些举措不仅可以促进乡村经济社会的发展,还可以改善农村居民的生活条件,为他们提供更好的公共服务,进而有效促进农村生态文明建设。

其次,坚持稳中求进的总方针,全面、准确地贯彻新发展理念,加快构建新发展格局。持续推进农村地区个体、私营等非公有制经济的发展,进一步培养新型农业经营主体,详细制定和合理量化政策支持措施,有效促进农村市场高质量发展,促进城乡生产和消费的有效对接。进一步健全高效运行的市场机制,积极打造充满活力的微观主体,逐步优化适度的宏观调控的经济制度。这样不仅能利用价值规律来优化农村地区资源的有效配置,助力农村生态文明建设,而且还能在政府分配的宏观调控下,建立健全利益分配机制与收益分享机制,持续提升经济的创新力和竞争力。不断推进新型农业经营主体培育,持续壮大农村地区"新农人"队伍,不断推动"农创客"投身农村生态文明建设。与此同时,进一步实行针对涉农专业的订单式定向人才培养计划,积极加强人才建设,进而有效促进农村生态文明建设。

再次,加大绿色消费的支持力度,积极引导农村绿色消费。进一步强化企业市场导向意识,引导企业加大绿色低碳技术研发力度,促进企业不断开发绿色低碳产品;积极创新绿色低碳产品市场开发策略,拓展绿色低碳产品的市场销售渠道。进一步优化绿色消费的信息服务体系,有效传播绿色低碳产品的购买渠道、使用知识,优化绿色产品采购机制。进一步规范绿色低碳产品的市场秩序,优化绿色低碳产品认证机制,强化绿色低碳产品市场监管。进一步加强农村绿色消费监督管理,构建农村绿色消费市场体系,积极推进农村绿色消费。进一步加强农村绿色消费的基础设施建设,优化农村绿色消费的外部环境。进一步提高农村居民的绿色消费能力,拓宽农村居民的收入渠道,提升农村居民绿色消费的支付能力,进而有效促进农村生态文明建设。

最后,持续推动国内市场的高效畅通和规模扩大。通过打通流通渠道、规范交易规则、加强市场监管等措施,提升市场的透明度和公平性,减少资源浪费,提高整体市场的效率,助力农村生态文明建设。通过引入新技术、新工艺,改善劳动力素质,优化管理制度等手段,提高劳动生产率,降低生产成本,提高产品竞争力,积极推进农村生态文明建设。通过推广农业科技,改善农业生产环境,扩大农产品销售渠道,提高农民的收入水平。鼓励和支持各类市场主体壮大发展,推进产品升级换代,提高供给质量,助力农村生态文明建设。进一步优化需求结构,关注消费者的需求变化,积极调整产品和服务结构,以满足消费者的多元化需求。在此基础上,逐步推进供需互促、产销并进、畅通高效的国内大循环,并通过不断发展强大的国内市场,进一步提高对全球企业和资源的强大吸引力,进而有效促进农村生态文明建设(汪伟坚、宁宇,2022)。

三、营造有机社会,促进生态文明建设

有机社会的概念来源于孔德(Auguste Cmte)等提出的"社会有机论"和涂尔干(Emile Durkheim)提出的"有机团结",指出社会是高级、复杂的生物有机体(朱菊芳等,2023)。格兰诺维特(Mark Granoveteer)进一步指出经济行为嵌入在社会中,受到社会结构的影响(陈蕾、姚兆余,2023)。营造有机社会,重点在于提高社会组织参与生态文明建设的能力,提升社会资本水平助力农村生态文明建设,充分发挥生态文明建设农民主体作用(游忠湖、施生旭,2022;周力,2023)。

首先,提高社会组织参与生态文明建设的能力。增强对社会组织的政策引导和支持,全面提高社会组织参与农村生态文明建设的能力。第一,制定针对农村公益类社会组织的扶持性政策,完善农村社会组织培育的体制机制,要求乡镇(街道)政府及农村社区主动为农村社会组织的培育提供活动场地,鼓励并引导农村居民主动参与社会组织。第二,进一步提高政府购买服务的能力,将部分农村生态文明建设项目承包给以环保为主题的农村社会组织,增加

这类社会组织的资金来源,此外,还可为企业和社会组织搭建合作桥梁,鼓励企业将环保工作内容交由社会组织处理,或是直接向社会组织捐款,增加农村社会组织的资金来源。第三,引入专业社会工作组织,有效推动农村社区的"五社联动",将农村社会组织的培育壮大交给专业的社会工作组织管理,进一步提升农村社会组织成员的专业能力,对农村社会组织的独立性运作开展赋能。第四,鼓励科研院校与农村社区进行对口帮扶,对农村社区的社会组织人员进行专业技能培训,提出完善农村社会组织管理体系的对策。第五,农村社区自身应加大对农村公益类社会组织的宣传力度,提升农村社会组织在农村居民中的知名度,提高其存在的合理性,鼓励有意愿的农村居民主动参与,如可开展针对中学生和大学生的寒暑假实践项目,调动学生参与农村生态文明建设的积极性。第六,农村社会组织自身也应转变发展理念,不能存有"等、靠、要"的依赖心理,而应积极主动提升自身的专业能力,增强自身参与农村生态文明建设的广度和深度,实现独立运作的自主性。

其次,充分发挥生态文明建设农民主体作用。第一,进一步提升农民认知水平。农民既是农村生态文明建设的主体,也是农村生态文明建设成效的受益主体和价值主体,只有具有浓厚自觉主体意识的农民,才能清醒地认识到农村生态文明建设的重要价值,明确自己在农村生态文明建设中的作用和地位,积极能动地参与农村生态文明建设。因此,可以通过各种媒体平台,开展形式多样、农民喜闻乐见的宣传教育活动,提高农民对农村生态文明建设工作的认知水平,让他们知道自己是农村环境污染问题的受害者和制造者,也是农村生态文明建设的主体与受益者,促使农民成为农村生态文明建设的参与者。第二,进一步提高农民责任意识。农民对农村生态文明建设认知水平的不断提高,可以激发他们产生相应的主体意识,增强他们在农村生态文明建设中的责任意识。通过多种途径宣传农村生态文明建设对促进和美乡村建设、强化美丽中国建设的重要意义;通过农村生活污水治理、农村生活垃圾治理、农村厕所革命、村容村貌整治提升等,让农民直观感受农村生态文明建设的成效,进一步增强农民环保责任意识,建立并强化农民对农村生态文明建设的信心,进而改变农民的思想观念,并逐渐规范其农村生态文明建设行为。第三,进一步提高农民参与意识。以农业生产环境改善、农村生态环境优化、农民生活环境改善为重要内容的农村生态文明建设是一个长期的过程,需要足够的时间,更需要农民的广泛参与。农民广泛参与的前提是提高农民对农业生产环境改善、农村生态环境优化、农民生活环境改善的认知水平和责任意识，而提高农民的参与意识，能使其真正成为农业生产环境改善、农村生态环境优化、农民生活环境改善的主体，积极主动参与农村生态文明建设的全过程，一方面保证了农村生态文明建设各项工作的顺利实施，另一方面则保证了农村生态文明建设成果的有效巩固。第四，进一步提升农村居民组织化程度。农村生态文明建设不仅需要发挥个体化农村居民的积极能动性，而且需要有效提升农村居民的组织化水平，有效强化农村居民的合作意愿，积极提高农村居民的合作能力，将农村居民有效组织起来，积极鼓励农村居民建立各式各样的合作组织，逐步形成农村生态文明建设的组织性力量（陈学兵，2020）。充分发挥党的基层组织领导核心作用，结合农村居民的地缘、血缘、业缘等，逐步发展壮大乡村社会自组织，如老年人协会、广场舞协会、乡风文明理事会等，积极引导农村居民充分参与农村生态文明建设，进而有效促进农村生态文明建设。

最后，提升社会资本水平助力农村生态文明建设。第一，进一步提高社会信任水平，充分利用农村广播、电视和网络等媒介营造相互信任、合作共赢的社会风尚，通过农业技术培训、农业技术推广动员等集体活动，增进农村居民之间的情感交流，有效促进农村居民之间信任的构建，为开展农村生态文明建设合作奠定坚实的情感基础。发挥村级组织的领头人作用，村干部一方面将农村生态文明建设政策、农业技术信息及时传递给农村居民，增强农村居民对农村生态文明建设政策和农业技术的信心，另一方面充分了解农村居民的技术诉求，将农村居民的意见反馈至政府，积极带动农村居民参与农村生态文明建设，促使农村居民之间建立互惠合作关系。第二，进一步完善社会规范，有效发挥规范对农村居民行为的引导作用，持续强化正式规范对农村居民行为的约束作用，逐步完善农村生态文明建设规章制度，有效结合农村居民行为，制定农村生态环境损害的惩罚措施，通过惩罚措施有效调控农村生态文明建设中农村居民的行为（王学婷等，2019）。进一步强化非正式规范对农村居民生态环境行为的约束功能，在农村生态文明建设中，根据村庄实际情况逐步优化村规民约、风俗习惯等，持续加强农村居民的声誉效用，有效提升农村居民的社会责任意识，通过声誉机制提升农村生态文明建设过程中农村居民的内生动力，进而有效促进农村生态文明建设。第三，进一步拓宽社会网络，结合村委会、农村合作组织等载体，丰富农民文化娱乐活动，以文化娱乐活动为载体，促进农村居民之间的面对面交流，增进农村居民与异质群体的交往并形成情感交流。利用电话、网络、电视和广播等多种途径构建多层次信息渠道，尤其是通过农业技术培训、农业技术推广动员等集体活动，增进农村居民之间的经营互动，提升农村居民之间农村生态文明建设政策、农业技术与信息的共享能力和传递速率，进而有效促进农村生态文明建设。

参考文献

[1] 白平则,秦鸿.提高村民民主监督实效性的路径探讨[J].山西经济管理干部学院学报,2019,27(04):64-67+81.

[2] 柏晶伟.农业环境保护与资源合理利用迫在眉睫[N].中国经济时报,2006-07-26(005).

[3] 包存宽.生态兴则文明兴:党的生态文明思想探源与逻辑[M].上海:上海人民出版社,2021.

[4] 卞琳琳.公司治理与竞争力的关系[D].南京:南京农业大学,2009.

[5] 蔡澄.美丽江苏建设水平评价指标体系构建与应用研究[D].南京:南京大学,2021.

[6] 蔡起华,朱玉春.社会信任、关系网络与农户参与农村公共产品供给[J].中国农村经济,2015,(07):57-69.

[7] 曹立,徐晓婧.乡村生态振兴:理论逻辑、现实困境与发展路径[J].行政管理改革,2022,(11):14-22.

[8] 曹琳.洞庭湖区水稻种植户生态生产行为影响因素研究[D].长沙:中南林业科技大学,2021.

[9] 曹伟波.构建乡村生态经济体系探析[J].农业科技与信息,2023,(11):162-166.

[10] 曾博伟.中国旅游小城镇发展研究[D].北京:中央民族大学,2010.

[11] 曾惠芳,李超,赵炳雪,等.云南保山市农村能源建设现状、存在问题与发展措施[J].农业工程技术,2021,41(14):46-47.

[12] 柴喜林.乡村振兴战略下农村生活污水治理模式优选之思考[J].中国环境管理,2019,11(01):106-110.

[13] 常纪文,裴晓桃."十四五"期间建设美丽中国的目标和行动[J].环境教育,2021,(11):32-33.

[14] 常纪文.推动经济社会发展全面绿色转型[N].人民日报,2021-09-28(007).

[15] 车秀珍,刘佑华,陈晓丹.经济发达地区生态文明建设探索[M].北京:科学出版社,2016.

[16] 陈俊.现实·理论·实践:深刻把握习近平生态文明思想的三个维度[J/OL].重庆大学学报(社会科学版),1-13.

[17] 陈蕾,姚兆余.嵌入性视角下新型农村集体经济发展的实践机制[J].中国农业大学学报(社会科学版),2023,40(05):24-39.

[18] 陈梦圆.乡村振兴背景下黑龙江农村生态文明建设研究[J].智慧农业导刊,2023,3(05):151-154.

[19] 陈绍军,任毅,曹志杰.新型城镇化背景下农村生活污水处理居民支付意愿研究[J].水利经济,2017,35(4):46-50+74+77.

[20] 陈士勋.马克思主义生态思想视角下新农村生态文明建设研究[D].北京:中央财经大学,2021.

[21] 陈硕.坚持和完善生态文明制度体系:理论内涵、思想原则与实现路径[J].新疆师范大学学报(哲学社会科学版),2019,40(06):18-26.

[22] 陈思雨,白现军.新内生发展赋能乡村振兴的行动逻辑及实现路径[J].乡村论丛,2023,(05):104-112.

[23] 陈巍,李烨,郑华伟.基于改进灰靶模型的农村生态文明建设差异分析[J].水土保持通报,2016,36(04):90-96.

[24] 陈伟彬.我国生态环境损害赔偿权利人范围研究[D].海口:海南大学,2018.

[25] 陈曦.乡村振兴背景下辽宁农村生态文明建设现状及对策研究[J].智慧农业导刊,2022,2(21):123-125.

[26] 陈小捷.乡村振兴背景下农村生态文明建设问题研究[D].北京:北京邮电大学,2020.

[27] 陈孝鑫,钱鼎炜.农村居民生活垃圾治理支付意愿影响因素研究[J].云南农业大学学报(社会科学),2022,16(03):71-77.

［28］陈学兵.乡村振兴背景下农民主体性的重构［J］.湖北民族大学学报(哲学社会科学版),2020,38(01):63-71.

［29］陈艳.习近平生态文明思想生成的逻辑理路［J］.河海大学学报(哲学社会科学版),2019,21(01):35-41+105-106.

［30］陈宇婧.乡村振兴战略背景下农村生态文明建设研究［D］.武汉:湖北省社会科学院,2020.

［31］陈梓睿.有力政党、有为政府、有效市场与有序社会:中国式现代化的创新与超越［J］.求索,2023,(06):175-182.

［32］陈左.国际竞争力理论及其启示［J］.经济问题,1998,(08):7-9+13.

［33］成丹.聚焦财政热点问题 服务财政改革发展［J］.地方财政研究,2023,(01):1.

［34］程珊珊.生态文明建设效率评价及其影响因素分析［D］.青岛:中国石油大学(华东),2018.

［35］楚春礼,鞠美庭.生态文明观下经济发展如何转型［N］.中国纪检监察报,2012-12-07.

［36］崔宝敏.新制度经济学教程［M］.北京:经济科学出版社,2020.

［37］戴圣鹏.农村生态文明建设的内容研究［J］.理论学习,2010,(07):35-38.

［38］戴圣鹏.人与自然和谐共生的生态文明［M］.北京:社会科学文献出版社,2022.

［39］戴铁军,周宏春.构建人类命运共同体、应对气候变化与生态文明建设［J］.中国人口·资源与环境,2022,32(01):1-8.

［40］旦知草.当代中国生态文明建设主体责任研究［D］.大连:大连海事大学,2023.

［41］邓丽君.新时代中国共产党生态文明建设的理论构建与实践探索研究［D］.西安:西北大学,2021.

［42］邓谋优.我国乡村旅游生态环境问题及其治理对策思考［J］.农业经济,2017,(04):38-40.

［43］翟艳玲.马克思生态观视域下的农村生态文明建设研究［D］.桂林:广西师范大学,2014.

[44] 丁田田.当前我国农村生态文明建设研究[D].锦州:渤海大学，2018.

[45] 董立人,武混强,李婷.深化农村厕所革命的主要障碍和对策建议[J].社会治理,2021,(12):75-82.

[46] 董战峰,冀云卿.中国绿色发展十年回顾与展望[J].科技导报,2022,40(19):43-52.

[47] 董战峰,王玉.生态文明制度创新的逻辑理路与实践路径[J].昆明理工大学学报(社会科学版),2021,21(01):43-50.

[48] 杜栋."让美丽乡村成为现代化强国的标志、美丽中国的底色":学习习近平关于乡村生态振兴的论述[J].党的文献,2022,(2):36-44.

[49] 杜欢,卢泓宇.长江经济带生产性服务业集聚对生态文明建设的影响[J].统计与决策,2022,38(17):67-72.

[50] 杜强.新时代我国农村生态文明建设研究[J].福建论坛(人文社会科学版),2019,(11):179-184.

[51] 杜受祜,丁一.我国新农村生态文明建设中的几个问题[J].西南民族大学学报(人文社科版),2009,30(02):29-34.

[52] 杜宇.生态文明建设评价指标体系研究[D].北京:北京林业大学,2009.

[53] 段蕾,康沛竹.走向社会主义生态文明新时代:论习近平生态文明思想的背景、内涵与意义[J].科学社会主义,2016,(02):127-132.

[54] 段晓琴.沁源县农村水环境污染现状及改进建议[J].农技服务,2017,34(15):145+6.

[55] 段振阳.乡村振兴中农民主体作用研究[D].北京:中共中央党校,2021.

[56] 樊琴.西北五省生态文明发展水平测度及影响因素研究[D].石河子:石河子大学,2019.

[57] 范海瑞.跑出乡村振兴"加速度"[N].甘肃日报,2021-1-31.

[58] 范叶超,薛珂凝."基础设施下乡"与村庄实践共同体的绿色转型[J].学习与探索,2023,(11):48-56.

[59] 范颖.中国特色生态文明建设研究[D].武汉:武汉大学,2011.

[60] 范元.加入农民合作社对农户非正规风险分担的影响研究[D].咸阳:西北农林科技大学,2022.

[61] 方修仁,王祥锋.大城市郊区新农村发展模式初探[J].中国发展,2013,

13(01):74-77.

[62] 方雅冰.河北省巨鹿县金银花农户生态种植行为影响因素研究[D].北京:中国农业科学院,2021.

[63] 房睿桢.协同治理视角下济南市S县农村生活垃圾治理问题和对策研究[D].济南:山东大学,2023.

[64] 冯银.湖北省生态文明建设水平评价及影响因素研究[M].北京:经济科学出版社,2021.

[65] 冯银.湖北省生态文明建设水平评价研究[D].武汉:中国地质大学,2018.

[66] 符明秋,朱巧怡.乡村振兴战略下农村生态文明建设现状及对策研究[J].重庆理工大学学报(社会科学),2021,35(04):43-51.

[67] 付洪良,周建华,谭亭亭.民生福祉视角下省域生态文明建设绩效的评价分析[J].西南林业大学学报(社会科学),2022,6(04):34-38.

[68] 干亚群.国家控制与村民自治之间:乡村基层社会秩序的重建[D].上海:上海交通大学,2009.

[69] 高波,吕有金.中国式现代化道路:理论逻辑、现实特征与推进路径[J].河北学刊,2022,42(06):110-118.

[70] 高春芽.规范、网络与集体行动的社会逻辑:方法论视野中的集体行动理论发展探析[J].武汉大学学报(哲学社会科学版),2012,65(5):26-31.

[71] 高强,曾恒源,殷婧钰.新时期全面推进乡村振兴的动力机制研究[J].南京农业大学学报(社会科学版),2021,21(06):101-110.

[72] 高珊,黄贤金.基于绩效评价的区域生态文明指标体系构建:以江苏省为例[J].经济地理,2010,30(05):823-828.

[73] 葛嫚姣.苏州市吴江区农村土壤重金属污染现状调查分析及评价[D].苏州:苏州大学,2017.

[74] 耿鹏.长三角城市群生态文明建设水平综合测度与优化研究[D].上海:上海工程技术大学,2021.

[75] 宫长瑞.新时代生态文明建设理论与实践研究[M].北京:人民出版社,2021.

[76] 谷缙,任建兰,于庆,等.山东省生态文明建设评价及影响因素:基于投影寻踪和障碍度模型[J].华东经济管理,2018,32(08):19-26.

[77] 谷树忠,沈和.生态文明建设的江苏实践[M].北京:中国言实出版社,2018.

[78] 顾勇炜,施生旭.基于 PSR 模型的江苏省生态文明建设评价研究[J].中南林业科技大学学报(社会科学版),2017,11(01):21-26.

[79] 关海玲,江红芳.城市生态文明发展水平的综合评价方法[J].统计与决策,2014,(15):55-58.

[80] 吕亚玲,李巧云.基于改进 PSR 模型的洞庭湖区生态安全评价及主要影响因素分析[J].农业现代化研究,2021,42(01):132-141.

[81] 郭本初.中国省域生态文明建设水平测度与影响因素研究[D].武汉:中南财经政法大学,2020.

[82] 郭涵."村改居"失地农民参与社区教育意愿的实证研究:基于社会资本视角[J].福建农林大学学报(哲学社会科学版),2012,15(03):64-67.

[83] 郭佳佳.山西省平遥县农村人居环境建设优化研究[D].锦州:渤海大学,2021.

[84] 郭路,颜翀,徐晓婧.我国生态文明建设的成就与经验研究[J].学习与探索,2023,(03):122-128.

[85] 郭小靓.新时代加强中国特色社会主义生态文明制度建设研究[D].青岛:中国石油大学(华东),2019.

[86] 郭晓霞.习近平生态文明思想的科学内涵及当代价值研究[D].太原:山西财经大学,2021.

[87] 郭依婷.美丽乡村评价指标体系及标准的构建与应用[D].武汉:华中师范大学,2016.

[88] 郭云炜,张小义.农村生活污水资源化利用探究[J].农技服务,2013,30(06):650+652.

[89] 郭占恒.仙居聚力乡风文明的探索实践[J].浙江经济,2019,(22):33-35.

[90] 国家统计局农村社会经济调查司.中国农村统计年鉴 2022[M].北京:中国统计出版社,2022.

[91] 韩保江,李志斌.中国式现代化:特征、挑战与路径[J].管理世界,2022,38(11):29-43.

[92] 韩洪云,张志坚,朋文欢.社会资本对居民生活垃圾分类行为的影响机理

分析[J].浙江大学学报(人文社会科学版),2016,46(3):164-179.

[93] 韩林娟,刘昊,周海霞.基于农民满意度的济南市农村生态文明建设评价研究[J].湖北农业科学,2021,60(16):198-202.

[94] 韩庆祥.唯物史观与历史经验[J].天津社会科学,2022,(01):4-7.

[95] 韩旭东,李德阳,郑风田.政府、市场、农民"三位一体"乡村振兴机制探究[J].西北农林科技大学学报(社会科学版),2023,23(05):52-61.

[96] 韩雅清,杜焱强,苏时鹏,等.社会资本对林农参与碳汇经营意愿的影响分析[J].资源科学,2017,39(07):1371-1382.

[97] 韩永辉,黄亮雄,王贤彬.产业结构升级改善生态文明了吗[J].财贸经济,2015,(12):129-146.

[98] 韩正.以中国式现代化全面推进中华民族伟大复兴[N].人民日报,2022-11-1(003).

[99] 韩智勇,费勇强,刘丹,等.中国农村生活垃圾的产生量与物理特性分析及处理建议[J].农业工程学报,2017,33(15):1-14.

[100] 郝永平,吴江华.习近平生态文明思想的鲜明特色:社会结构理论视域下的生态文明建设[J].中共中央党校学报,2018,22(03):5-13.

[101] 何聪,姚雪青.美丽庭院 宜居乡村[N].人民日报,2021-06-09(014).

[102] 何帆.生态文明建设动力机制研究:基于江华县的实证分析[J].科技和产业,2022,22(02):231-239.

[103] 何苗.生命共同体的实现路径:基于人权的方法[J].中南民族大学学报(人文社会科学版),2023,43(11):104-112.

[104] 何向英.测绘技术在沾益区国土综合整治项目中的应用[J].水利技术监督,2023,(07):193-195+259+263.

[105] 何莹子.睢宁农业生态循环变废为宝[N].新华日报,2021-04-29.

[106] 何永松.乡村文明建设中的标语问题与应对策略[J].党政干部学刊,2019,(11):68-72.

[107] 洪赞.习近平生态文明思想的理论创新研究[D].长沙:湖南师范大学,2019.

[108] 侯立春,江蕾,汪银丽,等.乡村振兴战略背景下农村生态文明建设测度及敛散性研究:以长三角地区为例[J].铜陵学院学报,2023,22(02):

14－20.

[109] 胡彪,苑凯.京津冀地区城市生态文明建设效率测评及影响因素分析[J].科技管理研究,2019,39(17):267－274.

[110] 胡京春.激活乡贤资源 汇聚乡贤力量[N].人民政协报,2022－05－13(004).

[111] 胡列曲,丁文丽.国家竞争力理论及评价体系综述[J].云南财贸学院学报,2001,(03):56－61.

[112] 胡洋洋.乡村振兴战略背景下农村生态文明建设研究[D].重庆:重庆工商大学,2022.

[113] 胡中应,胡浩.社会资本与农村环境治理模式创新研究[J].江淮论坛,2016,(06):51－56.

[114] 胡中应.社会资本视角下的乡村振兴战略研究[J].经济问题,2018,(05):53－58.

[115] 黄爱宝.社会主义生态文明建设的动力机制研究——基于中国共产党生态文明建设思想和实践的阐释[J].鄱阳湖学刊,2020,(03):19－31＋124－125.

[116] 黄承梁,杨开忠,高世楫.党的百年生态文明建设基本历程及其人民观[J].管理世界,2022,38(05):6－19.

[117] 黄承梁.生态文明体系论[M].北京:中国社会科学出版社,2023.

[118] 黄承梁.中国共产党百年生态文明建设的历史逻辑和理论品格[J].哲学研究,2022,(04):15－23.

[119] 黄润秋.全面加强生态环境保护 谱写新时代生态文明建设新篇章[N].学习时报,2023－09－08(001).

[120] 黄艳萍.武汉市少儿英语培训产业发展研究[D].南宁:广西大学,2019.

[121] 黄以胜.习近平生态文明思想研究[D].南昌:江西师范大学,2023.

[122] 黄智洵,王飞飞,曹文志.长江经济带生态文明水平影响因素探析及预测[J].经济地理,2020,40(03):196－206.

[123] 嵇淋.乡村治权与土地产权互动下乡村空间内生治理路径研究[J].苏州科技大学学报(工程技术版),2022,35(03):65－73.

[124] 嵇世慧,张庆祥.南京彭福村新农村建设足迹[J].今日中国论坛,2011,

(Z1):93 - 96.

[125] 纪明山.农药对农业的贡献及发展趋势[J].新农业,2011,(04):43 - 44.

[126] 季玉福.化解当前农村社会矛盾的理性思考[J].湖南科技学院学报,
2012,33(09):105 - 107.

[127] 贾海发,马旻宇.黄河流域省域生态文明建设水平测度及影响因素研
究[J].青海社会科学,2023,(03):29 - 38.

[128] 贾亚娟,赵敏娟.环境关心和制度信任对农户参与农村生活垃圾治理意
愿的影响[J].资源科学,2019,41(08):1500 - 1512.

[129] 贾亚娟.社会资本、环境关心与农户参与生活垃圾分类治理的选择偏好
研究[D].咸阳:西北农林科技大学,2021.

[130] 简世德,康乃心,王亚梅.重构社会资本:乡村环境治理的困境与突
破[J].南华大学学报(社会科学版),2022,23(01):5 - 11.

[131] 江苏省林业局.《以"绿"为底,绘就南京乡村新美景:南京市村庄绿化建
设工程掠影》[R/OL].(2023 - 06 - 14)[2023 - 10 - 20]. http://lyj.
jiangsu.gov.cn/art/2023/6/14/art_88800_10923482.html.

[132] 江苏省农业农村厅.《对省十三届人大四次会议第 3062 号建议的答复》
[R/OL].(2021 - 05 - 11)[2023 - 10 - 20]. http://nynct.jiangsu.gov.
cn/art/2021/5/11/art_52252_9804675.html.

[133] 江苏省农业农村厅.《关于加快推进农药包装废弃物回收处理工作的意
见》[R/OL].(2021 - 03 - 17)[2023 - 10 - 20]. http://nynct.jiangsu.
gov.cn/art/2021/3/17/art_11965_9705944.html.

[134] 江苏省生态环境厅.《2021 年江苏省生态环境状况公报》[R/OL].(2022 -
05 - 09)[2023 - 10 - 20]. http://sthjt.jiangsu.gov.cn/art/2022/5/9/
art_83855_10442679.html.

[135] 江苏省生态环境厅.《对省十三届人大五次会议第 3049 号建议的答复》
[R/OL].(2022 - 07 - 26)[2023 - 10 - 20]. http://sthjt.jiangsu.gov.cn/
art/2022/7/26/art_83601_10553571.html.

[136] 江苏省水利厅.《2021 年江苏省水资源公报》[R/OL].(2022 - 08 - 19)
[2023 - 10 - 20]. http://jswater.jiangsu.gov.cn/art/2022/8/19/art_
84437_10581264.html.

[137] 江苏省统计局,国家统计局江苏调查总队.《2022 年江苏省国民经济和社会发展统计公报》[R/OL].(2023 - 03 - 03)[2023 - 10 - 20]. http://tj.jiangsu.gov.cn/art/2022/3/3/art_85764_10520810.html.

[138] 江苏省统计局,国家统计局江苏调查总队.江苏统计年鉴 2022[M].北京:中国统计出版社,2022.

[139] 江苏省卫生和计划生育委员会.《对省政协十二届一次会议第 0178 号提案的答复》[R/OL].(2018 - 07 - 11)[2023 - 10 - 20]. https://wjw.jiangsu.gov.cn/art/2018/7/11/art_59524_7739100.html.

[140] 江苏省住房和城乡建设厅.《对省政协十三届一次会议第 0768 号提案的答复(关于对优化生活垃圾分类、清运的建议)》[R/OL].(2023 - 08 - 14)[2023 - 10 - 20].https://www.jiangsu.gov.cn/art/2023/8/14/art_59167_10983339.html.

[141] 江炎骏.认识习近平新时代中国特色社会主义经济思想的三个维度[J].中共石家庄市委党校学报,2019,21(07):9 - 12.

[142] 姜珊,杨太保,金庆森.兰州市农村环境污染现状及防治对策分析[J].环境科学导刊,2011,30(04):47 - 51.

[143] 姜涛,刘瑞,边卫军.“十四五”时期中国农业碳排放调控的运作困境与战略突围[J].宁夏社会科学,2021,(05):66 - 73.

[144] 姜维军,颜廷武,江鑫,等.社会网络、生态认知对农户秸秆还田意愿的影响[J].中国农业大学学报,2019,24(8):203 - 216.

[145] 焦少俊,单正军,蔡道基,等.警惕“农田上的垃圾”——农药包装废弃物污染防治管理建议[J].环境保护,2012,(18):42 - 44.

[146] 焦诗卉.辽宁省 H 县农村生活垃圾治理问题研究[D].沈阳:辽宁大学,2023.

[147] 焦玉东.基于钻石体系的我国大学科技园环境分析[D].武汉:华中科技大学,2008.

[148] 金凤.江苏:生态环境质量创本世纪以来最好水平[N].科技日报,2023 - 05 - 10(003).

[149] 晋海.生态环境损害赔偿归责宜采过错责任原则[J].湖南科技大学学报(社会科学版),2017,20(05):89 - 96.

[150] 靳凤林.中国特色社会主义对人类文明形态的多维创新[J].马克思主义与现实,2021,(06):11-17+195.

[151] 鞠美庭,楚春礼,于明言,等.生态文明导论[M].北京:化学工业出版社,2020.

[152] 康迪.习近平生态文明思想及其国际意义研究[D].北京:中共中央党校,2021.

[153] 柯善北.加强生活垃圾治理 让乡村环境更美好《关于进一步加强农村生活垃圾收运处置体系建设管理的通知》解读[J].中华建筑,2022,(06):1-2.

[154] 邝奕轩.毛泽东关于生态建设重要论述的科学内涵和时代价值[J].城市学刊,2022,43(04):17-22.

[155] 雷小雨.社会资本对农户参与农村人居环境整治的影响研究[D].西安:西安建筑科技大学,2021.

[156] 雷宇,严刚.关于"十四五"大气环境管理重点的思考[J].中国环境管理,2020,12(04):35-39.

[157] 李昌新,陈晓,张辉,等.基于灰色关联模型的江苏省农村生态文明建设水平研究[J].水土保持通报,2017,37(3):107-112.

[158] 李丹.改革开放以来我国政府职能转变的发展历程与趋势[J].山东行政学院学报,2019,(03):12-19.

[159] 李丹阳.吉木萨尔县农村生活污水治理中农户参与行为影响因素研究[D].乌鲁木齐:新疆农业大学,2022.

[160] 李根东.农村人居环境整治[M].北京:中国环境出版集团,2022.

[161] 李国芳.对甘肃省农村环境污染及发展生态农业的几点思考[J].中国草食动物科学,2015,35(01):66-69.

[162] 李国宏.新形势下农村能源建设现状与分析[J].新农业,2022,(11):103-104.

[163] 李红梅.社会主义新农村生态文明建设研究[D].武汉:武汉大学,2011.

[164] 李宏.新时代中国特色社会主义生态文明制度建设研究[D].广州:华南理工大学,2021.

[165] 李建平,岳正华.提升我国农业市场竞争优势分析:基于波特钻石理论的

启示[J].财贸经济,2004,(07):75-78.

[166] 李晶晶.社会资本对农村生态文明建设农户参与意愿的影响研究[D].南京:南京农业大学,2020.

[167] 李娟.国家竞争力视角下中国绿色发展研究[J].当代世界与社会主义,2012,(01):122-126.

[168] 李娟.绿色发展与国家竞争力[M].北京:经济科学出版社,2016.

[169] 李娟.绿色经济与中国国家竞争力[J].湖南行政学院学报,2011,(05):48-51.

[170] 李娟.中国特色社会主义生态文明建设研究[M].北京:经济科学出版社,2013.

[171] 李军军.中国低碳经济竞争力研究[D].福州:福建师范大学,2011.

[172] 李锟.基于主成分法的我国农村生态文明建设水平评价研究[J].农业与技术,2019,39(17):153-157.

[173] 李丽旻.生态环境部环境规划院总工程师万军:深入推进美丽中国建设[N].中国能源报,2023-09-04(003).

[174] 李龙强.世界观、方法论与生态文明建设[J].湖北行政学院学报,2011,(01):11-13.

[175] 李培超,戴晓慧.论习近平生态文明思想中的"两个结合"[J].海南大学学报(人文社会科学版),2023,41(03):44-52.

[176] 李培超.深刻学习理解习近平生态文明思想要把握的几个重要理论维度[J].新文科教育研究,2022,(04):24-34+142.

[177] 李平西,王卫涛.基于多元统计分析的封闭式基金的综合评价[J].现代农业,2009,(08):81-83.

[178] 李荣涛.习近平生态文明思想的马克思主义意蕴[J].沈阳农业大学学报(社会科学版),2019,21(04):491-494.

[179] 李瑞,刘婷,张跃胜.多维视域下城镇化对生态文明建设的影响[J].城市问题,2018,(04):12-17+34.

[180] 李少林.城镇化进程中碳锁定的诱发机制与解锁路径研究[J].财经问题研究,2017,(03):28-35.

[181] 李松.分区分类推进农村生活污水治理[J].农村工作通讯,2022,(01):

46 - 47.

[182] 李先东,李录堂.社会保障、社会信任与牧民草场生态保护[J].西北农林科技大学学报(社会科学版),2019,19(03):132 - 141.

[183] 李雪林.中国绿色金融发展水平、机制及其实现路径研究[D].昆明:云南财经大学,2022.

[184] 李叶子.乡村振兴战略背景下农村生态文明建设的困境与路径研究:基于生态现代化理论视角[J].湖北农业科学,2020,59(16):203 - 205+216.

[185] 李晔,金久旺,韩欣燃,等.基于DPSIR物元分析模型的矿区生态健康评价[J].沈阳大学学报(自然科学版),2023,35(04):287 - 294.

[186] 李益求.绿色发展理念下我国农村生态文明建设的途径研究[J].农业经济,2020,(01):40 - 42.

[187] 李永超.科学构建生态文明建设指标体系探究[J].管理观察,2014,(27):167 - 169.

[188] 梁枫.新时代中国农村生态文明建设研究[D].保定:河北大学,2019.

[189] 梁立华,刘颖,屈辉.用创新发展理念推进新型城镇化[N].河北日报,2016 - 06 - 22.

[190] 梁睿,黄义忠,牟禹恒,等.基于物元分析的瑞丽市土地生态安全评价及障碍因素诊断[J].西南农业学报,2022,35(10):2436 - 2444.

[191] 梁圣嵩,廖启源,胡小平.江宁彭福村,"福"从哪里来?[N].南京日报,2006 - 4 - 6(A01).

[192] 梁伟军,胡世文.农民理性视角下的农村生态文明建设研究[J].华中农业大学学报(社会科学版),2018,(04):117 - 127.

[193] 梁银卫.关于农村能源开发利用问题的思考:以甘谷县为例[J].新农业,2022,(04):72 -73.

[194] 廖冰.中国生态文明"阶段—水平"二步测度的实证研究:兼论林业对生态文明建设的贡献[D].南京:南京林业大学,2018.

[195] 廖华.中国农村居民生活用能现状、问题与应对[J].北京理工大学学报(社会科学版),2019,21(02):1 - 5.

[196] 廖建军.论出版资源与出版产业竞争力[J].出版发行研究,2005,(06):

12-14.

[197] 林柏利.对我国农村生态文明建设的思考[J].江西农业，2016，(11):108.

[198] 林婉玉.晋江市农村生活污水治理村民参与研究[D].福州:福建农林大学,2018.

[199] 林毅夫,王勇,赵秋运,等.新结构经济学视角下区域经济高质量发展和产业升级[M].上海:上海人民出版社,2022.

[200] 林智钦.习近平生态文明思想的科学体系研究[J].中国软科学，2023，(07):193-201.

[201] 刘贝贝,左其亭,刁艺璇.绿色科技创新在黄河流域生态保护和高质量发展中的价值体现及实现路径[J].资源科学,2021,43(02):423-432.

[202] 刘纯明,余成龙.农村生态文明建设中政府生态责任培育的四维策略[J].重庆理工大学学报(社会科学)，2019，33(12):152-160.

[203] 刘大威,曾洁.农村生活垃圾资源化利用的江苏实践[J].群众,2021,(24):36-37.

[204] 刘海涛,徐晓风.中国特色社会主义生态文明思想的理论形成与时代价值[J].理论探讨,2023,(02):119-124.

[205] 刘海涛.我国农村生态文明建设问题研究[D].济南:山东师范大学,2014.

[206] 刘昊.化肥使用量零增长关键是要对耕地实行标本兼治[N].农民日报,2015-07-30.

[207] 刘浩,韩晓燕,薛莹,等.社会网络、环境素养对农户化肥过量施用行为的影响[J].中国农业大学学报,2022,27(07):250-263.

[208] 刘红梅.基于PSR模型的韶关市红色旅游高质量发展研究[D].南昌:南昌大学,2023.

[209] 刘会茹,朱建奇,杨嫄,等.农村能源建设及清洁能源的开发利用[J].农业工程技术,2020,40(23):47-48.

[210] 刘经纬,吕莉媛.习近平生态文明思想演进及其规律探析[J].行政论坛,2018,25(02):5-10.

[211] 刘静.中国特色社会主义生态文明建设研究[D].北京:中共中央党

校，2011.

[212] 刘珂萌.胡锦涛生态文明建设思想研究[D].重庆:重庆理工大学,2018.

[213] 刘林莉.新时代中国共产党农村生态文明建设思想研究[D].重庆:西南大学,2020.

[214] 刘伦,尤喆,冯银,等.中部地区生态文明建设综合评价:基于动态因子分析法[J].中国国土资源经济,2015,28(10):56-60.

[215] 刘猛.中国农村生态文明建设研究[D].沈阳:中共辽宁省委党校,2020.

[216] 刘圣亚.河南省农村人居环境建设研究[D].新乡:河南师范大学,2020.

[217] 刘思明,侯鹏.生态文明建设国际比较研究:2008—2012[J].经济问题探索,2016,(03):42-50.

[218] 刘天龙.基于PSR模型的煤炭资源枯竭型村镇生态安全评价[D].徐州:中国矿业大学,2023.

[219] 刘希刚,刘扬.中国共产党生态文明建设理念的与时俱进和创新发展[J].广西社会科学,2018,(01):20-24.

[220] 刘小峰,彭扬帆,徐晓军.选优扶强:老少边区特色农业"一县一业"格局何以形成[J].管理世界,2023,39(07):46-63.

[221] 刘晓鹏.历史虚无主义诘难改革开放的表现形态、主要推手与纾解之道[J].理论导刊,2022,(02):95-102.

[222] 刘迎霞.系统论视野下农村生态文明建设问题研究[D].武汉:华中师范大学,2014.

[223] 刘宇.深入学习贯彻习近平生态文明思想 奋力谱写新时代生态文明建设新篇章[J].新长征,2023,(12):16-17.

[224] 刘芝兰.北川新羌居室内空间环境建设研究[J].环境科学与管理,2019,44(09):50-55.

[225] 刘子飞,张体伟.农村生态文明建设能力评价方法研究:基于AHP与距离函数模型[J].农业经济与管理,2013,(06):29-37.

[226] 卢光盛,吴波汛.人类命运共同体视角下的"清洁美丽世界"构建:兼论"澜湄环境共同体"建设[J].国际展望,2019,11(02):64-83+151-152.

[227] 卢秋佳,徐龙顺,黄森慰,等.社会信任与农户参与环境治理意愿[J].资源开发与市场,2019,35(05):654-659.

[228] 卢现祥,朱巧玲.新制度经济学[M].三版.北京:北京大学出版社,2020.

[229] 陆福兴.全面推进乡村振兴迫切需要市场有效[J].中国乡村发现,2021,(02):31-34.

[230] 陆军,储成君,杨书豪,等.习近平生态文明思想发展的历史溯源、发展脉络与世界意义[J].中国环境管理,2021,13(05):7-11.

[231] 栾林.人类命运共同体对全球治理体系的当代构建[J].人民论坛,2021,(11):53-55.

[232] 罗民杰.湖北省人口老龄化对农村生态文明建设的影响及对策研究[J].科学大众(科学教育),2019,(08):185-186+112.

[233] 罗淞.长三角汽车产业集群竞争力研究[D].成都:四川省社会科学院,2012.

[234] 吕建华,林琪.我国农村人居环境治理:构念、特征及路径[J].环境保护,2019,47(09):42-46.

[235] 吕剑平,丁磊.基于社会规范视角的农户绿色生产意愿与行为悖离研究[J].中国农机化学报,2022,43(10):204-210+227.

[236] 吕杰,刘浩,薛莹,等.风险规避、社会网络与农户化肥过量施用行为[J].农业技术经济,2021,(07):4-17.

[237] 吕锦芳.习近平生态文明思想的逻辑分析[D].沈阳:东北大学,2019.

[238] 吕世豪,贺秋华,曾晓娜,等.湖南省生态文明建设成效评价及影响因素研究[J].环境保护与循环经济,2023,43(02):97-102+110.

[239] 吕文林.中国农村生态文明建设研究[M].武汉:华中科技大学出版社,2021.

[240] 吕忠梅.中国环境法典的编纂条件及基本定位[J].当代法学,2021,35(06):3-17.

[241] 马聪,林坚.基于熵权TOPSIS模型的耕地利用效益评价及障碍因子识别[J].中国农业大学学报,2021,26(8):196-210.

[242] 马凯翔,张会恒.生态认知对农户生活污水治理参与意愿的影响[J].河北环境工程学院学报,2023,33(01):62-69.

[243] 马丽,张首先.中国共产党领导生态文明建设的宝贵探索、基本经验与责任担当[J].延边大学学报(社会科学版),2022,55(06):97-104+139.

[244] 马永强.新时代农村生态文明建设研究[D].大庆:东北石油大学,2020.

[245] 马兆嵘,刘有胜,张芊芊,等.农用塑料薄膜使用现状与环境污染分析[J].生态毒理学报,2020,15(04):21-32.

[246] 迈克尔·波特.国家竞争优势[M].北京:华夏出版社,2002.

[247] 麦少芝,徐颂军,潘颖君. PSR 模型在湿地生态系统健康评价中的应用[J].热带地理,2005,25(04):317-321.

[248] 毛平,谷光路,张禧. 乡村振兴战略背景下的农村生态文明建设路径探析[J].现代化农业,2018,(09):52-55.

[249] 孟德富.持续强化人居环境整治擦亮江苏乡村和美底色[J].江苏农村经济,2023,(03):20-22.

[250] 孟展,张锐,刘友兆,等.基于熵值法和灰色预测模型的土地生态系统健康评价[J].水土保持通报,2014,34(04):226-231.

[251] 米娟.城市社区业主维权事件的治理策略[J].太原学院学报(社会科学版),2022,23(03):45-50.

[252] 南京市地方志办公室.南京年鉴(2023)[M].南京:南京年鉴编辑部,2023.

[253] 南京市统计局,国家统计局南京调查队.南京市 2022 年国民经济和社会发展统计公报~([1])[N].南京日报,2023-03-23(A06).

[254] 南京市统计局,国家统计局南京调查队.南京统计年鉴(2023)[M].北京:中国统计出版社,2023.

[255] 潘陈赢.宁海县农村生活污水治理农户出资意愿的影响因素及其对策研究[D].杭州:浙江农林大学,2019.

[256] 潘丹,孔凡斌.生态宜居乡村建设与农村人居环境问题治理[M].北京:中国农业出版社,2018.

[257] 潘文岚.中国特色社会主义生态文明研究[D].上海:上海师范大学,2015.

[258] 裴广一,葛晨.以"有效市场+有为政府"更好结合推动全国统一大市场建设[J].学习与探索,2023,(07):80-89+180.

[259] 彭海红.中国共产党百年乡村政策的历史演进及其启示[J].世界社会主义研究,2023,08(03):33-43+110.

[260] 彭蕾.习近平生态文明思想理论与实践研究[D].西安:西安理工大学,2020.

[261] 彭蕾.新时代中国生态文明建设理论创新与实践探索[M].北京:人民出版社,2022.

[262] 彭文英,李梦筱,潘娜.基于 PSR 模型改进的县域生态文明建设评价及对策研究[J].生态经济,2023,39(02):207-214.

[263] 彭一然.中国生态文明建设评价指标体系构建与发展策略研究[D].北京:对外经济贸易大学,2016:47-48.

[264] 钱琛,邵砾群,王帅,等.社会网络对牧户草地租入行为的影响[J].资源科学,2021,43(02):269-279.

[265] 钱海.生态文明与中国式现代化[M].北京:中国人民大学出版社,2023.

[266] 钱正元.基于整体性视域的习近平生态文明思想研究[D].扬州:扬州大学,2023.

[267] 秦书生,王曦晨.坚持和完善生态文明制度体系:逻辑起点、核心内容及重要意义[J].西南大学学报(社会科学版),2021,47(06):1-10+257.

[268] 秦书生.改革开放以来中国共产党生态文明建设思想的历史演进[J].中共中央党校学报,2018,22(02):33-43.

[269] 邱博康,林丽梅.社会资本对农户参与生活垃圾治理行为影响的实证分析[J].福建金融管理干部学院学报,2021,(02):36-44.

[270] 邱春林.乡村振兴战略保障体系的建构路径[J].湖南行政学院学报,2020,(01):53-61.

[271] 邱小燕,刘海春,腾雅琪,等.江苏农村厨余垃圾资源化处理模式研究[J].扬州职业大学学报,2022,26(02):36-41.

[272] 裘琪珩.农村生活污水治理中村民配合意愿及其影响因素研究[D].杭州:浙江农林大学,2017.

[273] 屈彩云.建党以来党对环境保护问题的认知定位变迁[J].西南民族大学学报(人文社会科学版),2021,42(01):178-189.

[274] 渠涛,邵波.生态振兴:建设新时代的美丽乡村[M].郑州:中原农民出版社,2019.

[275] 任传堂,任建兰,韦素琼.山东省生态文明建设综合评价及时空演变研

究[J].资源开发与市场,2019,35(05):593-598.

[276] 任铃.我国生态治理现代化的历程、创新及经验研究[J].马克思主义研究,2021,(06):93-100.

[277] 任美娜.马克思主义生态文化观研究[D].长春:吉林大学,2017.

[278] 芮佳雯.生态补偿政策对居民生态文明建设意愿的影响研究[D].西安:西安财经大学,2020.

[279] 邵光学.新中国70年农村生态文明建设:成就、挑战与展望[J].当代经济管理,2020,42(04):6-11.

[280] 邵光学.中国共产党百年农村生态文明建设回溯考察与历史经验:学习贯彻党的十九届六中全会精神[J].农村经济,2022,(05):11-19.

[281] 邵光学.中国共产党生态文明建设的百年进程、基本经验与未来展望:基于党的十九届六中全会精神的解读[J].审计与经济研究,2022,37(05):1-10.

[282] 沈建华.力解"三农"理论困惑与实践疑难[N].农民日报,2017-03-01(004).

[283] 沈迁.乡村治理现代化背景下复合型治理的生成逻辑:以"三元统合"为分析框架[J].南京农业大学学报(社会科学版),2022,22(05):90-101.

[284] 师高康.村务公开和民主管理到底是怎么回事[J].农村财务会计,2011,(02):7-8.

[285] 石绍鹏.吉林省农村生态文明建设问题研究[D].长春:吉林农业大学,2016.

[286] 石志恒,符越.社会网络对农户社会化服务购买行为的影响机理研究[J].干旱区资源与环境,2022,36(12):7-14.

[287] 史恒通,睢党臣,吴海霞,等.社会资本对农户参与流域生态治理行为的影响:以黑河流域为例[J].中国农村经济,2018,(01):34-45.

[288] 史小春,敖天其,黎小东,等.涪江流域(射洪境内)面源污染综合评价[J].水土保持研究,2018,25(04):375-379+385.

[289] 税伟,陈烈.产业集群竞争力的钻石系统分析框架与应用路径[J].经济问题探索,2009,(04):33-39.

[290] 司林波.农村生态文明建设的历程、现状与前瞻[J].人民论坛,2022,

(01):42-45.

[291] 斯庆图.适应农业环境的特点完善法律监督管理体系[J].甘肃农业，2010,(10):71-72+74.

[292] 宋高鹏.习近平生态文明思想在广西的实践路径[D].南宁:南宁师范大学，2021.

[293] 宋林飞.中国生态文明建设理论创新与制度安排[J].江海学刊,2020,(01):26-34+254.

[294] 宋晓聪,沈鹏,赵慈,等.未来十五年我国大气污染防治重点方向的思考[J].环境保护,2021,49(06):43-47.

[295] 宋月红.新时代的生态文明建设[M].北京:当代中国出版社;重庆:重庆出版社,2022.

[296] 苏淑仪,周玉玺,蔡威熙.农村生活污水治理中农户参与意愿及其影响因素分析[J].干旱区资源与环境,2020,34(10):71-77.

[297] 苏武峥,许士东,张利召.生计禀赋、农户参与对乡村绿色发展的影响[J].山西农业大学学报(社会科学版),2023,22(02):42-50.

[298] 苏屹,王洪彬,林周周.东三省现代化经济体系构成与优化策略研究[J].中国科技论坛,2019,(03):132-139.

[299] 孙百亮,柴毅德.生态扶贫与乡村生态振兴的内在逻辑与有机衔接[J].宝鸡文理学院学报(社会科学版),2022,42 (01):81-86.

[300] 孙海鑫.新时代乡村振兴视域下我国农村生态文明建设的路径研究[D].西安:陕西科技大学,2022.

[301] 孙金龙,黄润秋.新时代新征程建设人与自然和谐共生现代化的根本遵循[N].人民日报,2023-08-01(009).

[302] 孙金龙,黄润秋.以习近平生态文明思想为指引 推动生态文明建设实现新进步[J].环境保护,2021,49(15):8-10.

[303] 孙军.山东省蔬菜产业国际竞争力研究[D].咸阳:西北农林科技大学,2009.

[304] 孙谦,姜兴艳,邹丽梅.基于物元分析的遵义市成熟林质量评价[J].林业资源管理,2021,(02):140-148.

[305] 孙前路,房可欣,刘天平.社会规范、社会监督对农村人居环境整治参与

意愿与行为的影响[J].资源科学,2020,42(12):2354-2369.

[306] 孙若男,杨曼,苏娟,等.我国农村能源发展现状及开发利用模式[J].中国农业大学学报,2020,25(08):163-173.

[307] 孙文丹.新时代推进我国乡村绿色发展研究[D].长春:东北师范大学,2021.

[308] 谭皓月.我国西部农村生态文明建设研究[D].重庆:重庆大学,2021.

[309] 谭长峰.新时代中国特色社会主义生态文明思想的辩证思维探析[J].福建警察学院学报,2021,35(05):7-15.

[310] 汤晓翠,钱力.有为政府、有效市场与农业绿色全要素生产率[J].云南农业大学学报(社会科学),2023,17(06):28-37.

[311] 唐丽丽.饮用水源保护区域内农村生活污水处理模式优选研究[D].天津:河北工业大学,2016.

[312] 唐梦涵,司蔚,钟声.江苏省太湖湖体自动监测体系构建研究及运行示范[J].环境与发展,2017,29(02):91-95.

[313] 唐天成.基于 PSR 模型的大理州社会生态系统韧性评价[D].南京:南京工业大学,2022.

[314] 陶火生.十八大以来中国共产党建设生态文明制度体系的成就与经验[J].福建师范大学学报(哲学社会科学版),2022,(03):59-65+170.

[315] 佟玲.习近平生态文明思想及践行研究[D].长春:东北师范大学,2022.

[316] 万晓冉.加强农村人居环境整治"小切口"推动乡村振兴"大战略"[J].中华建设,2022,(01):20-24.

[317] 汪玲.新时代城市社区生态文明观宣传教育研究[D].南昌:南昌航空大学,2022.

[318] 汪伟坚,宁宇.加快港口大宗商品贸易数字化助力全国统一大市场建设[J].中国航务周刊,2022,(24):37-38.

[319] 汪熙琼,齐振宏,杨彩艳,等.社会网络对农户生态生产行为的影响研究[J].湖北农业科学,2021,60(17):161-167.

[320] 汪秀琼,彭韵妍,吴小节,等.中国生态文明建设水平综合评价与空间分异[J].华东经济管理,2015,29(04):52-56+146.

[321] 王宾,于法稳."十四五"时期推进农村人居环境整治提升的战略任

务[J].改革,2021,(03):111-120.

[322] 王波,王夏晖.有效激发村民参与环境整治内生动力[N].中国环境报,2019-06-10(003).

[323] 王波."四坚持"探析激发村民参与环境整治内生动力[J].中国环境管理,2019,11(02):27-30.

[324] 王春蕾.新时代实现新飞跃 新理念引领新发展:党的十八大以来江苏经济社会发展成就[J].统计科学与实践,2022,(08):7-12.

[325] 王春鑫.公共危机情态下社会信任对村民参与人居环境整治行为的影响[J].天水行政学院学报,2021,22(01):49-56.

[326] 王丹华,刘子飞,李铁铮.农村生态文明评价及城镇化对其影响:基于地市级层面的研究[J].宁夏社会科学,2017,(02):115-121.

[327] 王登山.中国农村人居环境发展报告2022[M].北京:社会科学文献出版社,2023.

[328] 王东东.基于Landsat数据的南京市城市热岛效应及驱动力研究[D].上海:东华理工大学,2020.

[329] 王芳,李宁.新型农村社区环境治理:现实困境与消解策略[J].湖湘论坛,2018,31(04):46-55.

[330] 王峰,陈辉,单福鑫,等.乡村旅游"热门"城市背后的金融力量[N].金融时报,2023-5-30(009).

[331] 王家庭,唐瑭.新时代中国文化产业新旧动能转换的初步探索[J].同济大学学报(社会科学版),2019,30(05):32-40.

[332] 王建纲.农村土地整治项目过程绩效评价[D].南京:南京农业大学,2015.

[333] 王景利,张国忠,张冰,等.我国政府在农业发展中的角色定位研究[J].金融理论与教学,2023,(06):63-67.

[334] 王军民.财政投融资农村生活污水治理效益指标体系的构建与运用[D].厦门:厦门大学,2018.

[335] 王俊,范建刚.从脱贫攻坚到乡村振兴:有效市场与有为政府有机结合的互动逻辑[J].青海社会科学,2021,(04):67-76.

[336] 王扩建.论中国式现代化进程中的回应性治理[J].江海学刊,2023,

(06):135 - 141+256.

[337] 王柳逸.乡村生态文明建设中的绿色技术发展研究[D].长沙:长沙理工大学,2021.

[338] 王绿扬.家庭"小美"聚合乡村"大美"[N].河南日报,2020 - 8 - 25(004).

[339] 王美雅.大气污染治理的经济学分析[D].保定:河北大学,2016.

[340] 王敏,许枫,宋小燕,等.农村生活污水处理设施优先控制区域识别与监管策略[J].中国环境科学,2019,39(12):5368 - 5376.

[341] 王能江.庙台乡农村生活垃圾分类治理问题及对策研究[D].银川:宁夏大学,2023.

[342] 王淇韬,郭翔宇.感知利益、社会网络与农户耕地质量保护行为:基于河南省滑县 410 粮食种植户调查数据[J].中国土地科学,2020,34(07):43 - 51.

[343] 王珊珊,徐淑梅,杨奇峰.疫情常态化背景下边境地区乡村生态文明水平评价及优化策略:以中国东北地区为例[J].河北师范大学学报(自然科学版),2022,46 (04):425 - 432.

[344] 王世奥.县域土地利用变化对生态文明的影响研究[D].北京:中国地质大学(北京),2018.

[345] 王舒.生态文明建设概论[M].北京:清华大学出版社,2014.

[346] 王腾飞.河北省农村生活污水处理技术优选体系的研究[D].石家庄:河北科技大学,2018.

[347] 王维,熊锦.我国农村生活垃圾治理研究综述及展望[J].生态经济,2020,36(11):195 - 201.

[348] 王伟光.以中国式现代化全面推进中华民族伟大复兴[J].红旗文稿,2022,(21):4 - 10+1.

[349] 王尉.当代中国生态文明制度体系建设研究[D].大连:大连海事大学,2023.

[350] 王相丁.新时代中国农村生态文明建设研究[D].锦州:渤海大学,2020.

[351] 王小艳.低碳视角下中国农业竞争力的研究分析:以波特钻石理论为模型[J].世界农业,2011,(04):30 - 33.

[352] 王旭.中国特色社会主义生态文明制度研究[D].沈阳:东北大学,2015.

[353] 王学婷,张俊飚,何可,等.社会信任、群体规范对农户生态自觉性的影响[J].农业现代化研究,2019,40(02):215-225.

[354] 王艳娜.丹江口市S镇农村生活垃圾多元主体协同治理研究[D].咸阳:西北农林科技大学,2023.

[355] 马艳芳.兰考县农村生活垃圾治理问题与对策研究[D].郑州:河南农业大学,2023.

[356] 王一琪.农村生态环境建设的法律问题与应对[J].农业经济,2020,(09):40-42.

[357] 王一新.实现我国经济高质量发展的战略擘画[J].前线,2018,(09):39-42.

[358] 王雨辰,余佳樱.论习近平生态文明思想中的理论创新和实践创新[J].学习与实践,2022,(10):3-9.

[359] 王雨辰,周宜.站在人与自然和谐共生高度谋划发展与美丽中国建设[J].求是学刊,2023,50(01):13-21.

[360] 王玉爽.环境规制对绿色全要素生产率的影响:基于环境分权和空间溢出视角[J].中国流通经济,2023,37(09):63-79.

[361] 韦书明.江西建设生态文明先行示范区的绿色科技支撑研究[D].南昌:江西农业大学,2017.

[362] 卫中旗.以生态文明建设引领经济转型发展探析[J].长春理工大学学报(社会科学版),2015,28(10):12-15.

[363] 魏后凯,崔凯.农业强国的内涵特征、建设基础与推进策略[J].改革,2022,(12):1-11.

[364] 魏后凯,杜志雄.中国农村发展报告:聚焦"十四五"时期中国的农村发展[M].北京:中国社会科学出版社,2020.

[365] 魏后凯,闫坤.中国农村发展报告:新时代乡村全面振兴之路[M].北京:中国社会科学出版社,2018.

[366] 魏晓双.中国省域生态文明建设评价研究[D].北京:北京林业大学,2013.

[367] 温小玉.乡村振兴战略背景下吉林省农村生态文明建设研究[D].长春:吉林农业大学,2023.

[368] 翁传勇.深化"五美"融合建设都市田园乡村[J].江苏农村经济,2023,(08):14-16.

[369] 邬晓燕.我国生态文明治理变迁与责任落实[J].中国党政干部论坛,2019,(12):66-69.

[370] 吴建霞.论农村生态文明宣传教育机制的构建[D].临汾:山西师范大学,2017.

[371] 吴璟,王天宇,王征兵.社会网络和感知价值对农户耕地质量保护行为选择的影响[J].西北农林科技大学学报(社会科学版),2021,21(06):138-147.

[372] 吴守蓉,程显雅,陈琰.习近平生态文明思想政治意蕴的四重维度[J].北京林业大学学报(社会科学版),2021,20(04):1-7.

[373] 吴小节,彭韵妍,汪秀琼.中国生态文明发展状况的时空演变与驱动因素[J].干旱区资源与环境,2016,30(08):1-9.

[374] 吴小节,谭晓霞,杨书燕,等.生态文明时空演变特征与影响因素:以广东省为例[J].华东经济管理,2017,31(11):36-43.

[375] 吴远征,张智光.我国生态文明建设绩效的影响因素分析[J].生态经济(学术版),2012(02):386-390.

[376] 吴灼亮.中国高技术产业国际竞争力评价:理论、方法与实证研究[D].合肥:中国科学技术大学,2009.

[377] 吴宗璇.乡村振兴战略背景下农村厕所革命的路径研究[J].河南农业,2018,(11):85-86.

[378] 仵占慧,曾祥虎,郭腈.农业产业发展在脱贫攻坚中的实践与探索[J].甘肃农业,2019,(06):44-46.

[379] 武淑霞,刘宏斌,黄宏坤,等.我国畜禽养殖粪污产生量及其资源化分析[J].中国工程科学,2018,20(05):103-111.

[380] 溪瀛.深刻理解中国式现代化的本质要求[N].昆明日报,2022-11-18.

[381] 习近平.高举中国特色社会主义伟大旗帜 为全面建设社会主义现代化国家而团结奋斗:在中国共产党第二十次全国代表大会上的报告[M].北京:人民出版社,2022.

[382] 习近平.论坚持人与自然和谐共生[M].北京:中央文献出版社,2022.

[383] 夏英祝,王春贤.竞争优势理论与安徽省科技型出口生产基地建设[J].乡镇经济,2004,(05):35-37.

[384] 向欣.江苏省生态文明综合评价与提升路径研究[D].徐州:中国矿业大学,2019.

[385] 肖璐,李晓军.家庭"小美"聚合乡村"大美"[N].赤峰日报,2020-10-08.

[386] 肖显显.习近平生态文明思想研究[D].济南:中共山东省委党校,2022.

[387] 谢花林,姚冠荣,陈倩茹,等.生态文明建设理论与实践[M].北京:经济科学出版社,2021.

[388] 谢林花,吴德礼,张亚雷.中国农村生活污水处理技术现状分析及评价[J].生态与农村环境学报,2018,34(10):865-870.

[389] 熊凌,王革.基于森林资源数据的昆明市城市林业发展前景展望[J].林业调查规划,2020,45(04):86-90.

[390] 熊曦.基于 DPSIR 模型的国家级生态文明先行示范区生态文明建设分析评价:以湘江源头为例[J].生态学报,2020,40(14):5081-5091.

[391] 熊元靖.新形势下推进生态文明建设路径[J].区域治理,2019,(50):173-175.

[392] 熊长均.习近平生态文明思想研究[D].兰州:兰州交通大学,2021.

[393] 徐慧,刘希,刘嗣明.推动绿色发展,促进人与自然和谐共生:习近平生态文明思想的形成发展及在二十大的创新[J].宁夏社会科学,2022,(06):5-19.

[394] 徐君,戈兴成.我国分享经济产业高质量发展的驱动机制:基于 PSR 模型的研究[J].中国软科学,2020,(01):135-141.

[395] 徐森.新建区农村生活污水治理应用研究[D].南昌:南昌大学,2019.

[396] 徐亚东,张应良.城乡要素流动的关键桎梏与实现路径[J].农林经济管理学报,2023,22(05):546-554.

[397] 徐志明,张立冬.乡村振兴的江苏路径研究[M].南京:南京大学出版社,2020.

[398] 许尔君.转变经济发展方式的路径思考:基于中国视域下的生态文明理念[J].当代经济,2013,(09):8-11.

[399] 许海清.中国农产品出口的绿色贸易壁垒研究[M].北京:中国经济出版

社,2009.

[400] 许朗,罗东玲,刘爱军.社会资本对农户参与灌溉管理改革意愿的影响分析[J].资源科学,2015,37(06):1287-1294.

[401] 薛荣娟.乡村振兴战略背景下农村生态文明法治化保障研究[J].农业经济,2023,(04):39-40.

[402] 严安林,洪志军.中国式现代化对推进和实现国家统一的战略意义和实践要求[J].统一战线学研究,2023,7(04):39-48.

[403] 严耕,林震,吴明红.中国省域生态文明建设的进展与评价[J].中国行政管理,2013,(10):7-12.

[404] 严铠,刘仲妮,成鹏远,等.中国农业废弃物资源化利用现状及展望[J].农业展望,2019,15(07):62-65.

[405] 颜利,王金坑,黄浩.基于PSR框架模型的东溪流域生态系统健康评价[J].资源科学,2008,30(01):107-113.

[406] 颜廷武,何可,张俊飚.社会资本对农民环保投资意愿的影响分析[J].中国人口·资源与环境,2016,26(01):158-164.

[407] 杨帆,夏海勇.试论人口素质及其均衡发展对生态文明的影响[J].商业时代,2010,(29):10-11.

[408] 杨飞虎.波特国家竞争优势理论及对我国的借鉴意义[J].学术论坛,2007,(05):97-100.

[409] 杨海鹏.响水县小尖镇农村人居环境治理研究[D].西安:长安大学,2021.

[410] 杨红娟,张成浩.基于系统动力学的云南生态文明建设有效路径研究[J].中国人口·资源与环境,2019,29(02):16-24.

[411] 杨菊鑫.中国农村生态文明建设的农民主体研究[D].南京:南京师范大学,2021.

[412] 杨开忠,黄承梁.从战略高度把握生态文明建设新的历史任务和重大意义[N].中国环境报,2022-10-18(003).

[413] 杨开忠.习近平生态文明思想实践模式[J].城市与环境研究,2021,(01):3-19.

[414] 杨柳.社会信任、组织支持对农户参与农田灌溉系统治理绩效的影响研

究[D].咸阳:西北农林科技大学,2018.

[415] 杨启帆,张燕.绿色发展下农业化学投入品滥用行为及法律规制[J].山东农业大学学报(社会科学版),2021,23(03):147-154.

[416] 杨世迪.中国生态文明建设的非正式制度研究[D].西安:西北大学,2017.

[417] 杨斯玲,刘应宗,潘珍妮.基于循环经济的农村生态文明科学发展研究[J].北京工业大学学报(社会科学版),2011,11(05):25-29.

[418] 杨喜.新旧动能转换背景下中国城市土地绿色利用效率时空格局及溢出效应研究[D].武汉:华中师范大学,2020.

[419] 杨宣,张露红.新形势下河北省环京津带乡村旅游可持续发展研究[J].广东农业科学,2012,39(05):152-154.

[420] 杨雪冬.改革开放40年中国政府责任体制变革:一个总体性评估[J].中共福建省委党校学报,2018,(01):4-26.

[421] 杨雪冬.社会变革中的政府责任:中国的经验[J].中国人民大学学报,2009,23(01):55-64.

[422] 杨颖.绿色金融对区域经济低碳转型的影响研究[D].兰州:兰州大学,2022.

[423] 杨永梅,郭志林,洪荣昌,等.基于因子分析的格尔木市郊工程移民满意度评价[J].干旱区资源与环境,2013,27(09):38-43.

[424] 杨娱,于江龙,李达,等.农村污水治理中地方政府与农户行为的演化博弈分析[J].天津农业科学,2023,29(06):68-73.

[425] 杨志华,严耕.中国当前生态文明建设关键影响因素及建设策略[J].南京林业大学学报(人文社会科学版),2012,12(04):60-66.

[426] 姚林香,杨蕾.生态文明建设视域下我国环保税的演进与优化[J].财政科学,2020,(01):47-55.

[427] 姚石.云南少数民族贫困地区生态文明建设的关键因素及有效路径研究[D].昆明:昆明理工大学,2019.

[428] 姚文芹.农业面源污染防治现状及对策分析[J].环境与发展,2020,32(09):42-43.

[429] 姚志友,张诚.培植社会资本:乡村环境治理的一个理论视角[J].学海,

2016,(06):48-53.

[430] 叶贵仁,陈丽晶.乡镇行政体制改革的类型划分研究[J].理论与改革,
2021,(05):73-84+153.

[431] 叶琪,黄茂兴.习近平生态文明思想的深刻内涵和时代价值[J].当代经
济研究,2021,(05):60-69.

[432] 叶翔.基于CVM的增城市农村生活污水处理设施支付意愿及价值评估
研究[D].广州:华南理工大学,2012.

[433] 伊庆山.乡村振兴战略背景下农村生活垃圾分类治理问题研究[J].云南
社会科学,2019,(03):62-70.

[434] 易宗星.生态文明建设背景下农村绿色消费研究[D].武汉:华中农业大
学,2022.

[435] 尹昌斌,李福夺,王术,等.中国农业绿色发展的概念、内涵与原则[J].中
国农业资源与区划,2021,42(01):1-6.

[436] 尹健.辽宁省农村生活垃圾综合治理问题及对策研究[J].农业经济,
2023,(10):59-61.

[437] 尹晓波.环境保护与产业国际竞争力关联问题研究[D].武汉:武汉理工
大学,2008.

[438] 尹延君.农村社区社会风险的诱因及其治理研究[D].济宁:曲阜师范大
学,2020.

[439] 游忠湖,施生旭.社会资本影响农村环境治理的逻辑、困境及策略[J].成
都行政学院学报,2022,(03):69-77+118.

[440] 于昶.提升我国国家竞争力研究:基于国家竞争优势理论的政府职能视
角[D].长沙:湖南师范大学,2010.

[441] 于法稳,郑玉雨.农业绿色发展的时代价值与路径选择[J].农村金融研
究,2022,(07):10-21.

[442] 于法稳,包晓斌,张康洁,等.农村绿色发展:理论分析与政策研究[M].
北京:中国社会科学出版社,2023.

[443] 于法稳,代明慧.新发展阶段实现乡村生态振兴的路径选择[J].中国国
情国力,2023,(04):62-66.

[444] 于法稳,胡梅梅,王广梁.面向2035年远景目标的农村人居环境整治提

升路径及对策研究[J].中国软科学,2022,(07):17-27.

[445] 于法稳,林珊.新型生态农业发展的突出问题、目标重塑及路径策略[J].中国特色社会主义研究,2022,(Z1):38-45.

[446] 于法稳,林珊.中国式现代化视角下的新型生态农业:内涵特征、体系阐释及实践向度[J].生态经济,2023,39(01):36-42.

[447] 于法稳,杨果.农村生态文明建设的重点领域与路径[J].重庆社会科学,2017,(12):5-12+2.

[448] 于法稳,于婷.农村生活污水治理模式及对策研究[J].重庆社会科学,2019,(03):6-17.

[449] 于法稳,郑玉雨.农业绿色发展的时代价值与路径选择[J].农村金融研究,2022,(07):10-21.

[450] 于法稳.基于健康视角的乡村振兴战略相关问题研究[J].重庆社会科学,2018,(04):6-15.

[451] 于法稳.绿色发展理念视域下的农村生态文明建设对策研究[J].中国特色社会主义研究,2018,(01):76-82.

[452] 于法稳."十四五"时期农村生态环境治理:困境与对策[J].中国特色社会主义研究,2021,(01):44-51+2.

[453] 于法稳.乡村振兴战略下农村人居环境整治[J].中国特色社会主义研究,2019,(02):80-85.

[454] 于法稳.新时代农业绿色发展动因、核心及对策研究[J].中国农村经济,2018,(05):19-34.

[455] 于法稳.中国式现代化视阈下的农村生态文明建设[J].国家治理,2023,(09):56-61.

[456] 于宏源.中国生态文明领导力建设:基于全球环境治理体系视阈的分析[J].国际展望,2023,15(01):24-41.

[457] 于帅.乡村振兴战略视域下农村生态文明建设研究[D].石家庄:河北经贸大学,2019.

[458] 于学华.2019年度能源经济预测与展望研究报告在京发布[N].中国电力报,2019-01-19.

[459] 于赟,程秋旺,陈钦,等.碳汇造林项目对农村生态文明建设满意度的影

响：基于福建省集体林区 496 份农户调查视角[J].中国林业经济，
2022，(02)：77－82.

[460] 余威震,罗小锋.农业社会化服务对农户福利的影响研究[J].中国农业
资源与区划,2023,44(08):123－133.

[461] 余维祥.习近平制度治党、依规治党重要论述核心观点探究[J].黄冈师
范学院学报,2023,43(01):15－20.

[462] 余正军,杨梦妮,韩朝阳.基于 PSR 模型的西藏旅游生态安全分析[J].西
藏民族大学学报(哲学社会科学版),2023,44(01):140－146＋152.

[463] 俞礼亮,齐俊英,宋金杰.基于钻石模型的保定市农业产业化龙头企业竞
争力分析[J].安徽农业科学,2012,40(25):12682－12684.

[464] 俞礼亮.基于钻石模型的保定市农业产业化龙头企业竞争战略研究[D].
保定:河北农业大学,2012.

[465] 袁文燕.农村生活垃圾问题的协同治理研究[D].兰州:西北师范大
学,2023.

[466] 岳梦婷,刘军,黄丽.中国区域生态文明发展水平时空演变及影响因素:基
于绿色技术创新视角[J].生态经济,2021,37(09):208－215.

[467] 郧文聚,汤怀志.用科技力量破解耕地资源绿色高效利用难题[N].中国
科学报,2019－07－30(005).

[468] 张爱民.共享发展新坐标:时代价值、阻滞因素及实践进路[J].行政与
法,2022,(01):1－10.

[469] 张成利.中国特色社会主义生态文明观研究[D].北京:中共中央党
校,2019.

[470] 张春玲,范默苒.乡村生活垃圾分类治理影响因素及对策[J].河北大学
学报(哲学社会科学版),2021,46(03):101－110.

[471] 张东晴,汪发元,何智励.财政投入、信息化水平与农村生态文明建
设[J].山东农业大学学报(社会科学版),2023,25(01):125－
132＋162.

[472] 张东晴.数字经济对农村生态文明建设的影响研究[D].荆州:长江大
学,2023.

[473] 张董敏,齐振宏.农村生态文明水平评价指标体系构建与实证[J].统计

与决策,2020,36(01):36-39.

[474] 张董敏.农村生态文明水平评价与形成机理研究[D].武汉:华中农业大学,2016.

[475] 张好收.农民素质对农村生态文明建设的影响[J].新乡学院学报(社会科学版),2008,(02):15-17.

[476] 张洪玮.习近平生态文明思想的理论体系和时代价值研究[D].长春:吉林大学,2022.

[477] 张欢,成金华,陈军,等.中国省域生态文明建设差异分析[J].中国人口·资源与环境,2014,24(06):22-29.

[478] 张辉,徐越.坚持和加强党的领导 推动生态文明建设取得历史性转折性全局性变化[J].管理世界,2022,38(08):1-11.

[479] 张嘉琪,颜廷武,张童朝.农户农村垃圾治理投资响应机理及决策因素分析[J].长江流域资源与环境,2021,30(10):2521-2532.

[480] 张嘉琪.农户农村垃圾治理支付意愿及决策因素分析[D].武汉:华中农业大学,2021.

[481] 张建光.现代化进程中的中国特色社会主义生态文明建设研究[D].长春:吉林大学,2018.

[482] 张静,夏海勇.生态文明指标体系的构建与评价方法[J].统计与决策,2009,(21):60-63.

[483] 张静,张博宇.乡村振兴视域下农村生态文明建设问题研究[J].齐齐哈尔大学学报(哲学社会科学版),2022,(04):49-52.

[484] 张静宏.承德市农村土壤污染防治问题研究[D].秦皇岛:河北科技师范学院,2020.

[485] 张康洁.国家生态文明建设示范区时空特征及其影响因素分析[J].统计与决策,2023,39(07):73-78.

[486] 张磊雷.企业信息化对创业板公司高质量发展的影响研究[D].南京:南京邮电大学,2021.

[487] 张利民,郄雪婷,朱红根.农村生活垃圾分类治理的国际经验及对中国的启示[J].世界农业,2022,(07):5-15.

[488] 张凌杰,林佳丽,罗彬.关于完善生态环境基层治理体制机制的思考和建

议:基于绵阳市三台县的调研[J].决策咨询,2022,(05):86-89.

[489] 张敏.论生态文明及其当代价值[D].北京:中共中央党校,2008.

[490] 张鹏,李萍,李文辉.基于适度人口容量的生态文明城市建设研究[J].中国人口·资源与环境,2017,27(08):159-166.

[491] 张萍.协同治理理论视角下农村生活垃圾处理面临的问题与对策研究[D].济宁:曲阜师范大学,2021.

[492] 张琦,庄甲坤.高质量乡村振兴的内涵阐释与路径探索[J].贵州社会科学,2023,(05):145-152.

[493] 张乾元,冯红伟.习近平生态文明思想对优秀传统生态文化的传承与发展[J].西北民族大学学报(哲学社会科学版),2020,(06):1-6.

[494] 张青兰,张建华.人类命运共同体构建的生态价值逻辑与样态探索[J].广东社会科学,2020,(04):51-58.

[495] 张茹倩.中国省域生态文明建设绩效评价与驱动因素探究[D].石河子:石河子大学,2023.

[496] 张锐,郑华伟,刘友兆.基于PSR模型的耕地生态安全物元分析评价[J].生态学报,2013,33(16):5090-5100.

[497] 张珊珊.新时代我国农村生态文明建设研究[D].兰州:兰州理工大学,2023.

[498] 张涛.中国式现代化生态观的生成逻辑、理论意涵与世界意义[J].思想理论教育,2023,(11):26-33.

[499] 张文娥,罗宇,赵敏娟.社会网络、信息获取与农户农膜回收行为[J].农林经济管理学报,2022,21(01):40-48.

[500] 张文楠.北方农村生活污水处理技术研究[D].长春:吉林大学,2019.

[501] 张小龙.极化理论视角下的苏州特色田园乡村空间设计研究[D].苏州:苏州科技大学,2019.

[502] 张小雁,周伟.乡村振兴视角下加强农村生态文明建设的策略研究[J].农业经济,2023,(04):33-36.

[503] 张晓莉,吴进.唐山市各区县城镇化发展水平综合评价[J].和田师范专科学校学报,2019,38(06):91-98.

[504] 张肖微.吴桥县启动美丽乡村建设标准化试点工作[N].沧州日报,2016-

11－02.

[505] 张新宇,蔡小慎.市场·政府·社会:扎实推动共同富裕的三重手段[J].湖北社会科学,2023,(02):83－89.

[506] 张怡,郗雪婷,张利民,等.社会资本对农村居民生活垃圾分类的影响研究[J].农业现代化研究,2022,43(06):1066－1077.

[507] 张勇.农村生态文明建设现状及问题研究[D].苏州:苏州大学,2008.

[508] 张玉斌.用制度保护生态环境:访环境保护部环境与经济政策研究中心主任夏光[J].环境保护与循环经济,2013,33(11):10－13.

[509] 张远新.推进乡村生态振兴的必然逻辑、现实难题和实践路径[J].甘肃社会科学,2022,(02):116－124.

[510] 张云飞,任铃.新中国生态文明建设的历程和经验研究[M].北京:人民出版社,2020.

[511] 张云飞,周鑫.中国生态文明新时代[M].北京:中国人民大学出版社,2020.

[512] 张云飞.生态文明建设的系统进路研究[M].北京:人民出版社,2023.

[513] 张桢钰,吴杰,别凡.环境规制、产业结构升级对生态文明的影响:基于长江经济带的实证[J].统计与决策,2021,37(22):177－180.

[514] 张子玉.中国特色生态文明建设实践研究[D].长春:吉林大学,2016.

[515] 赵蔓芝.乡村振兴战略背景下农村生态文明建设研究[D].湘潭:湘潭大学,2021.

[516] 赵美玲,马明冲.基于战略视角的农村生态文明建设探析[J].理论学刊,2013,(07):72－75.

[517] 赵明霞,包景岭.农村生态文明建设的评价指标体系构建研究[J].环境科学与管理,2015,40(02):131－135.

[518] 赵明霞.农村生态文明评价指标体系建设的路径思考[J].理论导刊,2015,(08):77－80.

[519] 赵伟华.邢台市大气污染治理存在问题和防治对策研究[D].保定:河北大学,2016.

[520] 赵阳.乡村振兴战略背景下乡村治理问题研究[D].武汉:湖北省社会科学院,2021.

[521] 赵予新,张庆.发展资源节约型农业的对策研究:以河南省为例[J].中国农业信息,2013,(16):15-17.

[522] 赵予新,张庆.河南发展资源节约型农业的思考[J].中国国情国力,2013,(10):49-51.

[523] 郑东晖.社会规范、环境规制与农户生活垃圾分类行为[D].咸阳:西北农林科技大学,2022.

[524] 郑华伟.农村土地整理项目绩效的形成、测度与改善[D].南京:南京农业大学,2012.

[525] 郑华伟,高洁芝,臧玉杰,等.农村生态文明建设农民满意度分析[J].水土保持通报,2017,37(04):52-57.

[526] 郑华伟,陶嘉诚,胡锋.基于因子分析与IPA法的农用地整治绩效诊断[J].水土保持通报,2020,40(02):170-176.

[527] 郑华伟,姚兆余,张锐.基于物元分析法的农村社区环境建设绩效诊断[J].水土保持通报,2021,41(06):249-256.

[528] 郑琳琳.乡村振兴战略视域下我国农村生态文明建设实践研究[D].桂林:桂林理工大学,2020.

[529] 郑烨,吴建南.内涵演绎、指标体系与创新驱动战略取向[J].改革,2017,(06):56-67.

[530] 郑玉雯,薛伟贤,顾菁.基于Vague集—TOPSIS的丝绸之路经济带生态文明评价[J].中国软科学,2021,(09):95-104.

[531] 关于深入推进美丽江苏建设的意见[N].新华日报,2020-08-13(001).

[532] 关于学习运用"千万工程"经验 加快建设新时代鱼米之乡的意见[N].新华日报,2023-11-29(006).

[533] 关于做好二〇二三年全面推进乡村振兴重点工作的实施意见[N].新华日报,2023-02-21(001).

[534] 中办国办印发《关于创新体制机制推进农业绿色发展的意见》[N].人民日报,2017-10-01(003).

[535] 中共中央宣传部,中华人民共和国生态环境部.习近平生态文明思想学习纲要[M].北京:学习出版社,人民出版社,2022.

[536] 中国农业绿色发展研究会,中国农业科学院农业资源与农业区划研究

所.中国农业绿色发展报告 2022[M].北京:中国农业出版社,2023.

[537] 中华人民共和国国家统计局.中国统计年鉴 2022[M].北京:中国统计出版社,2022.

[538] 中华人民共和国农业农村部.2022 中国农业农村统计摘要[M].北京:中国农业出版社,2022.

[539] 中华人民共和国生态环境部.《2021 中国生态环境状况公报》[R/OL].(2022 - 05 - 27)[2023 - 10 - 20]. https://www. mee. gov. cn/hjzl/sthjzk/zghjzkgb/202205/P020220608338202870777.pdf.

[540] 中华人民共和国住房和城乡建设部.中国城乡建设统计年鉴 2021[M].北京:中国统计出版社,2022.

[541] 中华人民共和国自然资源部.《2022 年中国自然资源统计公报》[R/OL].(2023 - 04 - 12)[2023 - 10 - 20]. https://www. mnr. gov. cn/sj/tjgb/202304/P020230412557301980490.pdf.

[542] 钟燕平.劣质水灌溉有了安全控制指标[N].农民日报,2008 - 01 - 02.

[543] 仲涛. Z 市乡镇政府在特色田园乡村建设中的职能作用、问题与对策[D].镇江:江苏大学,2021.

[544] 周广维.新时代乡村生态文明建设研究[D].北京:中共中央党校,2020.

[545] 周凯,郭林,邵国玉,等.河南省农村生活污水治理现状及政策建议[J].农业现代化研究,2019,40(03):387 - 394.

[546] 周黎鸿.农村生态文明建设实践问题研究[M].北京:中国社会科学出版社,2021.

[547] 周力.江苏农村发展报告(2023)[M].北京:社会科学文献出版社,2023.

[548] 周美怡.乡村振兴视域下农村生态文明建设探究:基于马克思主义生态观[J].农村经济与科技, 2023, 34 (11): 38 - 41.

[549] 周明武.以党的建设高质量推动乡村振兴高质量[J].创造,2023,31 (08):9 - 12.

[550] 周琪,何彬豪.大数据时代农村生态文明建设绩效评价指标体系初探[J].低碳世界,2023,13(12):7 - 9.

[551] 周绍东,黄鑫艺.习近平经济思想的原创性贡献:推进马克思主义政治经济学的中国化时代化[J].北华大学学报(社会科学版),2023,24(03):

34 -43＋151＋2.

[552] 周雪.我国农村生态文明建设问题研究[D].大连:大连海事大学,2009.

[553] 周瑶.习近平生态文明思想研究[D].成都:西华大学,2021.

[554] 朱阿秀,王茂涛,田子华.江苏省农作物病虫害专业化统防统治发展现状及思考[J].中国植保导刊,2021,41(05):95－98.

[555] 朱川东.乡村振兴视角下农村生态文明建设研究[D].长春:吉林大学,2022.

[556] 朱国兵.学习"千万工程"经验 推进农村人居环境整治提升[J].群众,2023(18):47－48.

[557] 朱慧琳.加强农村生态文明建设的意义及措施探讨:评《中国农村生态文明建设研究[J].领导科学,2022(07)：161.

[558] 朱菊芳,胡若晨,郑佳佳.体育市场高质量发展:"有效市场—有为政府—有机社会"协同推进机制与实现路径[J].成都体育学院学报,2023,49(05):62－69.

[559] 朱敏.乡村振兴战略背景下的农村生态文明建设研究[D].镇江:江苏大学,2022.

[560] 朱巧怡.乡村振兴战略下农村生态文明建设研究[D].重庆:重庆邮电大学,2021.

[561] 朱伟红.新时代农村生态文明建设研究[D].南昌:江西师范大学,2020.

[562] 朱雅锡,张建平.绿色金融能助力乡村生态文明建设吗?[J].西南大学学报(社会科学版),2023,49 (05)：103－115.

[563] 竺乾威.政府职能的三次转变:以权力为中心的改革回归[J].江苏行政学院学报,2017(06):91－98.

[564] 住房和城乡建设部,农业农村部,国家发展改革委,等.进一步加强农村生活垃圾收运处置体系建设管理[J].乡村振兴,2022(06):20－21.

[565] BOURDIEU P. Handbook of Theory and Research for the Sociology of Education[M]. New York, NY: Greenwood Press, 1986:241－258.

[566] CELESTINO J L, Lu X W. Experimental Study on a Combined Process of Anaerobic Filter, Anoxic, Oxic and Constructed Wetland for Rural Domestic Sewage Treatment [J]. Advanced Materials

Research，2014，1004 – 1005：1033 – 1037.

[567] CHEN F. Construction of a rural water environment management system from the perspective of eco-civilization [J]. WATER SUPPLY，2023，24(1)：162 – 175.

[568] CHEN H Y. Innovative Research on Ecological Civilization Construction：based on Ecological Perspective [J]. FRESENIUS ENVIRONMENTAL BULLETIN，2022，31(1)：92 – 101.

[569] COLEMAN J S. Foundation of Social Theroy [M].Cambridge，MA：Harvard University Press，1990.

[570] CUI D D，ZHOU Y. Study on Ecological Civilization Construction from the Perspective of Public Governance [J]. FRESENIUS ENVIRONMENTAL BULLETIN，2021，30(9)：10551 – 10558.

[571] DONG F，PAN Y L，ZHANG X J，et al. How to Evaluate Provincial Ecological Civilization Construction? [J]. International Journal of Environmental Research and Public Health，2020，17(15)：5334.

[572] DU Y，QIN，W S，SUN，J F，et al. Spatial Pattern and Influencing Factors of Regional Ecological Civilization Construction in China[J]. CHINESE GEOGRAPHICAL SCIENCE，2020，30(5)：776 – 790.

[573] GAI M，WANG X Q，Qi C L. Spatiotemporal Evolution and Influencing Factors of Ecological Civilization Construction [J]. Complexity，2020，2020：8829144.

[574] JACOME，J A，MOLINA J，SUAREZ J，et al. Performance of constructed wetland applied for domestic wastewater treatment：Case study at Boimorto (Galicia，Spain) [J]. Ecological Engineering，2016，95：324 – 329.

[575] KAN D X，YAO W Q，LIU X，et al. Study on the Coordination of New Urbanization and Water Ecological Civilization and Its Driving Factors：Evidence from the Yangtze River Economic Belt，China[J]. Land，2023，12(06)：1191.

[576] KAN D X，YAO，W Q，LYU，L J，et al. Temporal and Spatial

Difference Analysis and Impact Factors of Water Ecological Civilization Level: Evidence from Jiangxi Province, China [J]. Land, 2022,11(19): 1459.

[577] KIM, S J, YANG, P Y. Two-stage entrapped mixed microbial cell process for simultaneous removal of organics and nitrogen for rural domestic sewage application [J]. Water Science & Technology A Journal of the International Association on Water Pollution Research, 2004, 49(5 - 6):281 - 289.

[578] LI B W, YUE S Z. A Study on the Mechanism of Environmental Information Disclosure Oriented to the Construction of Ecological Civilization in China[J]. Sustainability,2022,14(10):6378.

[579] LIU M C, LIU X C, YANG Z S. An integrated indicator on regional ecological civilization construction in China[J]. INTERNATIONAL JOURNAL OF SUSTAINABLE DEVELOPMENT AND WORLD ECOLOGY, 2016,23(1):53 - 60.

[580] LIU Q, YAMADA T, LIU H, et al. Healthy Behavior and Environmental Behavior Correlate with Bicycle Commuting [J]. International Journal of Environmental Research and Public Health, 2022,19(6): 3318.

[581] MI L Y, JIA T W, YANG Y, et al. Evaluating the Effectiveness of Regional Ecological Civilization Policy: Evidence from Jiangsu Province, China[J]. International Journal of Environmental Research and Public Health,2022,19(1):388.

[582] MICHELINI J J. Small farmers and social capital in development projects: lessons from failures in Argentina's rural periphery[J]. Journal of Rural Studies,2013,30:99 - 109.

[583] PUTNAM R D, LEONARDI R, NANETTI R Y. Making Democracy Work: Civic Traditions in Modern Italy[M]. Princeton, NJ: Princeton University Press, 1993.

[584] QIU R J, ZHU X B, WANG S L. Re-structuring Curriculum in

Tertiary Institutions to Drive Sustainable Eco-civilization in China[J].
AFRICAN AND ASIAN STUDIESAMBIO,2023, 22(3):224-244.

[585] TSANG W K. Can guanxi be a source of sustained competitive advantage for doing business in China? [J]. The Academy of Management Executive,1998,12(2):64-74.

[586] WANG R, QI R, CHENG J H, et al. The behavior and cognition of ecological civilization among Chinese university students [J]. JOURNAL OF CLEANER PRODUCTION, 2020,243:118464.

[587] WANG R H. The Study of Ecological Civilization Construction (ECC) Mode Based on "Internet plus Ecology" Concept and Technology[J]. Journal of Ecology and Rural Environment, 2018,34(9):797-802.

[588] WANG X T, CHEN X P. An Evaluation Index System of China's Development Level of Ecological Civilization [J]. Sustainability,2019, 11(8):2270.

[589] XIAO R, HAO H G, ZHANG H Y, et al. The development of ecological civilization in China based on the economic-social-natural complex system[J]. AMBIO,2023,52(12):1910-1927.

[590] XU W, YI J H, SHUAI J, et al. Dynamic evaluation of the ecological civilization of Jiangxi Province: GIS and AHP approaches[J]. PLOS ONE,2022,17(8): e0271768.

[591] YAN L, ZHANG X H, PAN H Y, et al. Progress of Chinese ecological civilization construction and obstacles during 2003—2020 [J]. Ecological Indicators,2021,130:108112.

[592] YANG Y, CHEN Q X, DAO Y Y, et al. Ecological Civilization and High-Quality Development: Do Tourism Industry and Technological Progress Affect Ecological Economy Development? [J]. International Journal of Environmental Research and Public Health, 2023, 20(1):783.

[593] ZHANG Y S. Environmental Governance: A Perspective from Industrial Civilization to Ecological Civilization [J]. China

Economist,2022,17(02):2 - 26.

[594] ZHANG L, WANG S X, YU L. Is social capital eroded by the stateled urbanization in China? A case study on indigenous villagers in the urban fringe of Beijing[J]. China Economic Review,2015,35:232 -246.

[595] ZHANG X H, WANG Y Q, QI Y, et al. Evaluating the trends of China's ecological civilization construction using a novel indicator system[J]. JOURNAL OF CLEANER PRODUCTION, 2016,133: 910 - 923.

[596] ZHAO W W, ZHOU A, YIN C C. Unraveling the research trend of ecological civilization and sustainable development: A bibliometric analysis[J]. AMBIO,2023,52(12):1928 - 1938.

[597] ZHAO Z, ZHONG X Q, ZHU Y Q. Promotion Strategy of Low-Carbon Consumption of Fresh Food Based on Willingness Behavior [J]. Mathematical Problems in Engineering, 2022, 2022: 9571424.